Stefanie Große Boes, Tanja Kaseric

Trainer-Kit

Die wichtigsten Trainingstheorien, ihre Anwendung im Seminar und Übungen für den Praxistransfer

managerSeminare Verlags GmbH

Stefanie Große Boes, Tanja Kaseric
Trainer-Kit
Die wichtigsten Trainingstheorien, ihre Anwendung im Seminar und Übungen für den Praxistransfer

2. überarb. Aufl. 2008
Endenicher Str. 282, D-53121 Bonn
Tel: 0228 – 977 91-0, Fax: 0228 – 977 91-99
info@managerseminare.de
www.managerseminare.de

ISBN: 978-3-936075-45-8

Lektorat: Ralf Muskatewitz
Cover: Zefa
Druck: Kösel GmbH und Co. KG, Krugzell

Inhalt

Einige Worte vorweg

Es gibt Bücher zu Kommunikation und Konfliktmanagement, zu Stressbewältigung oder Selbstmotivation. Trainer besitzen häufig einige Meter davon aufgereiht in ihren Bücherregalen. Das eine Buch ist eher wissenschaftlich, das andere sehr praxisnah geschrieben. Eines behandelt den Themenblock Gesprächsführung, ein anderes verschiedene Führungsinstrumente. Und trotz dieser großen Auswahl steht man doch immer wieder vor dem Regal und findet für das eigene Training der kommenden Woche einfach nicht das Richtige!

Den praxisnahen Büchern fehlt häufig der theoretische Hintergrund. Dabei ermöglicht dieses Wissen erst die glaubhafte Darstellung einer Theorie und befähigt den Trainer, auch Detailfragen von besonders interessierten Teilnehmern zu beantworten. In vielen wissenschaftlichen Büchern lässt sich dagegen die Praxistauglichkeit der Theorie nur mühsam erschließen und man fragt sich nicht selten, wie man dieses durchaus interessante Modell denn einem Teilnehmer nahe bringen soll.

Als wir uns hierüber vor einiger Zeit am Rande eines gemeinsam geleiteten Seminars unser „Trainerinnen-Leid" klagten, entstand die Idee zu diesem Buch. Wir wollten ein Kompendium zusammenstellen, in dem sich viele wesentliche Kerntheorien wiederfinden, die uns im Seminaralltag regelmäßig begegnen. Die Theorien sollten anschaulich, gut verständlich, aber nicht zu oberflächlich behandelt werden und zudem einige Hintergründe zu ihrer Entstehungsgeschichte oder ihren Urhebern beleuchten. Dabei ist uns natürlich kein allumfassendes Werk gelungen. Möglicherweise fehlt die eine oder andere Ihrer Lieblingstheorien – vielleicht begegnet Ihnen aber auch eines der von uns gewählten Modelle zum ersten Mal. Rückblickend meinen wir, die zentralen Theorien unseres Berufstandes ausgewählt zu haben.

Bei der Aufbereitung der Inhalte haben wir uns auf eine nicht immer einfache Gratwanderung zwischen Theorie und Praxis begeben. Die Beschreibung der Theorien sollte fundiert, aber ohne zu viel „Fachchinesisch" erfolgen. Im Text selbst haben wir daher auf Quellenangaben und die ausführliche Darstellung von Studien verzichtet. Stattdessen finden Sie am Ende eines jeden Abschnitts weiterführende Literaturhinweise, die die wichtigsten Veröffentlichungen zu diesem Themengebiet beinhalten. Wir haben diesen Ansatz gewählt, weil wir von Beginn an zwei unterschiedliche Zielgruppen im Auge hatten, denen dieses Buch nützlich sein sollte:

- *Junior-Trainerinnen und -Trainer,* denen dieses Buch als Einstiegshilfe in die Seminarpraxis dienen soll. Hier stehen die allgemeinverständliche Darstellung der Theorien und Modelle und die Praxistipps zur Einführung und Vertiefung im Seminar im Vordergrund. Gerade die passenden Übungen zu einer bestimmten Theorie zu finden, kostete uns in unserer Junior-Trainerinnen-Zeit oftmals Nerven. Möge es Ihnen nun besser ergehen!

- *Senior-Trainerinnen und -Trainer,* die durch dieses Buch neue praktische Anregungen und theoretische Ergänzungen zu ihrem vorhandenen Erfahrungsschatz finden können. Auch wir haben durch die Recherchen für dieses Buch einige neue theoretische und praktische Erkenntnisse gewonnen! Zudem bietet die Darstellungsform des Buches die Möglichkeit, es immer wieder einmal wie ein Nachschlagewerk zu nutzen, mit dem sich theoretische Kenntnisse vor Seminarbeginn kurz auffrischen lassen.

Im Rahmen unserer Recherchen und Vorbereitungen für das Buch haben wir den Austausch mit vielen Trainerkollegen gesucht. Wir sind dabei auf viel Interesse für unser Projekt gestoßen, hörten aber auch kritische Stimmen: Wir würden unser wertvollstes Gut, unser Wissen, veräußern. Wir sind zu dem Schluss gekommen, dass wir im Zeitalter der Informationsgesellschaft keinen Alleinanspruch an unser Fachwissen mehr haben können. Unser Alleinstellungsmerkmal auf dem großen Markt der Trainerinnen und Trainer ist unsere Individualität, unsere individuelle Kundenbeziehung und unsere kommunikative Kompetenz. Unser Wissen allein ist nicht genug.

So haben wir mit diesem Werk den Mut, unser Wissen zur Verfügung zu stellen, Anregungen zu bieten und sicherlich auch Reibungspunkte für Diskussionen zu liefern. Wir freuen uns auf eine spannende Auseinandersetzung und wünschen Ihnen viel Freude an diesem Buch!

Tanja Kaseric
Stefanie Große Boes

PS: Formulierungen wie TrainerInnen oder der/die Trainer/-in sind in unseren Augen für Leser oftmals eine Zumutung, so dass wir auf die Verwendung dieser Formen verzichtet haben. In diesem Buch verwenden wir den Begriff „Teilnehmer" meist männlich und sprechen Sie, liebe Kollegin, lieber Kollege, meist direkt an, wenn es um Trainertätigkeiten geht. Auch wenn nicht genannt, ist das jeweils andere Geschlecht selbstverständlich stets ebenfalls gemeint.

Ihre Bedienungsanleitung

Der Charme von „Trainer-Kit" besteht darin, dass Sie die Inhalte modular nutzen können. Denn jedes der sechs Kapitel haben wir in einzelne Abschnitte gegliedert, in denen eine Theorie oder ein Modell ausführlich beschrieben wird. Diese Darstellungen folgen jeweils dem selben Aufbau.

▶ Einführung

Eine Einführung findet sich zu Beginn eines jeden Kapitels. Hier geben wir Ihnen einen kurzen Überblick über die behandelten Theorien des Themenkomplexes, die Gründe für die Darstellung und Aufarbeitung in einer bestimmten Abfolge und die mit dem Themenkomplex verbundenen möglichen Seminarkontexte und Fragestellungen.

▶ Zitate

Zitate bringen bestimmte Aspekte eines Problems auf den Punkt. Daher haben wir jedem Kapitel thematisch verknüpfte berühmte Worte und Gedanken vorangestellt. Diese können als Einstieg in einen Theorieteil oder als gelungenes Fazit am Ende eines Seminars eingesetzt werden.

▶ Ziel

Hier skizzieren wir in wenigen Sätzen den besonderen Nutzen der Theorie oder des Modells, welche Seminarziele damit verfolgt werden und welcher Erkenntnisgewinn für Teilnehmer erzielt werden kann.

▶ Kontext

Eine Theorie ist häufig für mehrere Themengebiete geeignet. Daher listen wir an dieser Stelle mögliche Seminarkontexte überblicksartig auf, in denen die Theorie oder das Modell unserer Erfahrung nach gut eingesetzt werden können.

▶ Theorie

Hier beschreiben wir die eigentliche Theorie in ihren Kernaussagen und liefern in den meisten Fällen unterstützend eine teilnehmergerechte Visualisierung. Fachliche Fundierung und verständliche Aufbereitung waren unsere wichtigsten Ziele, damit die Theorie schnell erfassbar und handwerklich direkt anwendbar und im Seminar einsetzbar wird.

▶ Anwendung

Jeder Darstellung einer Theorie oder eines Modells folgen Vorschläge für praktische Übungen sowohl zu ihrer Einführung als auch zur vertiefenden Übung im Training. Im Vordergrund unserer Anregungen und Ideen stehen die Einübung der theoretischen Kenntnisse und der direkte Transfer des Modells auf den Arbeitsalltag der Seminarteilnehmer. Die Vorschläge entspringen unseren eigenen Erfahrungen aus dem Trainings- und Seminaralltag und können zusammen mit einigen Vorschlägen zur Flip-Chart-Gestaltung direkt übernommen werden oder einfach bloß eine Anregung für ihre individuelle Umgestaltung oder methodische Weiterentwicklung sein.

▶ Technische Hinweise

Hier geben wir Hinweise auf benötigtes Material oder besondere Anforderungen an den Raum. Dabei setzen wir das Vorhandensein eines Moderationskoffers, eines Flip-Charts und einer Pinwand als Standardausstattung voraus.

▶ Kommentar

Unter dem Punkt Kommentar beschreiben wir in den markanten Fällen unsere besonderen Erfahrungen bei der Einführung der jeweiligen Theorie oder einer Übungsbeschreibung. Sie finden hier typische Teilnehmerreaktionen und Tipps aus unserem Trainingsalltag.

▶ Querverweise

Hier erhalten Sie Anhaltspunkte, welche Theorien wissenschaftshistorisch miteinander in Verbindung stehen, sich besonders gut kombinieren lassen oder sinnvoll aufeinander aufbauen. Über die Querverweise können Sie direkt zu einer anderen Stelle des Buches gelangen und so verschiedene Theorieinhalte zu einem Seminarkonzept zusammenfügen. Einige Querverweise gehen auch über die in diesem Buch ausgewählten Theorien hinaus und beinhalten eher generelle Hinweise.

▶ Weiterführende Literatur

An dieser Stelle sind die Grundsatztexte der jeweiligen Theorien und Modelle zusammengestellt worden sowie aktuelle Literatur aus dem Seminar- oder seminarnahen Bereich, in dem die jeweilige Theorie ebenfalls erklärt oder auf sie Bezug genommen wird. Einige der Literaturangaben eignen sich auch als Empfehlung für besonders interessierte Teilnehmer.

▶ Hintergrund

Jedes der sechs Kapitel endet mit ausführlichen Hintergrundinformationen zu den Begründern der vorgestellten Theorien, ihren Lebensdaten, sofern wir sie recherchieren konnten, den Forschungszusammenhängen, in denen die Theorien entstanden und einige Anmerkungen zur Ideengeschichte. Darüber hinaus haben wir hier einige interessante Details wie die Originalfassungen einiger Theorien zusammengestellt.

Eins

Kommunikation

Die Modelle im Überblick:

In der heutigen Informationswelt stellt die Kommunikationskompetenz des Einzelnen eine wichtige Schlüsselqualifikation für das Berufs- und Arbeitsleben dar. Die Herausforderungen sind vielfältig, denn das Führen eines Mitarbeitergespräches, die Präsentation vor dem Vorstand, das Leiten einer Teamsitzung oder die Entgegennahme einer Kundenbeschwerde verlangen ganz unterschiedliche Kompetenzen. So hängt der berufliche Erfolg vielfach davon ab, nicht nur über *was*, sondern auch *wie* wir mit unterschiedlichen Gesprächspartnern kommunizieren. Aus diesem Grund gehören Kommunikationstheorien wohl auch zum grundlegenden Handwerkszeug eines jeden Seminarleiters. Kaum eine Trainingsmaßnahme kommt ohne Elemente der Kommunikation aus und von kaum einem Thema gibt es so viele und enge Querverbindungen zu anderen Trainingsthemen. So kommt es beispielsweise vor, dass Seminare zum Thema Konfliktmanagement angefragt werden, die sich nach genauerer Analyse als grundlegende Bedarfe nach Kommunikationstrainings herausstellen.

Den Teilnehmern erscheinen viele Kommunikationstheorien und daraus abgeleitete Empfehlungen auf den ersten Blick selbstverständlich und alltäglich. Daher gilt der Schärfung der Wahrnehmung der Teilnehmer ein besonderes Augenmerk, denn der bewusste Umgang mit scheinbar alltäglichen Mechanismen und das Wissen um die zu Grunde liegenden Prozesse der Kommunikation bieten den Teilnehmern den entscheidenden Vorsprung, der sie bewusst handeln lässt.

Wir steigen in das Kapitel Kommunikation mit dem Grundlagenmodell *„Modell der Welt"* von Alfred Korzybski ein. Es basiert auf den Annahmen des Konstruktivismus und bildet eine Plattform, auf der sich alle weiteren Kommunikationstheorien gut aufbauen lassen, denn es hat seinen besonderen Fokus auf der Schärfung der Wahrnehmung der Teilnehmer für die Basis von Kommunikation.

Von hier aus setzen wir uns mit dem *„Eisbergmodell"* der Kommunikation auseinander. Auch dieses Modell betont die individuellen Aspekte der Kommunikation und legt weitere Grundlagen für das Verständnis verschiedenster Kommunikationssituationen.

Das Modell der *„Vier Seiten einer Nachricht"* von Friedemann Schulz von Thun erweitert diese ersten Gedanken um den Aspekt der Interaktion. Dieses Modell gilt im deutschsprachigen Raum als Klassiker der Kommunikationsmodelle und zeigt die Komplexität von Kommunikationsprozessen detailliert auf. Dies gilt besonders für die inhaltliche Erweiterung um das *„Vier-Ohren-Modell"*.

Das sich anschließende *„TALK-Modell"* ist eine ebenfalls von Schulz von Thun entwickelte Version der „Vier Seiten einer Nachricht", die sich vor allem für die Analyse von Gesprächssequenzen eignet.

Einen anderen Aspekt der Kommunikation beleuchtet die *„Transaktionsanalyse"* nach Eric Berne. Sie stellt nicht nur ein Kommunikationsmodell dar, sondern ein weitaus komplexeres psychologisches Modell. Da es sich aber auch zur Analyse von Gesprächen einsetzen lässt und besonders in der Auseinandersetzung mit Gesprächsverläufen neue Erkenntnisse liefern kann, haben wir es in dieses Kapitel aufgenommen.

Zitate

Zum Einstieg, zur Diskussion oder zur Auflockerung

In einer Fünftelsekunde kannst du eine Botschaft rund um die Welt senden. Aber es kann Jahre dauern, bis sie von der Außenseite eines Menschenschädels nach innen dringt. (Charles F. Kettering)

Wie sprechen Menschen mit Menschen? Aneinander vorbei. (Kurt Tucholsky)

Wenn ich mit dem Herzen höre, werde ich den Sinn entdecken. Wie das Auge das Licht wahrnimmt und das Ohr den Klang, ist das Herz das Organ für den Sinn. (David Steindl-Rast)

Wann auch immer Sie jemanden über kulturelle oder gar menschliche Probleme reden hören, sollten Sie nie vergessen sich zu fragen, wer dieser Sprecher wirklich ist. Je genereller das Problem, das jemand aufwirft, desto mehr von seinen eigenen persönlichen Bewertungen schmuggelt er hinein. (C.G. Jung)

Jede negative Formulierung schlägt Türen zu. (unbekannt)

Das Wort stirbt, wenn wir es nicht miteinander teilen. (Tschingis Aitmatov)

Es ist schwer mit dem Bauch zu argumentieren, denn der hat keine Ohren. (Cato der Ältere)

Es wird immer gleich ein wenig anders, wenn man es ausspricht. (Hermann Hesse)

Modell der Welt

Ziel

Das „Modell der Welt" verdeutlicht, inwieweit Kommunikationsprozesse individuellen Einflüssen unterliegen. Für Teilnehmer erhöht das Wissen über das Modell die Zielorientierung und Effizienz von Gesprächen, da es Hilfestellungen für den Umgang mit Missverständnissen bietet. Darüber hinaus liefert es Argumente für die konstruktive Auseinandersetzung mit der Frage, warum man sich überhaupt mit Kommunikation und Kommunikationstechniken beschäftigen sollte.

Kontext

- Kommunikation
- Teamentwicklung
- Selbst- und Fremdbild
- Führung
- Gesprächsführung
- Konflikt
- Selbststeuerung

Theorie

Das Modell basiert auf den Forschungsergebnissen des Psychologen und Linguistikers Alfred Korzybski und entstand in den 1930er Jahren. Nach Korzybski lassen individuelle Vorerfahrungen und kulturelle Prägungen in jedem Menschen ein einzigartiges „Modell der Welt" entstehen. Jeder schafft sich eine eigene Vorstellung von der Welt, sozusagen eine persönliche „Landkarte" der Welt. Da keine zwei Menschen jemals exakt dieselben Erfahrungen machen, ist das „Modell der Welt" bei jedem von uns tatsächlich einzigartig und unterscheidet sich zum Teil erheblich von den Vorstellungen unserer Mitmenschen. Im kommunikativen Verhalten des Menschen spiegelt sich diese Landkarte der individuellen Wirklichkeit wider.

Korzybski postuliert weiterhin:

- Die Landkarte ist nicht das Gelände.
- Die Landkarte zeigt nicht das ganze Gelände.
- Die Landkarte spiegelt sich selbst wider.

Aus der Grundannahme des Modells ergeben sich konkrete Ableitungen für den Kommunikationsprozess:

- Missverständnisse gehören zur Kommunikation dazu: „Mein Gegenüber hat ein anderes ‚Modell der Welt' als ich."
- Um Missverständnisse möglichst gering zu halten, ist eine offene und nicht wertende Haltung in der Kommunikation förderlich: „Um mit dem anderen gut kommunizieren zu können, muss ich sein ‚Modell der Welt' verstehen."
- Um das „Modell der Welt" des Gegenübers zu verstehen, kann man es erkunden, indem man Gesprächstechniken anwendet: „Ich erkunde das ‚Modell der Welt' des anderen."

Gesprächstechniken, die insbesondere das „Modell der Welt" berücksichtigen, sind:

- **Aktives Zuhören:** ungeteilte Aufmerksamkeit schenken und eventuell nachfragen.
- **Fragetechniken:** offene Fragen stellen und so Hintergründe und Motive ergründen.

Korzybskis Arbeiten beruhen unter anderem auf seiner Beobachtung eines seiner Zeitgenossen, des Physikers Albert Einstein. Er studierte dessen einzigartige Denkweisen und entdeckte das so genannte nicht-aristotelische Denken, in den USA bekannt als „Critical Thinking".

Im Critical Thinking setzt man sich mit den Axiomen auseinander, die den eigenen Gedanken und Grundannahmen zu Grunde liegen. Durch die kritische Betrachtung der eigenen Denkstrukturen werden Bewertungen und Annahmen aufgehoben, die einem offenen Gespräch oftmals im Wege stehen.

Der amerikanische Quantenphysiker David Bohm, ein Schüler Albert Einsteins, entwickelte aus ähnlichen Überlegungen die so genannte „Dialogmethode". Sie erhebt die kritische Betrachtung eigener Annahmen, Bewertungen oder Glaubenssätze zum Prinzip. Die Einhaltung einer kritischen Distanz zu den eigenen Bewertungen ermöglicht es Anwendern, über Konfliktgrenzen hinweg zu kommunizieren: Zum Beispiel wird die in der westlichen Welt typische dualistische Auffassung von richtig/falsch dadurch aufgelöst, indem der Beobachter Bewertungen vermeidet. Demnach eröffnet die Dialogmethode das Wechseln oder Verlassen der eigenen Perspektive und ebnet den Weg zu alternativen Lösungen in Streitfällen, aber auch in alltäglichen Kommunikationssituationen. Sie wird auf diese Weise zu einem konkreten Beispiel für die Anwendung der Grundannahmen des „Modells der Welt".

Jedes „Modell der Welt" ist einzigartig

Gestützt werden die Aussagen Korzybskis durch die Forschungen des Konstruktivisten und Kommunikationstheoretikers Paul Watzlawick sowie des Erkenntnistheoretikers Humberto Maturana. Danach lautet eine These Paul Watzlawicks:

> *„Das Bild ist nicht das Abgebildete, der Name nicht das Benannte, eine Erklärung der Wirklichkeit nur eine Erklärung und nicht die Wirklichkeit selbst."*

Anwendung

Einführung

„Die fremde Hand“ (Zweierübung)

Die Teilnehmer werden gebeten, sich zu zweit ein Blatt Papier und einen Stift zu nehmen. Sie erhalten den Auftrag, den Stift gemeinsam zu halten und drei Begriffe zu zeichnen, die Sie nennen werden. Während der Ausführung dürfen die Teilnehmer nicht miteinander sprechen. Beide sollen gleichermaßen an der Umsetzung der Aufgabe beteiligt sein. Wenn sich die Teilnehmer soweit eingerichtet haben, nennen Sie den ersten Begriff. Typische Begriffe sind beispielsweie „Haus,“ „Baum“ oder „Hund“.

Nach Fertigstellung der Bilder kann man eine kurze Vernissage veranstalten (es darf gelacht werden!). Die Einstiegsfrage lautet, welches der Objekte einfach zu zeichnen war und welches eine besondere Herausforderung war.

Der Schwierigkeitsgrad ergibt sich durch die Komplexität der Motive und die unterschiedlichen Vorerfahrungen der Beteiligten. Ein Hundebesitzer zeichnet einen anderen Hund, er hat ein anderes „Modell der Welt“ von Hunden im Kopf als etwa ein Katzenbesitzer. Die Form eines (europäischen) Hauses ist auf geometrische Grundformen zurückzuführen und daher für Teilnehmer einfacher zu zeichnen, die Abstimmung fällt oftmals leichter als bei der Umsetzung des Baumes oder Hundes. Ziel der Auswertung ist die Erkenntnis, dass selbst bei so einfachen Motiven wie einem Haus schon unterschiedliche Vorstellungen in unseren Köpfen herrschen. Wie schwierig ist es dann erst, sich auf ein gemeinsames Verständnis von abstrakten Begriffen wie Gerechtigkeit oder Verantwortung zu einigen?

Vertiefende Übungen

„Stille Post, mal anders“ (Gruppenübung)

Sie zeichnen auf ein umgedrehtes Flip-Chart eine Fantasiefigur, etwa einen Smiley mit Elefantenohren. Um diese Figur wird ein Rahmen gezeichnet, unter den der Satz *„Der Hahn ist nicht tot!“* geschrieben wird.

Beinahe unmöglich: Ein Teilnehmer soll auf Grundlage einer mündlichen Vermittlung eine exakte Kopie des Bildes entstehen lassen.

Damit die Zeichnung sehr deutlich und genau wird, sollte das Flip-Chart-Blatt am besten von Ihnen vorbereitet worden sein. Dann suchen Sie vier bis fünf Freiwillige, die an der Übung teilnehmen möchten. Bis auf einen verlassen alle Freiwilligen den Raum und warten vor der Tür, bis sie hereingerufen werden. Der erste Kandidat kann sich nun das Bild anschauen und bekommt den Auftrag: *„Prägen Sie sich das Bild bitte genau ein. Ihre Aufgabe ist es, Ihrem Nachfolger das Bild so zu beschreiben, dass eine möglichst exakte Kopie entsteht. Dabei dürfen Sie alles sagen. Sie dürfen jedoch nichts vorzeichnen oder mit den Händen eingreifen."* Ihre Aufgabe ist es anschließend, die Einhaltung der Regeln zu überwachen und die übrigen Teilnehmer aufzufordern, zu beobachten, was passiert.

In der Regel passiert nun Folgendes: Eine der wartenden Personen wird in den Raum gebeten und der instruierte Teilnehmer übernimmt das Wort. Bei der Weitergabe der Informationen erfolgen nun einige grundlegenden Kommunikationsfehler:

- Obwohl der Instrukteur alles sagen darf, lässt er wichtige Informationen wie die Weitervermittlung des Arbeitsauftrages:

„Es soll eine exakte Kopie entstehen" oder die Vermittlung der Regeln: *„Du darfst alles fragen, ich darf alles sagen, aber Dir nichts vormalen"* aus. Auch ein Überblick über das, was entstehen soll, wird selten gegeben.

- Des Weiteren versucht der Instrukteur in der Regel mit verschiedenen Begrifflichkeiten zu arbeiten, um das Bild genauer zu beschreiben. Dabei geht er von seinem „Modell der Welt" aus. Wie die Begriffe dann umgesetzt und gemalt werden, ist oft sehr verschiedenen von den Intentionen des Instrukteurs. Typische Begriffe für den Rahmen sind z.B. „Bild", „wie Briefmarke" oder „mit Zacken dran". Sie werden selbst als erfahrener Trainer erstaunt sein, wie viele unterschiedliche künstlerische Interpretationen von Zacken es gibt! Da kann aus einem barocken Bilderrahmen schnell einmal ein Fransenteppich werden.

- Der Zeichner stellt in 90 Prozent der Fälle keinerlei Rückfragen und malt einfach drauf los. Dadurch kommt es zu panischen Eingriffsversuchen von Seiten des Instrukteurs, wenn dieser bemerkt, dass seine Anweisungen sehr frei interpretiert werden. Selten gestellte, aber hilfreiche Fragen wären z.B. *„Wie groß soll das werden?", „In welcher Farbe soll ich das malen?" „In Blockbuchstaben oder Schreibschrift?"* usw.

Die Teilnehmer entscheiden selbst, wann sie mit ihrer Arbeit zufrieden sind und geben Ihnen dann ein Zeichen. Daraufhin weihen Sie den Zeichner in die Aufgabenstellung ein und bitten ihn, dem nachfolgend Reinkommenden das von ihm gemalte Bild so zu beschreiben, dass eine exakte Kopie entstehen kann. Dazu darf er sich das Flip-Chart so lange einprägen, wie er möchte. Auf das Zeichen des Teilnehmers hin klappen Sie das Flip-Chart nach hinten und holen den nächsten Kandidaten herein – das Spiel beginnt von vorne.

Zur Auswertung können die Flip-Charts nun entweder der Reihe nach zurückgeblättert werden oder auf dem Fußboden beziehungsweise an Moderationswänden im Gesamtüberblick betrachtet werden. Versuchen Sie, mit den Teilnehmern von Bild zu Bild festzuhalten, welche Fehler sich eingeschlichen haben und warum. Welche Begriffe waren für die Beschreibung hilfreich, welche wurden ganz unterschiedlich interpretiert? An dieser Stelle wird noch einmal das „Modell der Welt" deutlich.

Erarbeiten Sie anschließend die Frage: *„Wie hätten sich die Fehler vermeiden lassen?“*

Kommentar

Achten Sie darauf, dass deutlich wird, dass nicht nur der „Sender“ die Verantwortung für das Gelingen hat, sondern dass der „Empfänger“ in diesem Fall durch gutes Nachfragen und Abwarten ebenfalls einen großen Beitrag zur Qualitätssicherung leisten kann. Die Diskussion erfolgt in der Regel sehr lebhaft und plastisch. Am Ende steht die Erkenntnis, dass aktives Zuhören, Nachfragen und präzise Formulierungen unter Berücksichtigung der Vorerfahrungen des Gesprächspartners die Grundpfeiler einer gelungenen Kommunikation sind. Eine schöne Einleitung für fast alle Kommunikationstheorien ist damit hergestellt.

Technische Hinweise

- „Die fremde Hand“: Ein Blatt Papier und ein Stift pro Zweiergruppe.
- „Stille Post mal anders“: Eine vorbereitete Zeichnung, Stifte, Flip-Chart und fünf Blatt Flip-Chart-Papier.

Querverweise

Eisbergmodell (S. 25)

Der Inhalt des „Modells der Welt“, das heißt, der Inhalt des Kopfes meines Gegenübers befindet sich im „Eisbergmodell“ unter der Wasseroberfläche. Der Querverweis zwischen beiden Modellen kann bei den Teilnehmern die Einsicht stärken, wie schwierig und gleichzeitig wichtig es ist, in einer lösungsorientierten Kommunikation „unter die Wasseroberfläche“ zu gelangen.

Vier Seiten einer Nachricht (S. 36)

Die „Vier Seiten einer Nachricht“ von Friedemann Schulz von Thun sind ein Analyseinstrument für Kommunikation. Hier werden Ohr und Verstand geschult, auf mitschwingende Botschaften zu achten. Im Anschluss an die Darstellung beider Modelle kann diskutiert werden, inwieweit das eigene „Modell der Welt“ (Erfahrungen, Wissen, Ziele) den Empfänger beeinflusst, eine bestimmte Seite der Nachricht bevorzugt wahrzunehmen.

Weiterführende Literatur

- BOHM, D. (1998). Der Dialog. Das offene Gespräch am Ende der Diskussionen. Stuttgart: Klett-Cotta.

- BROOKFIELD, STEPHEN R. (1991). Developing Critical Thinkers: challenging adults to explore alternative ways of thinking and acting. Reprint. Jossey-Bass Higher Education Series.

- FOLCONAR, T. (2000). Creative Intelligence and Self Liberation: Korzybski, Non-Aristotelian Thinking and Eastern Realization. Crown House Publishing.

- HARTKEMEYER, F.; HARTKEMEYER, M. (2005). Die Kunst des Dialogs – kreative Kommunikation entdecken. Erfahrungen – Anregungen – Übungen. Stuttgart: Klett-Cotta.

- KORZYBSKI, A. (1933). Science and Sanity. An Introduction to Non-Aristotelian Systems and General Semantics. 5. Aufl. Institute of General Semantics.

- MATURANA, HUMBERTO R.; VARELA, FRANCISCO J. (1987). Der Baum der Erkenntnis. Die biologischen Wurzeln menschlichen Erkennens. Bern und München: Scherz.

- WATZLAWICK, P. (2003). Anleitung zum Unglücklichsein. 16. Aufl. München: Piper.

- WATZLAWICK, P. (2002). Die erfundene Wirklichkeit. 18. Aufl. München: Piper.

- WATZLAWICK, P.; BEAVIN, J.; JACKSON, D. (1972). Menschliche Kommunikation. Formen, Störungen, Paradoxien. 3. unveränd. Aufl. Bern: Huber.

Eisbergmodell

Ziel

Das „Eisbergmodell" hebt den Umstand hervor, dass zwischenmenschliche Kommunikation aus sicht- und hörbaren sowie aus zunächst verborgenen Anteilen besteht. Die Teilnehmer erkennen und berücksichtigen in einer gelungenen Kommunikation die Wirkung verborgener Anteile auf den Gesprächs- und Aktionsprozess.

Kontext

- Kommunikation
- Konflikt
- Unternehmenskultur
- Gesprächsführung
- Führung

Theorie

Das „Eisbergmodell" ist eines der bekanntesten Kommunikationsmodelle überhaupt und wird in unterschiedlichsten Abwandlungen in Trainings eingesetzt. Umso mehr verwundert die Tatsache, dass häufig in der Trainingsliteratur auf das Modell Bezug genommen wird, wir aber keinen Urheber recherchieren konnten. Unsere Nachforschungen ergaben schließlich, dass das „Eisbergmodell" der Kommunikation in den Arbeiten Sigmund Freuds wurzeln könnte, der das „Eisbergmodell des Bewusstseins" vorlegte. Hiernach ist das menschliche Verhalten gut zu verstehen, wenn man es mit einem im Meer treibenden Eisberg vergleicht.

Freud entnahm seinen Patientenbeobachtungen, dass das, worauf wir in unserem Verhalten in täglichen Situationen bewusst zurückgreifen, nur 10 bis 20 Prozent dessen ausmacht, was unser Handeln bestimmt. Diese 10 bis 20 Prozent liegen „über Wasser", während die restlichen 80 bis 90 Prozent „unter der Wasseroberfläche" verborgen sind. Was sich aber unter Wasser abspielt, hat einen großen und in vielem sogar bestimmenden Einfluss auf das, was sich über Wasser ereignet. Diese Erkenntnis ist auch für die heutige Auseinandersetzung mit Kommunikationsprozessen von weit reichender Bedeutung. Denn Freud widerspricht deutlich der Auffassung, menschliches Verhalten sei allein auf bewusstes Denken und rationales Handeln zurückzuführen.

Mittlerweile wurden die Aussagen Freuds in der Trainingspraxis unter dem Begriff „Eisbergmodell" auf die Analyse von Kommunikationsinhalten übertragen. Danach dient die Spitze des Eisberges der Veranschaulichung des gesprochenen Wortes, der Körpersprache und dem Verhalten, also dem unmittelbar Wahrnehmbaren. Unter der Wasseroberfläche befinden sich die Motive, Erfahrungen, Emotionen, Bedürfnisse, Normen. Sie stellen den eigentlichen Handlungsantrieb für das Geschehen über der Wasseroberfläche dar, bleiben aber unsichtbar. Sie sind daher schwerer zugänglich und können häufig zunächst nur über Körpersprache, Stimmlage und Mimik erschlossen werden.

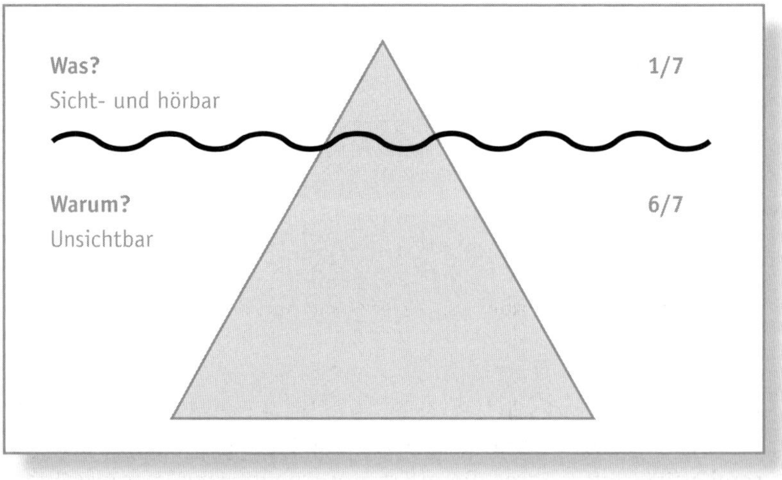

Etwa 6/7 der Gesamtinformation ist unsichtbar

Im Falle von Kommunikationsproblemen gilt es also neben der Betrachtung des Geschehens über der Wasseroberfläche, darunter liegende Ebenen wie Bedürfnisse, Emotionen oder Erfahrungen in die Analyse mit einzubeziehen. Denn nach Aussage des „Eisbergmodells" machen die unter der Wasseroberfläche liegenden Informationen etwa 6/7 der Gesamtinformation einer Gesprächssituation aus.

So verdeutlicht das Modell, welchen Einfluss z.B. mir unbekannte Faktoren auf ein Mitarbeitergespräch haben können und es vielleicht in eine Richtung bringen, in die ich gar nicht will. Je mehr ich also über das Weltbild und handlungsleitende Werte meines Gesprächspartners weiß, desto eher kann ich zielorientiert auf ihn eingehen. Dabei hilft die Anwendung von Fragetechniken, um auf die entscheidenden Ebenen unter der Wasseroberfläche zu gelangen.

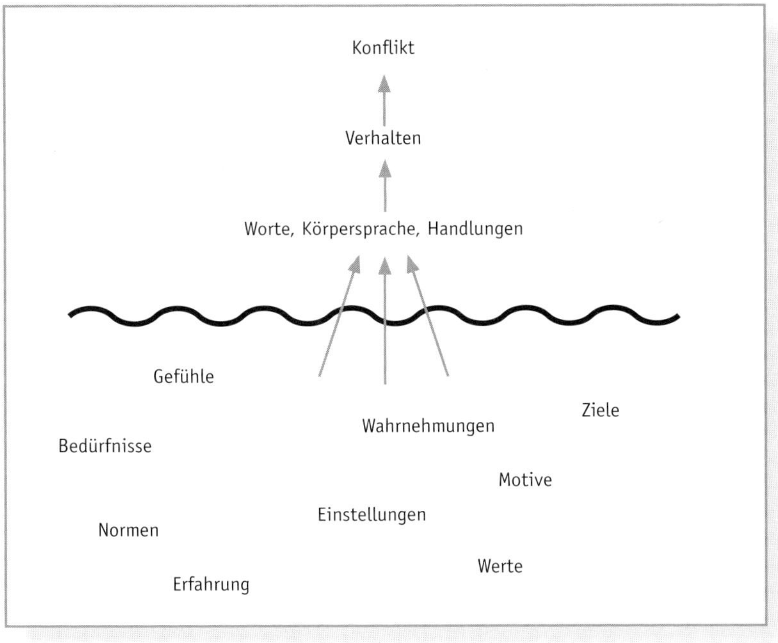

Der Einfluss unbekannter Faktoren auf ein Mitarbeitergespräch

In der von uns entwickelten Abbildung haben wir bewusst auf eine hierarchische Abfolge in der Darstellung der Aspekte unter der Wasseroberfläche verzichtet. Denn Erfahrungen unseres Trainingsalltags zeigen, dass es den Teilnehmern leichter fällt, ihre persönlichen Beispiele unter der Wasseroberfläche anzuordnen, wenn sie nicht gezwungen sind, diese direkt hierarchisch zu gliedern[1].

[1] Freuds ursprüngliches Modell sieht eine hierarchische Gliederung des Unbewussten bzw. des Vorbewussten unterhalb der Wasseroberfläche vor. Auf der untersten Ebene befinden sich Erbanlagen und Instinkte, auf höheren, vorbewussten Ebenen dann Persönlichkeitsmerkmale, verdrängte Konflikte oder Angst.

Anwendung

Einführung

Sie stellen das „Eisbergmodell" mithilfe eines vorbereiteten Flip-Charts oder einer Folie vor. Ein Einführungssatz wie: *„Sie wissen ja, was mit der Titanic passierte, als man den Eisberg ignorierte"*, kann, je nach Ausgangssituation, für Auflockerung und Aufmerksamkeit sorgen. In jedem Fall hebt es die Bedeutung des Modells für den Kommunikationsalltag klar hervor.

„Mein Eisberg" (Zweiergruppen oder Übung im Plenum)

Es bieten sich verschiedene Vorgehensweisen an:

„Mein Eisberg, Variante 1"

Nachdem Sie die Grundidee des „Eisbergmodells" erklärt haben, zeichnen Sie einen neuen Eisberg an und bitten die Teilnehmer um die Aussage eines Kollegen, Vorgesetzten oder Kunden, die sie selbst nicht verstehen, die sie aber täglich ärgert oder Ähnliches. In jedem Fall sollte das Beispiel der Realität entspringen. Sie notieren den Satz auf der Stelle über der Wasseroberfläche und bitten alle Teilnehmer, nun Mutmaßungen über die unter der Wasseroberfläche liegenden Motive, Erfahrungen, Emotionen, Bedürfnisse oder Einstellungen anzustellen. Diese halten Sie ebenfalls auf dem Flip-Chart fest.

Beispiel: Ein Geschäftsinhaber will demnächst sein Unternehmen dem Junior überschreiben. Derzeit unzufrieden mit dessen Arbeitseinstellung, fragt er eines Morgens, als der Junior noch nicht erschienen ist, seine Mitarbeiter:

Die Gruppe betrachtet anschließend die notierten Ergebnisse „unter Wasser". Nun können Sie fragen: *„Was wollte der Kunde, Vorgesetzte oder Kollege (hier: der Senior-Chef) wirklich?"*

- *Auflösung:* Der Senior-Chef will wahrscheinlich nicht ausschließlich wissen, wo genau der Junior sich zurzeit aufhält. Nach dieser Analyse spielen unter der Wasseroberfläche die Aspekte (Existenz-)Angst, mangelnde Kommunikation und Wunsch nach Anerkennung durch den Junior-Chef eine Rolle.

Nun schließen Sie an: *„Generell gilt: die Lösung schwieriger Kommunikationssituationen liegt in 90% der Fälle unter der Wasseroberfläche. Welchen von uns herausgearbeiteten Aspekt müsste also der nächste Schritt des Gesprächspartners unbedingt berücksichtigen, um die hier angesprochene Situation zu lösen?"*

- *Auflösung:* In einem Konfliktgespräch zwischen den beiden sollte der Junior-Chef die Aspekte (Existenz-)Angst, mangelnde Kommunikation und den Wunsch nach Anerkennung berücksichtigen beziehungsweise ansprechen.

„Mein Eisberg, Variante 2"

Zunächst zeichnen Sie einen Eisberg und geben, je nach Seminarkontext, bestimmte Ebenen unter der Wasseroberfläche vor. Nach unserer Erfahrung eignen sich hier besonders die Ebenen Gefühle, Motive und Bedürfnisse, da sie sehr aufschlussreiche Erkenntnisse über das Geschehen unter der Wasseroberfläche bieten. Die Teilnehmer erhalten die Aufgabe, Vermutungen für diese Ebenen anzustellen.

- „Welche Bedürfnisse wirken unter der Wasseroberfläche"
- „Welche Gefühle könnten einen solchen Satz bewirkt haben?"
- „Welche Motive sind für den Sprecher handlungsleitend?"

Diese genauen Vorgaben der Ebenen dienen den Teilnehmern zur besseren Strukturierung ihrer Analysen.

Beispiel: Eine ältere Mitarbeiterin, die sehr unsicher in der Bedienung ihres PCs ist, äußert, nachdem sie morgens ihren PC einschaltet, des Öfteren den folgenden Satz:

Auch hier können Sie die Frage an die gesamte Gruppe anschließen: *„Was wollte der Kunde, Vorgesetzte oder Kollege (hier: Kollegin) wirklich?"*

- *Auflösung:* Die Arbeitskollegin ist verunsichert und braucht – auch technische – Hilfe, um langfristig das Gefühl von Sicherheit durch das Kontrollvermögen über ihren PC (wieder) zu erlangen. Wahrscheinlich weiß sie, dass niemand anderes ihren Computer über Nacht verstellt hat. Im Weg steht ihr allerdings ihre hier zu Tage tretende Tendenz zur externalen Attribution (nicht sie selbst, sondern jemand anderes hat den PC verstellt)[2]. Die Kollegen müssen also keine direkte Antwort auf die Frage geben im Sinne einer Rechtfertigung, wer denn nun den Rechner verstellt habe, sondern vielmehr auf die Aspekte unter der Wasseroberfläche eingehen.

Nun könnte folgen: *„Generell gilt: die Lösung schwieriger Kommunikationsprozesse liegt in 90% der Fälle unter der Wasseroberfläche. Welchen von uns herausgearbeiteten Aspekt unter der Wasseroberfläche müsste also der nächste Schritt des Gesprächspartners unbedingt berücksichtigen?"*

- *Auflösung:* In ihrer Reaktion auf die morgendliche Frage der älteren Kollegin müssten die Kollegen die Aspekte Unsicherheit, Angst und das Bedürfnis nach Anerkennung Berücksichtigung berücksichtigen.

---

[2] Siehe hierzu auch den Abschnitt „Attributionstheorie" ab S. 221.

„Mein Eisberg, Variante 3“ (Zweier-Übung)

Die dritte Variante besteht aus der Auseinandersetzung mit einem Dialog oder Reaktionsmuster zwischen zwei Gesprächspartnern. Es werden von Ihnen zu Beginn zwei Eisberge angezeichnet. Die Aufgabe für die Teilnehmer besteht nun darin, einen Dialog oder ein typisches Interaktionsmuster aus ihrem Arbeitsalltag aufzuschreiben und zu zweit zu analysieren.

Beispiel: Zwei hierarchisch gleichgeordnete Kollegen eines Teams, die seit über einem Jahr zusammenarbeiten, zeigen folgendes Verhaltensmuster:

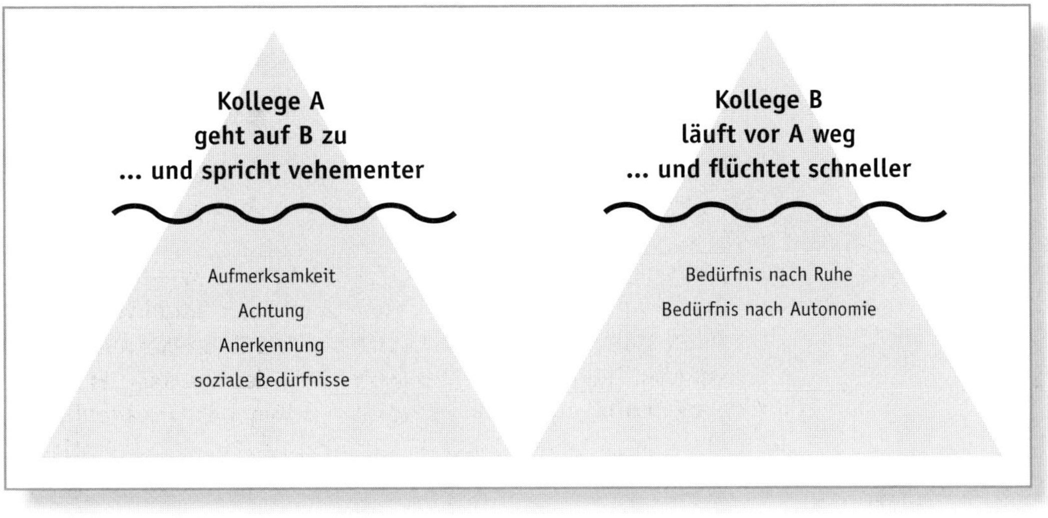

Hier lassen sich ebenfalls erkenntnisleitende Fragen an die Teilnehmer anschließen:

- „Welche Bedürfnisse spielen eine besondere Rolle?“
- „Auf welche Aspekte unter der Wasseroberfläche muss ich unbedingt eingehen, um eine Lösung herzustellen?“
- „Wie genau lautet ein möglicher Antwortsatz?“
- „Welche konkrete Handlungsweise wäre hilfreich?“

- *Auflösung:* Der Teufelskreis des Beispieles kann nur durch einen Kontakt zwischen A und B aufgelöst werden. Die Gestaltung des Kontaktes sollte die Bedürfnisse nach Autonomie (B) einerseits und nach Anerkennung und Achtung (A) andererseits berücksichtigen. Eine denkbare Lösung wären häufige, aber kurze Kontakte bzw. Gespräche, in denen B – wenn möglich – A lobt oder auf andere Weise anerkennt.

Vertiefende Übungen

„Einfluss auf den Eisberg" (Übung im Plenum)

Sie haben ein leeres „Eisbergmodell" mit Wasserlinie auf einer Moderationswand vorbereitet. Nun fragen Sie in die Runde: *„Welche Faktoren haben Einfluss auf den Verlauf und das Gelingen eines Gesprächs?"*

Antworten wie Stimmung der Gesprächspartner, Sympathie, verfolgte Ziele, werden auf Zuruf auf Moderationskarten geschrieben und anschließend dem Eisberg zugeordnet.

Die Teilnehmer entscheiden anschließend, ob der genannte Begriff dem Bereich über oder unter der Wasseroberflache zuzuordnen ist. Im Idealfall stellt sich heraus, dass mehr als 50% der Faktoren unter der Wasseroberfläche liegen. An dieser Stelle können Sie nochmals auf die Bedeutung der 1/7- zu 6/7-Verteilung innerhalb des „Eisbergmodells" hinweisen.

„Der Eisberg im Unternehmen" (Übung im Plenum)

Das „Eisbergmodell" eignet sich auch zur Auseinandersetzung mit dem Thema Unternehmenskultur, etwa im Rahmen einer Teamentwicklungsmaßnahme.

Im Anschluss an die Vorstellung des allgemeinen Modells kann der Transfer auf die eigene Unternehmenskultur durch ein vorbereitetes Flip-Chart eingeleitet werden. In diesem Fall wird die Spitze des Eisberges durch nach außen erkennbare Riten, Organisationsstrukturen und veröffentlichte Unternehmensziele sichtbar (siehe Abbildung auf der Folgeseite).

Im nächsten Schritt können Vermutungen über zu Grunde liegende implizite Verhaltensregeln, die sich über die Zeit hinweg entwickelt haben, angestellt werden.

Diesen Prozess können Sie durch erkenntnisfördernde Fragen unterstützen.

- „Wie lauten die impliziten Regeln in dieser Abteilung?"
- „Welche nicht explizit geäußerten Erwartungen herrschen gegenüber Mitarbeitern?"

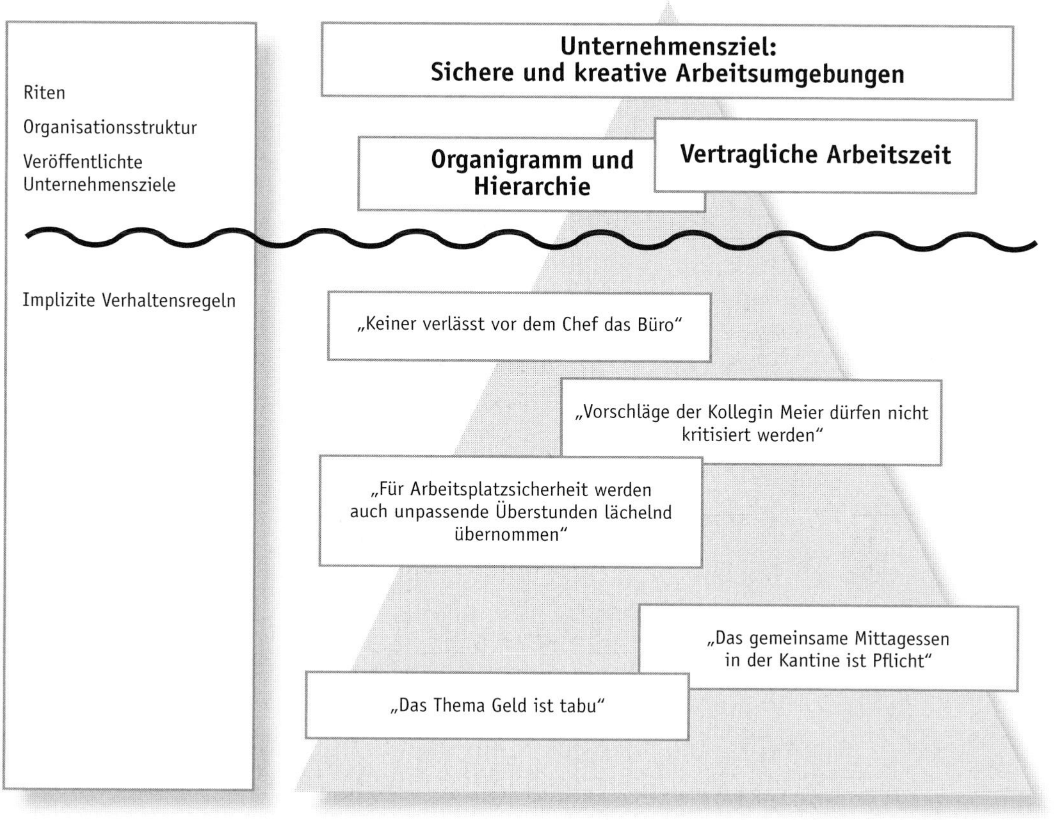

Welche impliziten Verhaltensregeln beeinflussen die eigene Firmenkultur?

Häufig sind es gerade diese unter der Wasseroberfläche liegenden Erwartungen, die im täglichen Leben zu Schwierigkeiten führen. Wird dieser Kern für die Beteiligten sichtbar gemacht, können Auslöser für Probleme im Arbeitsalltag erkannt und durch weitere moderierte Teamübungen nachhaltigen Lösungen zugeführt werden.

Technische Hinweise

- „Mein Eisberg“: Flip-Chart.
- „Einfluss auf den Eisberg“: Moderationswand.
- „Der Eisberg im Unternehmen“: Flip-Chart.

Kommentar

Das „Eisbergmodell“ wird von Teilnehmern in der Regel gut angenommen und „abgenickt“. Oftmals haben einige Teilnehmer „das mit dem Eisberg schon mal irgendwo gehört“ – nur häufig nicht die Gelegenheit erhalten, es auf den eigenen Arbeitsalltag anwenden zu können. Doch erst eine Auseinandersetzung mit den unter der Wasseroberfläche liegenden Aspekten des Modells führt zu einem tieferen Verständnis des Modells. Daher sollte der Transfer in den Arbeitsalltag unbedingt vom Trainer angeleitet werden. Besonders hilfreich ist dabei die Auseinandersetzung mit Themen der Teilnehmer aus dem eigenen Tätigkeitsbereich, das heißt, mit eigenen Beispielsituationen. Wird das Modell auf diese Weise eingeübt, stellt es in Kommunikations- und Konfliktseminaren eine sehr gute Analysebasis für weitere Gesprächsübungen dar. Die Teilnehmer verfeinern ihre Wahrnehmung und erarbeiten sich so eine solide Grundlage für das Finden von Lösungsstrategien, z.B. in Konfliktgesprächen. Daher ist der Hinweis des Trainers auf den Umstand, dass die Lösung in Konfliktfällen zu 90% unter der Wasseroberfläche zu finden ist, von so großer Bedeutung. Dieser Hinweis unterstreicht darüber hinaus die Aktualität des Modells.

Querverweise

Vier Seiten einer Nachricht & TALK-Modell (S. 36 + S. 44)

Das „TALK-Modell“ eignet sich, ebenso wie die „Vier Seiten einer Nachricht“, zur nachfolgenden Vertiefung des „Eisbermodells“ im Seminarkontext Kommunikation. Beide Modelle sind Instrumente zur Analyse von Gesprächssituationen und eröffnen weitere Möglichkeiten, unter der Wasseroberfläche liegende Bestandteile von Kommunikation zu identifizieren.

Konflikt (ab S. 64)

Das „Eisbergmodell“ liefert eine erste Grundlage zur Erarbeitung von Lösungen in Konfliktfällen: Es ist die Erkenntnis, dass langfristige Lösungen in der Mehrzahl der Fälle auf dem Eingehen auf Aspekte unter der Wasseroberfläche basieren.

Konflikte manifestieren sich häufig in Form von verbalem oder nonverbalem Verhalten. Diese „äußerlichen" Erscheinungen sind jedoch nur der Gipfel des eigentlichen Konflikts. Denn die Ursachen wie unterschiedliche Einstellungen, Ziele oder Bedürfnisse liegen meist verborgen und können erst durch eine gezielte Gesprächsführung erschlossen werden.

Bei Anwendung des „Eisbergmodells" auf konkrete Fälle der Teilnehmer wird schnell deutlich, weshalb Konflikte, in denen der aktuelle Anlass eher nichtig erscheint, eine so destruktive Kraft entwickeln können oder so belastend werden. Dies kann der Fall sein, wenn verschiedene Wertvorstellungen aufeinander treffen oder die Befriedigung elementarer Bedürfnisse gefährdet scheint.

Weiterführende Literatur

- FRANKEN, S. (2004). Verhaltensorientierte Führung. Individuen – Gruppen – Organisationen. Wiesbaden: Gabler.
- KÖNIGSWIESER, R.; EXNER, A. (1999). Systemische Intervention. Architekturen und Designs für Berater und Veränderungsmanager. 4. Auflage, Stuttgart: Klett-Cotta. S. 69-85.
- MAIWALD, J.; SCHICK, A. (2001). Hören, reden, überzeugen. München: Markt & Technik Verlag.
- NICHOLS, MICHAEL P. (2002). Die Kunst des Zuhörens. Einander verstehen im Alltag und in schwierigen Gesprächen. Reinbek: Rowohlt
- ZIMBARDO, PHILIPP G.; RUCH, FLOYD L. (1988). Psychology and Life. Longman Higher Education.

Vier Seiten einer Nachricht

Ziel

Die Teilnehmer erkennen die Komplexität von Kommunikationsprozessen. Durch den Übertrag des Modells auf den Alltag können die Teilnehmer ihr eigenes Kommunikationsverhalten reflektieren sowie jenes ihrer Umgebung. Hierbei können, je nach Teilnehmergruppe, sowohl Bezüge zum Unternehmensalltag wie auch zum persönlichen Umfeld hergestellt werden. Das Modell kann darüber hinaus der erkenntnisleitenden Analyse konfliktbehafteter Gesprächssituationen dienen. Insbesondere kann eine Verdeutlichung der Mechanismen herausgearbeitet werden, die zur Entstehung von Missverständnissen beitragen. So können Teilnehmer durch die Anwendung des Modells ihre analytischen Kompetenzen in Kommunikationsprozessen in kurzer Zeit erhöhen.

Kontext

- Kommunikation
- Gesprächsführung
- Motivation
- Führung
- Konflikt

Theorie

Das Modell der „Vier Seiten einer Nachricht“ trifft Aussagen über den Kommunikationsprozess zwischen zwei Beteiligten, dem *Sender* und dem *Empfänger* einer Nachricht. Entwickelt wurde es von dem Kommunikationsforscher Friedemann Schulz von Thun, der es erstmals 1977 unter dem Begriff „Kommunikationsquadrat“ veröffentlichte. In seinem Modell ordnet er jeder Art von Nachricht vier Aspekte zu, welche der Sender automatisch mitsendet; dies kann auch durchaus unterbewusst geschehen.

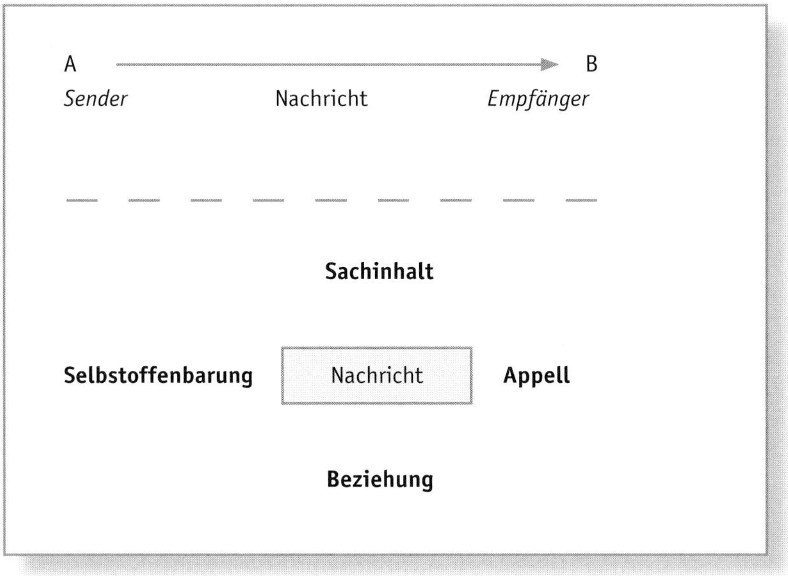

Jede Nachricht enthält „vier Seiten"

- *Sachebene:* Was genau sind die Fakten, worum geht es, wer ist beteiligt?
- *Appellebene:* Was ist der Arbeitsauftrag, was genau soll der Empfänger tun, unterlassen, denken oder fühlen?
- *Beziehungsebene:* In welchem Verhältnis stehen Sender und Empfänger zueinander, ist das Verhältnis geprägt durch Hierarchie, Sympathie, Distanz, Vertrauen?
- *Selbstoffenbarungsebene:* Was sagt der Sender durch die Nachricht über sich selbst aus; ist er/sie nervös, überlastet, gut gelaunt?

Variante „Vier-Ohren-Modell"

Die eigentliche Komplexität des Modells ergibt sich, indem Schulz von Thun die vier Ebenen auch auf den Kommunikationsprozess des Empfängers anwendet. Er nennt es das „Vier-Ohren-Modell": Jeder Empfänger einer Nachricht hört auf dem Sachohr, dem Appellohr, dem Beziehungsohr und/oder dem Selbstoffenbarungsohr. Auch dieser Prozess kann wieder unterbewusst ablaufen und situativ durch die Vorerfahrungen, die Beziehung, das hierarchische Verhältnis oder die aktuelle Situation beeinflusst sein.

Anwendung

Einführung

Sie stellen den Inhalt der Theorie am vorbereiteten Flip-Chart oder einer Folie vor. Dann schreiben Sie einen Satz (eine Nachricht) in die Mitte des Flip-Charts oder der Folie, umrahmen ihn und erarbeiten im Gespräch mit den Teilnehmern mögliche Bedeutungen der Nachricht entsprechend der verschiedenen Ebenen. Hierbei notieren Sie alle von den Teilnehmern vorgeschlagenen Sätze:

Beispiel (Vorgesetzte zu neuem Mitarbeiter): „Warum haben Sie mich nicht schon eher gefragt?"
Mögliche Bedeutungen der Nachricht:

- *Sachebene:* „Warum haben Sie mich nicht gefragt?"; „Sie können mich fragen."
- *Appellebene:* „Fragen Sie mich immer sofort, wenn Sie (alleine) nicht weiterkommen."
- *Beziehungsebene:* „Ich bin Ihr Vorgesetzter."; „Ich weiß mehr als Sie."; „Sie können mir vertrauen."; „Ich will Ihnen helfen."
- *Selbstoffenbarungsebene:* „Ich möchte einen offenen Umgang in meinem Team."; „Ich stehe unter Druck und brauche schnell Ergebnisse."

An diesem Beispiel wird deutlich, dass eine Nachricht auf allen Ebenen konträr interpretiert werden kann. Notieren Sie daher *alle* Deutungsmöglichkeiten und Teilnehmervorschläge am Flip-Chart.

Vertiefende Übungen

„Meine Vier Seiten einer Nachricht" (Zweierübung)

Bitten Sie die Teilnehmer, in Zweiergruppen einen typischen Satz aus ihrem Arbeitsalltag aufzuschreiben, einzurahmen und Sätze für die vier Bedeutungsebenen der Nachricht aufzuschreiben. Anschließend stellt jede Zweiergruppe ihr Ergebnis im Plenum vor.

Beispiel: „Ist der Kaffee schon fertig?"
Mögliche Bedeutungen der Nachricht:

- *Sachebene:* „Ich kann die Kaffeemaschine nicht sehen und möchte wissen, ob der Kaffee schon durchgelaufen ist."
- *Appellebene:* „Steh bitte auf und sieh nach, ob der Kaffee schon fertig ist."; „Mach bitte Kaffee"; „Wenn Du Dir einen Kaffee

holst, dann bring mir doch bitte einen mit!"; „Du bist dran mit dem Kaffeekochen."

- *Beziehungsebene:* „Du bist eher dafür zuständig den Kaffee zu kochen als ich."; „Du bist eher dafür zuständig den Kaffee zu holen als ich."; „Ich bin wichtiger als Du."; „Ich darf hier bestimmen, wer den Kaffee kocht."; „Ich bin Dein Vorgesetzter."
- *Selbstoffenbarungsebene:* „Ich bin gestresst."; „Ich brauche jetzt unbedingt eine Tasse Kaffee."; „Ich habe Zeitdruck und kann mich nicht um das Kaffeekochen kümmern."; „Ich habe Besuch, um den ich mich kümmern muss und habe selbst keine Zeit, Kaffee zu kochen."

Diese Übung hilft den Teilnehmern, das Modell der „Vier Seiten einer Nachricht" in den eigenen Arbeitsalltag zu übertragen. Besonders die Herausarbeitung der unterschiedlichen Aussagen der Bedeutungsebenen kann zu Aha-Effekten führen. Wichtig ist dabei die Feststellung, dass ein ganz normaler Satz aus dem eigenen Arbeitsalltag vom Empfänger ganz unterschiedlich interpretiert werden kann, unabhängig davon, wie er vom Sender gemeint war. Denn auch ein kurzer Satz oder eine Frage wie „Ist der Kaffee schon fertig?" trägt alle vier Bedeutungsebenen in sich.

„Meine Seite einer Nachricht" (Zweierübung)

Die Teilnehmer erhalten den Auftrag, in einer Zweierübung ein Gespräch zu einem beliebigen Thema zu führen. Dabei wählt einer der beiden Teilnehmer eine Ebene, aus der heraus er das Gespräch führen wird. Der andere Teilnehmer beteiligt sich an dem Gespräch und versucht herauszufinden, aus welcher Ebene der Gesprächspartner spricht. Ihr Auftrag an die Teilnehmer lautet, sich auf nur eine Ebene zu konzentrieren und nur auf dieser während des Gespräches Fragen zu stellen oder zu antworten.

Beispiel:
A: *„Die Übung gefällt mir nicht."*
B: *„Wenn Du sie lieber mit jemand anderem machen möchtest, ..."*
A: *„Nein. Es geht um die Übung. Ich finde es blöd, über irgendetwas reden zu müssen."*
B: *„Dir fällt wohl nichts ein, worüber Du mit mir reden möchtest ..."*

Auflösung: B spricht nur auf der Beziehungsebene.

Danach tauschen die Teilnehmer die Rollen. Nun versucht A, sich im Gespräch auf nur eine Ebene zu konzentrieren und aus ihr heraus zu kommunizieren. B ermittelt im Anschluss die Ebene, auf der A kommunizierte.

Nach Ende der Zweierübung können Sie erkenntnisleitende Fragen mit allen Teilnehmern im Plenum diskutieren:

- „Wie einfach/schwer war es, sich auf nur eine Seite der Nachricht zu konzentrieren?"
- „Welche Ebenen können Sie leicht erkennen?"
- „Welche Ebenen können Sie schwer erkennen?"
- „Wann hatten Sie den Eindruck, vom Gesprächspartner verstanden worden zu sein?"
- „An welche Situationen Ihres Alltags hat das Gespräch Sie erinnert?"
- „Welche Ableitungen ergeben sich aus unserer Diskussion für Ihren Arbeitsalltag?"

„Es schellt" (Übung in zwei Gruppen)

Übergeben Sie den beiden Gruppen jeweils eine Moderationskarte, auf der ein Satz steht. Schildern Sie kurz die Ausgangssituation: *„Im Mitarbeiteraufenthaltsraum eines Seniorenzentrums klingelt es. Dies ist in der Regel der Ruf eines Bewohners nach Hilfe. Daraufhin ergibt sich folgender Dialog unter zwei anwesenden Mitarbeitern.*
A: ‚Es schellt.'
B: ‚Stimmt.'"

Im ersten Schritt erhält jede Gruppe den Auftrag, auf weiteren Karten alle Bedeutungen niederzuschreiben, die der jeweilige Satz haben könnte.

Beispiel: *„Es schellt."*
(auf Karten)

- Ein Bewohner braucht unsere Hilfe.
- Ich bin beschäftigt.
- Ich kann jetzt nicht.
- Kümmere Du Dich, bitte.
- Ich bin genervt.
- Ich habe jetzt Pause.

- Ich bin hier verantwortlich dafür, dass jemand auf das Klingeln reagiert.
- Muss ich mich hier um alles alleine kümmern?

Beispiel: *„Stimmt."*
(auf Karten)
- Ja, ich habe das Klingeln auch gehört.
- Ich habe jetzt Pause.
- Gehe Du doch, bitte.
- Du hast mir gar nichts zu sagen.
- Du bist nicht mein Vorgesetzter.
- Ich kann jetzt nicht.

Im zweiten Schritt erhalten die Gruppen den Auftrag, alle Bedeutungskarten den „Vier Seiten einer Nachricht" zuzuordnen. Von Vorteil ist die Durchführung der Gruppenarbeit an jeweils einer Moderationswand. Nach Zuordnung der gesammelten Bedeutungsmöglichkeiten können die Ergebnisse beider Gruppen dann im Plenum nebeneinander betrachtet und ausgewertet werden.

Erkenntnisleitende Fragen lauten:
- „Wie könnte das Gespräch weiter verlaufen?"
- „Auf welchem Ohr hat B gehört, so dass er/sie die Antwort „Stimmt" wählte? Welche alternativen Ohren hätte B nutzen können? Wie hätte Bs Antwort dann gelautet?"
- „Was kann A sagen, um die Situation zu entschärfen? Auf welchem Ohr würde A dann hören? Aus welcher Ebene würde A dann sprechen? Was genau kann A sagen?"
- „Was kann B tun, um die Situation zu entschärfen? Auf welchem Ohr würde B hören? Aus welcher Ebene würde B sprechen? Was genau kann B sagen?"

Diese Übung eignet sich gut für Gruppen, die das Modell bereits in anderen Seminaren oder Modulen kennen gelernt haben. Wählt man einen „misslungenen" Dialog als Beispiel aus, so kann die Übung auch zur Überleitung ins Thema Konflikt und Konflikteskalation bzw. Lösungsstrategien dienen.

Technische Hinweise

- „Meine Vier Seiten einer Nachricht“: Ein Stift und ein Blatt Papier für jeweils zwei Teilnehmer.
- „Es schellt“: Zwei vorbereitete Moderationskarten mit jeweils einem Satz. Weitere Moderationskarten und mindestens ein Filzstift pro Gruppe. Zwei Moderationswände.

Kommentar

Teilnehmer nicken das theoretische Modell der „Vier Seiten einer Nachricht“ oft schnell ab und finden es zunächst sehr eingängig. Die Übersetzung in den Arbeitsalltag ist jedoch herausfordernd und sollte von Ihnen unbedingt angeleitet werden (siehe Übung „Meine Vier Seiten einer Nachricht“), da das Modell sonst zu theoretisch für die Teilnehmer bleibt und im weiteren Verlauf des Seminars keine Beachtung mehr findet.

Teilnehmern fällt das Heraushören der Nachrichtenseiten Appell, Beziehung und Selbstoffenbarung oftmals schwerer als die Identifikation der Sachnachricht. Da aber das gute Verstehen und Heraushören dieser drei Ebenen hilft, Missverständnisse des Alltags zu erkennen, ist gerade deren genaue Kenntnis von besonderer Bedeutung. Sie ermöglicht den Teilnehmern tatsächlich eine professionellere Gestaltung ihrer täglichen Kommunikationssituationen.

Querverweise

Modell der Welt (S. 17)

Die Verbindung zwischen beiden Modellen kann über die Unterschiedlichkeiten der Wahrnehmungen der Beteiligten hergestellt werden. Während manche Empfänger nur auf dem Beziehungsohr hören, meinen andere Sender, sie sprächen nur auf der Sachebene. Diese Unterschiede in der Wahrnehmung können unter anderem auf unterschiedliche Modelle der Welt zurückgeführt werden.

Eisbergmodell (S. 25)

Das „Eisbergmodell“ kann in Verbindung mit den „Vier Seiten einer Nachricht“ gebracht werden, indem die vier Ebenen die Zuordnungen „über“ oder „unter“ der Wasseroberflache erhalten. So kann man annehmen, die Sachebene sei über der Wasseroberfläche des „Eisbergmodells“, die drei weiteren Seiten unter der Wasseroberfläche.

TALK-Modell (S. 44)

Im „TALK-Modell" wird das Modell der „Vier Seiten einer Nachricht" anders aufbereitet, die vier Ebenen erhalten – für manche Teilnehmer eingängiger – andere Bezeichnungen.

Weiterführende Literatur

- SCHULZ VON THUN, F.; STEGEMANN, W. (2004). Das innere Team in Aktion. Praktische Arbeit mit dem Modell. Hamburg: Rowohlt.
- SCHULZ VON THUN, F.; RUPPEL, J.; STRATMANN, R. (2000). Miteinander reden: Kommunikationspsychologie für Führungskräfte. Hamburg: Rowohlt.
- SCHULZ VON THUN, F. (1999). Miteinander Reden 1. Störungen und Klärungen. Hamburg: Rowohlt.
- SCHULZ VON THUN, F. (1998). Miteinander Reden 2. Stile, Werte und Persönlichkeitsentwicklung. Hamburg: Rowohlt.
- SCHULZ VON THUN, F. (1998). Miteinander Reden 3. Das „innere Team" und situationsgerechte Kommunikation. Hamburg: Rowohlt.

TALK-Modell

Ziel

Das „TALK-Modell“ ist eine für Teilnehmer sehr einprägsame Version der „Vier Seiten einer Nachricht“ von Friedemann Schulz von Thun. Mit dem Modell lassen sich besonders Gesprächssequenzen gezielt analysieren.

Kontext

- Kommunikation
- Gesprächsführung
- Konflikt

Theorie

Die Aussagen des „TALK-Modells“ basieren auf den Arbeiten Schulz von Thuns, vor allem den „Vier Seiten einer Nachricht“. Die vier Buchstaben des Akronyms repräsentieren jeweils eine Seite der Nachricht.

T Tatsachendarstellung
A Ausdruck
L Lenkung
K Kontakt

Beispiel:
Eine Mutter sagt zu ihrem nach Hause kommenden Kind: *„Weißt Du eigentlich wie spät es ist?“* Die unterschiedlichen Bedeutungsebenen können hierbei sein:

T Tatsachendarstellung, Themenorientierung (Es ist ...)
„Ich weiß nicht, wie spät es ist und möchte es von Dir erfahren, mein Sohn.“

A Ausdruck, Selbstoffenbarung (Ich bin ...)
„Ich habe mir Sorgen gemacht.“

L Lenkung, Handlungsaufforderung, Appell (Ich will ..., Du sollst ...)
„Ich möchte nicht, dass das noch einmal passiert.“

K Kontakt, Klima, Beziehung (Wir sind ..., Du bist ...)
„Du hast mich enttäuscht, weil Du so spät nach Hause gekommen bist."

Einführung

Anwendung

Die Einführung von TALK kann entweder im Anschluss an die „Vier Seiten einer Nachricht" von Schulz von Thun stattfinden oder stattdessen. Sie könnten zum Einstieg Folgendes sagen: *„Wussten Sie eigentlich, dass wir alle vier Ohren haben? Mit jedem Ohr hören wir etwas anderes. Und auf manchen Ohren sind wir ziemlich taub."*

Grundsätzlich bietet sich die gleiche Vorgehensweise zur Einführung wie unter „Vier Seiten einer Nachricht" (siehe Seite 38) an.

Vertiefende Übung

„Wie würden Sie das verstehen?" (Einzel- oder Gruppenarbeit)

Geben Sie den Teilnehmern Beispielsätze in Einzel-, Zweier- oder Gruppenarbeit vor, die diese nach „TALK" analysieren. Hierbei gibt es keine richtigen oder falschen Antworten. Wichtig ist lediglich, dass zu jedem Buchstaben (TALK) eine Interpretation gefunden wird. Im Anschluss können die Ergebnisse im Plenum diskutiert werden.

Beispiele:

- Gast im Restaurant: *„Herr Ober, kann es sein, dass es hier zieht?"*
- Freund zur Freundin: *„Musst Du immer so lange arbeiten?"*
- Frau zum Ehemann: *„Ich habe schon wieder den Müll ausgeleert."*
- Vorgesetzter zum Mitarbeiter: *„Sind Sie mit dem Bericht noch nicht fertig?"*
- Mitarbeiter zur Sekretärin: *„Hier sind zwei dringende Faxe."*
- Meister zum Auszubildenden: *„Wie konnte das passieren?"*

Die Auswertungen der Teilnehmer könnten beispielsweise so aussehen:

Meister zum Auszubildenden: *„Wie konnte das passieren?"*

T Tatsachendarstellung, Themenorientierung (Es ist ...)
„Als Meister bin ich im Zuge der kontinuierlichen Verbesserung an der Optimierung des fehlerhaften Prozesses interessiert."

A Ausdruck, Selbstoffenbarung (Ich bin ...)
„Ich bin sehr enttäuscht, dass Dir in diesem Ausbildungsjahr noch ein so schwerwiegender Fehler passiert ist."

L Lenkung, Handlungsaufforderung, Appell (Ich will ..., Du sollst ...)
„Ich möchte nicht, dass ich das noch einmal erlebe. Arbeite in Zukunft genauer."

K Kontakt, Klima, Beziehung (*Wir sind ..., Du bist ...*)
„Du kannst es eigentlich besser."

„Beobachtungskriterien für Rollenspiele" (Gruppenarbeit)

Sollten Sie für das Seminar Rollenspiele geplant haben, eignet sich das „TALK-Modell" gut als Grundlage für einen Beobachtungsbogen. Die beobachtenden Teilnehmer können die vorgetragenen Gesprächssituationen dabei anhand der vier Ebenen analysieren, sich zu diesen Notizen machen und daraufhin den Rollenspielern eine detailliertere Rückmeldung geben.

Ein Rollenspielthema könnte in diesem Zusammenhang die Simulation eines Beschwerdegesprächs sein. Je nach beruflichem Hintergrund der Teilnehmer konstruieren Sie dazu z.B. eine Kunden- und Beratersituation, ein Gespräch zwischen zwei Mitarbeitern oder ein Gespräch zwischen Vorgesetztem und Mitarbeiter. Beobachtende Teilnehmer erhalten die Aufgabe, markante Sätze des Dialogs aufzuschreiben und die Reaktionen der Gesprächspartner auf diese Sätze genau zu beobachten.

Die Teilnehmer werden in der Kürze der Zeit wahrscheinlich nicht zu einer genaueren Analyse der Sätze kommen. Wahrscheinlich

Beobachtungsanweisung

Achten Sie bei dem folgende Rollenspiel besonders auf die vier Ebenen des „TALK-Modells“. Welche Sätze scheinen Ihnen besonders interessant für den Gesprächsverlauf? Wie hat der Gesprächspartner darauf regiert? Notieren Sie die Sätze in der Zeile, die Ihrer Meinung nach der jeweiligen Seite der Nachricht entspricht.

T Tatsachendarstellung, Themenorientierung („Es ist ...“)

z.B. A: Mit der Qualität bin ich wirklich nicht einverstanden.
B: Was soll ich jetzt tun? Ich kann doch nichts dafür.

A Ausdruck, Selbstoffenbarung („Ich bin ...“)

L Lenkung, Handlungsaufforderung, Appell („Ich will ...“, „Du sollst ...“)

K Kontakt, Klima, Beziehung („Wir sind ...“, „Du bist ...“)

z.B. A: Behandeln Sie alle Kunden so?
B: Natürlich nicht! (nur Sie ;-))

wird ihnen aber auffallen, dass die Kommunikation an der notierten Stelle querlief. Daher ist es wichtig, im Anschluss an das Rollenspiel die Notizen der Beobachter noch einmal genauer zu analysieren und die vier Ebenen herauszuarbeiten. Für den ersten Satz des Beispielbogens ergäbe sich dann:

A: *„Mit der Qualität bin ich wirklich nicht einverstanden."*
Gesagt wurde: Ich bin unzufrieden (A); Die Qualität stimmt nicht (T); Lösen Sie das (L).
Gehört wurde: Sie haben das zu verantworten (K) und damit auch zu lösen (L).

B: *„Was soll ich jetzt tun? Ich kann doch nichts dafür."*
Gesagt wurde: Ich bin macht- und hilflos (A); Sie sind unfair (K); Ich habe keine Lösung (T).

Technische Hinweise

- „Wie würden Sie das verstehen?": Moderationskarten mit Beispielsätzen vorbereiten.
- „Beobachtungskriterien für Rollenspiele": Beobachtungsbogen für die Beobachter vorbereiten.

Kommentar

Dieses Modell wird erfahrungsgemäß sehr gut angenommen. Durch die sinngebende Abkürzung TALK wird es von Teilnehmern sehr leicht behalten und kann schon nach kurzer Übungsphase in Gesprächssituationen angewandt werden. Die Auseinandersetzung mit dem Modell kann eine gute Vorbereitung für eine anschließende Präsentation oder Erarbeitung von Feedback-Regeln sein, denn die Nützlichkeit beispielsweise von „Ich-Botschaften" wird im Zusammenhang mit dem „TALK-Modell" oder den „Vier Seiten einer Nachricht" für Teilnehmer gut nachvollziehbar.

Querverweis

Vier Seiten einer Nachricht (S. 36)

Dieses Modell ist inhaltlich identisch. Je nach Zeitrahmen und Bedarf kann es gegen „TALK" ausgetauscht oder mit ihm kombiniert werden. Die Darstellung beider kann im Seminar allerdings bei Teilnehmern zu Verwirrungen führen.

Weiterführende Literatur

- JÄGER, R. (2004). Kompetent führen in Zeiten des Wandels. Führungsinstrumente für die tägliche Praxis. Weinheim: Beltz.
- MAIWALD, J.; SCHICK, A. (2001). Hören, reden, überzeugen. München: Markt & Technik Verlag.
- NIERMEYER, R. (2003). Coaching. Sich und andere zum Erfolg führen. 3. Auflage. Freiburg: Haufe.
- PINK, R. (2002). Souveräne Gesprächsführung und Moderation. Frankfurt am Main: Campus Sachbuch.
- SCHULZ VON THUN, F. (1994). Psychologische Vorgänge in der zwischenmenschlichen Kommunikation. In: FITTKAU, B.; MÜLLER-WOLF, H.-M.; SCHULZ VON THUN, F. (Hrsg.). Kommunizieren lernen (und umlernen). Aachen-Hahn: Hahner Verlagsgesellschaft. S. 9-100.

Transaktionsanalyse

Ziel

Die „Transaktionsanalyse (TA)“ ist eine umfassende psychologische Theorie, aus der grundlegende Aussagen über das kommunikative Verhalten von Erwachsenen abgeleitet werden können. Sie bietet fundierte Analysemöglichkeiten für konfliktbehaftete Gesprächssituationen. Die Teilnehmer lernen, ihre Wahrnehmung zu schärfen und erhalten Strategien für herausfordernde Kommunikationssituationen wie Mitarbeiter-, Konfliktgespräche oder die Gesprächsführung mit einem aufgebrachten Kunden.

Kontext

- Kommunikation
- Konflikt
- Gesprächsführung
- Führung

Theorie

Unter Transaktion versteht man in der Psychologie eine Aktion, die einen Reiz ausübt und zu einer Reaktion des Gegenübers führt. So kann ein Gespräch eine Transaktion darstellen, indem ein Mensch einen Satz ausspricht (Reiz) und ein Gegenüber etwas erwidert (Reaktion). Diese Reaktion kann zu einem neuen Reiz für die Reaktion der ersten Person werden.

Begründet wurde das Konzept der „Transaktionsanalyse“ von dem amerikanischen Psychotherapeuten Eric Berne. Sein Modell, erstmals 1964 veröffentlicht, besagt, dass jeder erwachsene Mensch auf drei verschiedenen Ebenen agiert und reagiert, die Berne als „Ich-Zustände“ beschreibt. Diese „Zustände“ oder Ebenen sind das Eltern-Ich, das Erwachsenen-Ich und das Kind-Ich. Nach Berne befindet sich jeder Mensch in der Interaktion mit anderen auf einer dieser Ebenen und wechselt diese, meist unbewusst, je nach Gesprächsverlauf.

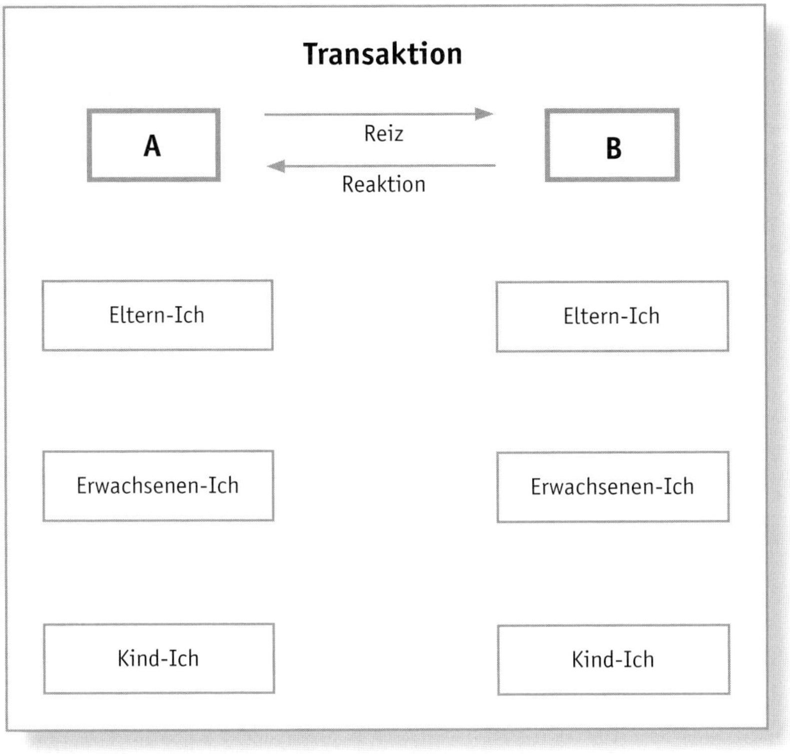

Eltern-Ich

Die Ebene des Eltern-Ichs wird durch Wertvorstellungen, Normen, Regeln, die es einzuhalten gilt, dominiert. Gesprächspartner, die sich auf dieser Ebene befinden, wissen nach eigener Wahrnehmung mehr als ihre Umwelt: Sie können drohen, strafen oder mahnen.

Erwachsenen-Ich

Auf der Ebene des Erwachsenen-Ichs stehen der Austausch von Informationen und Erfahrungen mit anderen im Vordergrund. Gesprächspartner, die sich auf dieser Ebene befinden, treten angemessen selbstbewusst auf und fordern ein solches Verhalten bei ihrem Gegenüber heraus. Auf Grund ihrer Sicherheit können sie z.B. Wissenslücken zugeben und sich hieraus ergebenden Fragen stellen. Sie dominieren ihre Umgebung nicht, sondern nehmen an ihr teil.

Kind-Ich

Auf der Ebene des Kind-Ichs stehen die Gefühle im Zentrum. Gesprächspartner, die aus dieser Ebene heraus agieren, zeigen ein vielleicht schüchternes, unangemessenes oder zumindest nur vordergründig angepasstes Verhalten, welches sich durch emotionale, provozierende oder defensive Äußerungen oder Unsicherheit im Auftreten äußern kann. Das Verhalten Erwachsener im Regressionseffekt (s. „Konfliktdynamik", ab Seite 67) kann ebenfalls ein Beispiel für das Kind-Ich sein.

Im Verlauf eines Gespräches können sich verschiedene Transaktionsmuster bilden; je nachdem, aus welchen Ich-Ebenen die Gesprächführenden heraus agieren bzw. reagieren. So ruft ein Verhalten aus dem Eltern-Ich beim Gegenüber eine Reaktion aus dem Kind-Ich hervor. Dies gilt auch umgekehrt. Man spricht in diesem Zusammenhang auch von einer Transaktion „über Kreuz".

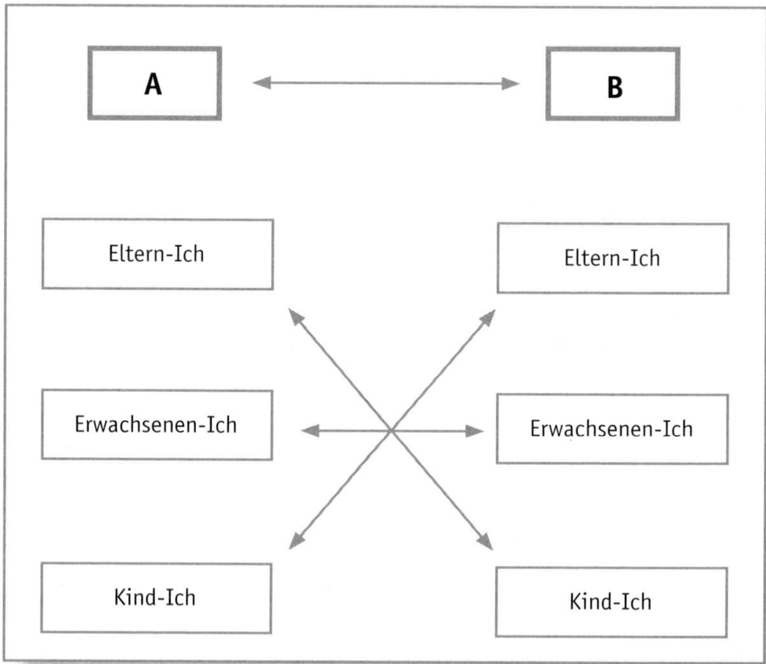

Das Besondere am Modell von Eric Berne ist die Hervorhebung des interaktiven Momentes der Kommunikation, eben der Transaktion. So fällt es auch selbstbewussten Erwachsenen schwer, nicht ins Kind-Ich (z.B. trotzig oder schmollend) zu verfallen, wenn sie autoritär oder strafend von einem Gegenüber im Eltern-Ich angesprochen werden. Genauso rufe ich durch ein Verhalten im Kind-Ich früher oder später bei meinem Gegenüber eine Reaktion im Eltern-Ich (mahnend oder drohend) hervor.

Anders verhält es sich mit der Ebene des Erwachsenen-Ichs. Hier löst das Verhalten beim Gegenüber ebenfalls ein Verhalten auf der Ebene des Erwachsenen-Ichs aus. Man begegnet sich „auf Augenhöhe". Die Mehrzahl moderner Gesprächstechniken zielen auf die Herstellung eines Gespräches auf dieser Ebene hin. So haben ein konstruktiver Dialog oder ein lösungsorientiertes Gespräch immer das Ziel, von Erwachsenen-Ich zu Erwachsenen-Ich geführt zu werden. Für Konfliktgespräche gilt, dass Lösungen, die von der Erwachsen-Enebene aus erarbeitet wurden, eine höhere Nachhaltigkeit aufweisen als *über Kreuz* ausgehandelte, die bloße Anordnungen, Machtdemonstrationen oder Provokationen darstellen.

Einführung

Anwendung

Stellen Sie das Modell der „Transaktionsanalyse" an einem Flip-Chart oder einer Folie dar, wobei es sich empfiehlt, zunächst den Begriff der Transaktion zu erläutern. Anschließend können Sie das Flip-Chart oder die Folie um die drei Ich-Ebenen ergänzen. Wichtig ist hierbei der Hinweis, dass es sich, trotz der Möglichkeit, auf der Eltern- oder Kind-Ebene zu agieren, immer um einen erwachsenen Menschen handelt. Jeder erwachsene Mensch trägt das Potenzial der drei Ebenen in sich und wechselt sie, über den Tag verteilt, aber auch innerhalb eines einzigen Gespräches, je nach Verlauf der Transaktionen, an denen er oder sie beteiligt ist.

Sehr gut nachvollziehbar ist eine Erklärung des Modells für Teilnehmer am Beispiel einer Polizeikontrolle, in die ein Autofahrer unverschuldet gerät. Hier erläutern Sie: *„Stellen Sie sich vor, Sie werden auf der Autobahn bei einer Geschwindigkeit von 120 km/h von einem Polizeiwagen überholt und dann angehalten. Was denken und fühlen Sie?"*

In der Regel geben Teilnehmer Antworten wie: *„Ich werde nervös, obwohl ich nichts falsch gemacht habe.“*; *„Ich suche fieberhaft nach meinen Papieren.“* oder *„Mein Blutdruck steigt.“*

Die hier beschriebene Situation ist ein klassisches Beispiel: Verhalten auf der Eltern-Ebene (Polizei) erzeugt Verhalten auf der Kind-Ebene (angehaltener Autofahrer). Der Polizist agiert auf der Ebene des Eltern-Ichs, denn er repräsentiert das Gesetz, die Norm, er darf Sanktionen verhängen. Der Autofahrer reagiert mit Unsicherheit und Nervosität, er zeigt deutlich ein Verhalten auf der Ebene des Kind-Ichs.

Diese Ausgangssituation kann auch von sehr selbstbewussten Menschen als herausfordernd erlebt werden, denn die Reaktion des Autofahrers unterliegt in diesem Fall unterbewussten Mechanismen.

Vertiefende Übungen

„Erwachsen kommunizieren“ (Plenums- und Gruppenarbeit)

Um einen Transfer des Modells in den Arbeitsalltag speziell zum Thema Kommunikation einzuleiten, können Sie den Einstieg mit der folgenden Frage wählen: *„Wie kommuniziere ich denn auf der Erwachsenen-Ebene? An welchem Verhalten kann ich erkennen, dass sich jemand auf der Erwachsenen-Ebene befindet?“*

Sammeln Sie die Antworten der Teilnehmer am Flip-Chart. Beispiele (Darstellung auf Karten oder auf Beispiel-Flip):

- Selbstsicher sein
- Offenheit
- Freundlich
- Kompetent sein
- Nachfragen
- Erklären
- In Frage stellen
- Bei sich bleiben
- Klartext sprechen

Im zweiten Schritt kann die Frage nach der Umsetzung der „Transaktionsanalyse“ in den Kommunikationsalltag noch weiter vertieft werden. Fragen Sie: *„Was kann ich tun, um während eines Gesprächs* *wieder auf die Erwachsenen-Ebene zu gelangen, nachdem ich im Eltern-Ich oder Kind-Ich war?"*

Die Beantwortung der Frage kann auch, je nach Teilnehmerzahl, in zwei Gruppen in Form einer kurzen Gruppenarbeit durchgeführt werden. Beispiel (Darstellung auf Karten oder auf Beispiel-Flip):

Kind-Ich

- Mir meiner Stärken bewusst werden
- Einmal tief durchatmen
- Mich innerlich aufrichten
- „Ich muss nicht alles wissen"
- Handlungsspielräume bedenken
- Strategie überlegen
- „Der andere ist auch nur ein Mensch"

Eltern-Ich

- „Wir sind alle nur Menschen"
- Zuhören, Fragen stellen
- Den anderen einbeziehen
- Auf die Bedürfnisse des anderen eingehen
- Den anderen ernst nehmen

In einem dritten Schritt können nun die bisher erarbeiteten Ergebnisse der Teilnehmer von Ihnen zusammengefasst werden und in einer Herleitung konkreter Kommunikationstools wie den Feedback-Regeln[3] münden.

Die Verbindung zwischen der „Transaktionsanalyse" und dem Thema „Feedback" besteht in der Tatsache, dass die klassischen Feedback-Regeln auf die (Wieder-)Herstellung einer symmetrischen Gesprächssituation abzielen. Die angesprochene Symmetrie befindet sich hierbei zwischen den Gesprächspartnern im „Erwachsenen-Ich", die einander gleichberechtigt begegnen.

So sind für Feedback-Geber das Sprechen in „Ich-Botschaften" oder die Konzentration auf konkrete Verhaltensbeschreibungen ohne Wertungen (denn diese kämen aus dem Eltern-Ich) gute Beispiele für ein Verhalten auf der Ebene des Erwachsenen-Ichs.

---

[3] Die Feedback-Regeln werden im Abschnitt „JoHari-Fenster" (S. 204) im Kapitel „Selbststeuerung" ausführlich vorgestellt.

Für Feedback-Nehmer ist die „Sich-nicht-rechtfertigen"-Regel ein Beispiel für das eingeforderte Verhalten auf der Erwachsenen-Ebene, denn eine Rechtfertigung während einer klassischen Feedback-Situation wäre ein Verhalten des Kind-Ichs.

„Kartenspiel" (in Verbindung mit einer Gesprächsübung, Zweier- oder Gruppenübung)

Sie haben das Modell der Transaktionsanalyse bereits eingeführt und mit den Teilnehmern erarbeitet. In dieser Übung können die Teilnehmer ihr neues Wissen über die Erfahrung einer Fallsimulation vertiefen.

In Verbindung mit einer Fallsimulation oder einer Gesprächsübung ziehen die Rollenspieler oder Gesprächspartner vor Beginn der Übung verdeckt eine Karte. Auf der Karte ist jeweils eine der drei Ich-Ebenen genannt. Die Teilnehmer erhalten den Auftrag, das nachfolgende Gespräch aus dieser Ebene heraus zu führen. Ist etwa eine Teilnehmerin an der Gesprächsübung „Mitarbeitergespräch" beteiligt und zieht sie die Karte „Kind-Ich", so kommuniziert sie während der Übung durchgängig aus dieser Ebene heraus. Beispiele möglicher Verhaltensweisen, die während der Fallsimulation beobachtet werden können:

Kind-Ich

- Wirkt unsicher
- Hält den Blickkontakt nicht
- Spricht sehr viel oder sehr wenig
- Traut sich nicht, nachzufragen
- Wirkt nervös
- Ist aufmüpfig oder besonders unterwürfig

Erwachsenen-Ich

- Tritt selbstsicher auf
- Ist offen
- Fragt nach
- Gibt Unwissenheit zu
- Gibt eigenes Wissen bereitwillig weiter
- Bezieht alle Beteiligten mit ein
- Hat eine offene Körpersprache
- Hält Blickkontakt

Eltern-Ich
- Bewertet
- Kommentiert das Geschehen
- Spricht „von oben herab“
- Hat weniger offene Körperhaltung
- Wirkt arrogant
- Überspielt eigene Unsicherheit
- Setzt Zeiten
- Bestimmt den Rahmen

Am Ende der Gesprächsübung erhalten die Mitspieler die Aufgabe, die simulierten Ich-Ebenen zu erraten.

Schließen Sie zur vertiefenden Gesprächsanalyse weitere Fragen an:
- „Woran haben Sie festgestellt, aus welcher Ich-Ebene heraus die Teilnehmerin agierte?“
- „Welche Wortwahl, welche Körpersprache konnten Sie beobachten?“
- „Welche Auswirkungen hatte das Verhalten auf dieser Ich-Ebene auf den Gesprächspartner?“
- „Wie wäre das Gespräch schneller zu einem Ergebnis gekommen?“
- „Zu welchen Ergebnissen und Lösungen hätte das Verhalten der Gesprächspartner auf den anderen Ich-Ebenen geführt?“

Kommentar

Das Modell wird besonders von Teilnehmern, die aus beruflichen Gründen häufig in schwierigen Gesprächssituationen, beispielsweise mit aufgebrachten Kunden, agieren müssen, sehr gut angenommen. Es ist relativ gut und schnell als Analyseinstrument im Training einsetzbar. Um es aber im Anschluss an das Training für den Alltag nutzbar zu halten, braucht es ein erhöhtes Maß an Willen und Bereitschaft der Teilnehmer zur Selbstbeobachtung und -erkenntnis. So müssen z.B. teilnehmende Führungskräfte bereit sein, zu erkennen, dass ein Verhalten auf der Ebene des Eltern-Ichs (*„Ich weiß das besser als meine Mitarbeiter“*) ein Verhalten der Mitarbeiter auf der Kind-Ebene hervorrufen kann (*„Wenn der Chef nicht da ist, mache ich es so, wie ich es immer gemacht habe“*).

Besonders nachhaltig wird die Auseinandersetzung mit der „Transaktionsanalyse" für Teilnehmer, wenn die Präsentation in einen größeren Sinnzusammenhang gestellt wird, indem sich beispielsweise Tools wie Feedback-Regeln oder der kontrollierte Dialog[4] im Seminarablauf direkt anschließen.

Querverweise

Eskalationsstufen nach Glasl (S. 80)

Glasl identifiziert in seinem Modell neun Stufen der Eskalation in zwischenmenschlichen Auseinandersetzungen. Gleichzeitig stellt er für jede der neun Stufen Ausstiegsmöglichkeiten aus dem Konfliktgeschehen dar. Diese Ausstiegsmöglichkeiten basieren in ihrer Grundidee auf der Wiederherstellung einer Kommunikationssituation vom Erwachsenen-Ich zum Erwachsenen-Ich.

Harvard-Konzept (S. 94)

Die Haltung der Verhandlungsführer im „Harvard-Konzept" spiegelt die Ebene des Erwachsenen-Ichs wieder. Die vier Grundregeln des Modells zielen in besonderer Weise auf die Aufrechterhaltung eines Gleichgewichts zwischen den Verhandlungspartnern ab, es soll eine symmetrische Kommunikation zwischen „Erwachsenen-Ichs" entstehen. Denn die Ergebnisse der Begründer des „Harvard-Konzepts" besagen, dass Verhandlungen, die von anderen Ebenen aus geführt werden, keine nachhaltigen oder dauerhaften Ergebnisse produzieren. Insbesondere Verhaltensweisen auf der Ebene des „Kind-Ichs" in Form des „angepassten Kindes" gefährden einen Erfolg. Denn das vordergründig angepasste Verhalten des Verhandlungspartners kann sich bei Abwesenheit des Gegners oder nach Abschluss der Verhandlung während der Umsetzungsphase in Unzuverlässigkeit oder sogar zerstörerisches Verhalten verkehren. Die Verhandlung wäre misslungen.

---

[4] Der „kontrollierte Dialog" ist eine Gesprächstechnik, deren Anwendung dazu beiträgt, einen gestörten Kommunikationsprozess zu normalisieren. Hierbei wird zunächst die Beziehungsebene zum Gegenüber positiv gestaltet. Erst, wenn sich der andere angenommen fühlt, ist er Sachargumenten gegenüber wieder aufgeschlossen.

Weiterführende Literatur

- BERNE, E. (2002). Spiele der Erwachsenen. Psychologie der menschlichen Beziehungen. 5. Auflage. Neuausgabe. Reinbek: Rowohlt.
- ENGLISCH, F. (2004). Es ging doch gut, was ging denn schief? Beziehungen in Partnerschaft, Familie und Beruf. 8. Auflage. Gütersloher Verlagshaus.
- HAGEHÜLSMANN, U.; HAGEHÜLSMANN, H. (2001). Der Mensch im Spannungsfeld seiner Organisation. 2. überarbeitete Auflage. Paderborn: Junfermann.
- HARRIS, THOMAS A. (1975). Ich bin o.k. – Du bist o.k. Reinbek: Rowohlt.
- STEWART, I.; JOINES, V. (2000). Die Transaktionsanalyse. Eine Einführung. 5. Auflage. Freiburg: Herder.
- ZEITSCHRIFT FÜR TRANSAKTIONSANALYSE (TA). Erscheint vierteljährlich im Junfermann Buchverlag, Paderborn.

Hintergrund

Zum Abschluss einige Hintergrundinformationen zu den wichtigsten Urhebern der Theorien

▶ Eric Berne (1910 – 1970)

Psychiater, Psychoanalytiker und Begründer der „Transaktionsanalyse“. Als geborener Kanadier lebte und forschte er später in den USA, vornehmlich in Kalifornien. Berne publizierte Ende der 50er Jahre erste Artikel, in denen er die Grundzüge der „Transaktionsanalyse“ entwickelte. Sein Modell beruht auf Beobachtungen aus seiner psychotherapeutischen Praxis in Kalifornien.

▶ David Bohm (1917 – 1992)

Der amerikanische Quantenphysiker entwickelte in den 1980er Jahren die so genannte Dialogmethode, sie ist in den USA als „Bohm Dialogue“ bekannt. In Deutschland wird diese Methode durch Hartkemeyer und Hartkemeyer vertreten und gelehrt (s. Literaturhinweise im Kapitel „Modell der Welt“).

▶ Sigmund Freud (1856 – 1939)

Österreichischer Psychiater und Begründer der Psychoanalyse. Er stellte zur Erklärung der Zusammenhänge zwischen Bewusstem und Unbewusstem das „Eisbergmodell des Bewusstseins“ auf.

Freud nahm an, dass im Unterbewusstsein liegende Ängste, verdrängte Konflikte, traumatische Erlebnisse, Triebe und Instinkte in Schichten übereinander angeordnet sind, die zum Teil näher, zum Teil weiter weg von der „Wasseroberfläche“ entfernt liegen. Diese Schichten stehen in Abhängigkeit zu früheren Entwicklungsphasen und beeinflussen die jeweils darüber liegende Schicht. Zugleich können sich entsprechend der Erfahrungen des Einzelnen unterschiedliche Dynamiken im Rahmen dieser Beeinflussung entwickeln.

▶ Alfred Korzybski (1880 – 1950)

Studierte Psychologie, Neurologie und Linguistik. Korzybski ging zur Zeit der Jahrhundertwende von Polen in die USA, wo er die so genannte „Allgemeinsemantik“ begründete. Die Allgemeinsemantik befasst sich mit dem Studium der Bedingungen, unter denen Zeichen und Symbole einschließlich der Worte als sinnvoll angesehen werden können sowie die Beeinflussung menschlichen Verhaltens durch Worte. In der Allgemeinsemantik können grundlegende Fragen gestellt werden wie: „Wovon reden Sie überhaupt?“ Seine Arbeiten haben unter anderem die Entstehung der Gestalttherapie und des NLP beeinflusst. Korzybski gründete 1938 das Institute of General Semantics in Fort Worth, Texas, das noch heute besteht und jährlich eine so genannte „Alfred Korzybski Memorial Lecture“ an berühmte Geistes- und Naturwissenschaftler vergibt.

▶ Humberto Maturana (1928)

Neurobiologe und Erkenntnistheoretiker. Der Chilene ist Mitbegründer der Systembiologie und Vertreter des Konstruktivismus. Die Thesen der Systembiologie besagen, dass es keine objektive Wirklichkeit gibt. Sind Grunderfordernisse des Lebens erfüllt, haben lebende Systeme – also auch Menschen – alle Freiheit, sich ihre Welt selbst zu schaffen, anstatt auf Vorgegebenes zu reagieren. Das Subjekt ist somit entscheidend an der Schöpfung seiner nur scheinbar objektiven Umwelt beteiligt.

▶ Friedemann Schulz von Thun (1944)

Friedemann Schulz von Thun hält eine Professur für Beratung und Training am Fachbereich Psychologie der Universität Hamburg. Sein Forschungsschwerpunkt ist die zwischenmenschliche Kommunikation.

▶ Paul Watzlawick (1921 – 2007)

Psychotherapeut und Kommunikationswissenschaftler. In Österreich aufgewachsen, lebte und forschte Watzlawick seit 1960 in Kalifornien, wo er am 31. März 2007 verstarb. Er hatte u.a. Lehraufträge an der Universität von Palo Alto und der Stanford University. Seine praktischen Erfahrungen bei der Erforschung der Kommunikation schizophrener Patienten veranlassten Watzlawick zur Formulierung von fünf Grundregeln (pragmatische Axiome). Diese Axiome erklären die menschliche Kommunikation und ihre Paradoxien:

- Man kann nicht nicht kommunizieren.
- Jede Kommunikation hat einen Inhalts- und Beziehungsaspekt.
- Kommunikation ist immer Ursache und Wirkung (Interpunktion von Ereignisfolgen).
- Menschliche Kommunikation bedient sich digitaler und analoger Modalitäten.
- Kommunikation ist symmetrisch oder komplementär.

Die fünf Axiome Watzlawicks sind fester Bestandteil des Kanons der Kommunikaitonsforschung. Sie weisen ihn als den Vertreter eines radikalen Konstruktivismus aus.

Zwei

Konflikt

Die Modelle im Überblick:

Konflikte sind ein wesentlicher Bestandteil des Lebens, manche halten sie für die wahre Triebfeder unserer Entwicklung. Seit einiger Zeit ist ein Trend zu beobachten, der Konflikte nicht mehr aus unserem Leben verbannen will, sondern einen konstruktiven Umgang mit ihnen aufzeigt. Die Verbreitung der Mediation und ihre Anwendung in der Wirtschaft sind ein erstes Zeichen für ein Umdenken.

Der Begriff „Konflikt" entstammt dem Lateinischen confligere und bedeutet aneinander geraten oder kämpfen. Es existieren Definitionsversuche, die besagen, dass ein Konflikt von Tendenzen oder Absichten verursacht wird, deren gleichzeitige Verwirklichung sich ausschließt. Aber auf einen ausführlichen und einheitlichen Konfliktbegriff hat man sich in den Wissenschaften bisher nicht einigen können.

Auch wenn sich das Thema also zunächst unübersichtlich präsentiert, haben wir doch einige Vertreter von Modellen und Theorien gefunden, die uns über wichtige Aspekte von Konflikten Aufschluss geben können. So sind wir zunächst bei Friedrich Glasl fündig geworden und beginnen das Kapitel mit einer Zusammenstellung von psychologischen Basismechanismen, die sich nach Glasl unter dem Begriff „Konfliktdynamik" darstellen lassen.

Weitaus bekannter ist Glasls neunstufiges Modell der „Eskalationsstufen", das wir ebenfalls für dieses Kapitel teilnehmergerecht aufbereitet haben. Es führt Teilnehmern vor allem die zerstörerische Kraft von Konflikten vor Augen, wenn sie nicht einer Bearbeitung zugeführt werden.

Wir schließen eine Darstellung der „Konfliktstile" nach Kenneth W. Thomas an, im deutschsprachigen Raum auch unter „Thomas-Modell" bekannt. Das Modell der „Konfliktstile" bereitet inhaltlich auf die Themen Gesprächsführung und Verhandlung im Konflikt vor.

Das Kapitel mündet abschließend in eine ausführliche Aufbereitung des „Harvard-Konzepts". Wenn das Konzept der Verhandlungsführung im Konflikt auch in seiner Darstellung recht komplex ist und eine ausführliche Auseinandersetzung mit allen Aspekten des Konzepts einen Seminarrahmen sprengen kann, so bietet sich durchaus auch die Bearbeitung von Einzelaspekten an. Das Konzept kann Teilnehmern auch in kürzerer Zeit grundsätzliche Erkenntnisse zu konstruktivem Verhalten und einer lösungsorientierten Verhandlungsführung im Konflikt bieten.

Zitate

Zum Einstieg, zur Diskussion oder zur Auflockerung

Ich vertrage mich leicht mit jedem, der sich mit mir verträgt.
(Friederich H. Jakobi)

Böse Zungen schneiden schärfer als ein Schwert.
(dt. Sprichwort)

Um klar zu sehen, genügt ein Wechsel der Blickrichtung.
(Antoine de Saint-Exupéry)

Auf der höchsten Stufe der Freundschaft offenbaren wir dem Freunde nicht unsere Fehler, sondern die seinen.
(Francois de la Rochefoucauld)

Ein kleines Darlehen macht einen Schuldner, ein großes einen Feind.
(Seneca)

Die Illusionen von heute sind die Katastrophen von morgen.
(Christoph Thomann)

Wenn Menschen meinen, es gebe keine Lösung, dann heißt das nur, dass sie sie nicht sehen können. Die Beschränkung liegt in ihnen selbst.
(Scott McBain)

Und das Ende allen Erkundens wird sein, dass wir ankommen, wo wir aufbrachen. Und diesen Ort zum ersten Mal erkennen.
(T.S. Eliot)

Jeder Mensch kann Fehler machen, aber nur ein Dummkopf beharrt auf seinem Fehler.
(Cicero)

Die meisten Probleme entstehen durch unangemessenes Festhaltenwollen. (unbekannt)

Das Gleiche lässt uns in Ruhe, aber der Widerspruch ist es, der uns produktiv macht. (Johann Wolfgang von Goethe)

Nicht jene, die streiten sind zu fürchten, sondern jene, die ausweichen. (Marie von Ebner-Eschenbach)

Konfliktdynamik

Ziel

Das Modell der „Konfliktdynamik" stellt die verschiedenen seelischen Aspekte der Basismechanismen von Konflikten dar. Es unterstreicht die Tatsache, dass auch individuelles Verhalten bestimmten psychologischen Mechanismen unterliegt. Teilnehmer können ihr eigenes Konfliktverhalten reflektieren und erhalten durch die Auseinandersetzung mit dem Modell Handlungsalternativen zur Bewältigung von Konflikten.

Kontext

- Selbststeuerung
- Gesprächsführung
- Change-Management
- Teamentwicklung
- Führung
- Stress
- Mediation

Theorie

Der Politikwissenschaftler Friedrich Glasl hat zunächst in seiner Promotion zu Konfliktprävention geforscht, seine theoretischen Erkenntnisse aber später in der Praxis als Trainer und Berater umsetzen und überprüfen können. Seine Darstellung der „Konfliktdynamik" datiert auf die erste Auflage seines Trainer- und Beraterhandbuchs „Konfliktmanagement" von 1990.

Zur Einordnung des Modells der „Konfliktdynamik" stellen wir diesem Abschnitt eine ausführliche Definition sozialer Konflikte von Friedrich Glasl (2004) voran: Demnach ist sozialer Konflikt eine Interaktion ...

- zwischen Aktoren (Individuen, Gruppen, Organisationen usw.)
- wobei wenigstens ein Aktor

- Unvereinbarkeiten im Denken/Vorstellen/Wahrnehmen und/ oder Fühlen und/oder Wollen
- mit dem anderen Aktor (anderen Aktoren) in der Art erlebt,
- dass im Realisieren eine Beeinträchtigung
- durch einen anderen Aktor (die anderen Aktoren) erfolgt.

Das Modell der „Konfliktdynamik" beschreibt mögliche psychologische Einzelphänomene, die während eines Konfliktes bei den Beteiligten auftreten können. Es handelt sich sowohl um innerpsychische Vorgänge wie auch in der Außenwelt wahrnehmbares Verhalten. Das Besondere an Glasls Modell ist die Zusammenführung aller Einzelphänomene. Einige bedingen einander, andere lösen einander aus; in jedem Fall tragen sie, ob einzeln oder in Kombination auftretend, zur Dynamisierung und Eskalation eines Konfliktes bei. Nicht bei jedem Menschen werden in jedem Konfliktfall alle Phänomene festzustellen sein, aber das Modell verdeutlicht, neben aller Individualität dennoch angemessen schematisiert, die Basismechanismen, die bei jedem Menschen wirken *können*.

Der Zusammenhang der Vorgänge zwischen Innen- und Außenwelt stellt sich als eine Wechselwirkung dar: Die Vorgänge der Innenwelt haben eine Wirkung auf die Vorgänge der Außenwelt, die wiederum Vorgänge der Innenwelt beeinflussen.

In der Innenwelt finden sich die drei Aspekte „Wahrnehmung", „Gefühle" und „Wille". Sie bedingen und beeinflussen einander, verstärken sich gegenseitig: Daher könnten die Aspekte auch kreisförmig im Sinne eines „Teufelskreises" angeordnet werden.

In der Außenwelt unterscheidet Glasl „Verhalten" und „Effekte", wobei die innerpsychischen Vorgänge hier Wirkung auf das eigene Verhalten zeigen. Das eigene Verhalten hat wiederum Auswirkungen auf das Verhalten meines Gegenübers (Gegners), aber auch mein eigenes. Daher spricht Glasl an dieser Stelle von subjektiven[1] und objektiven[2] Wirkungen.

---

[1] Im Sinne von: auf mich selbst gerichtete Wirkungen

[2] Im Sinne von: auf mein Gegenüber gerichtete Wirkungen

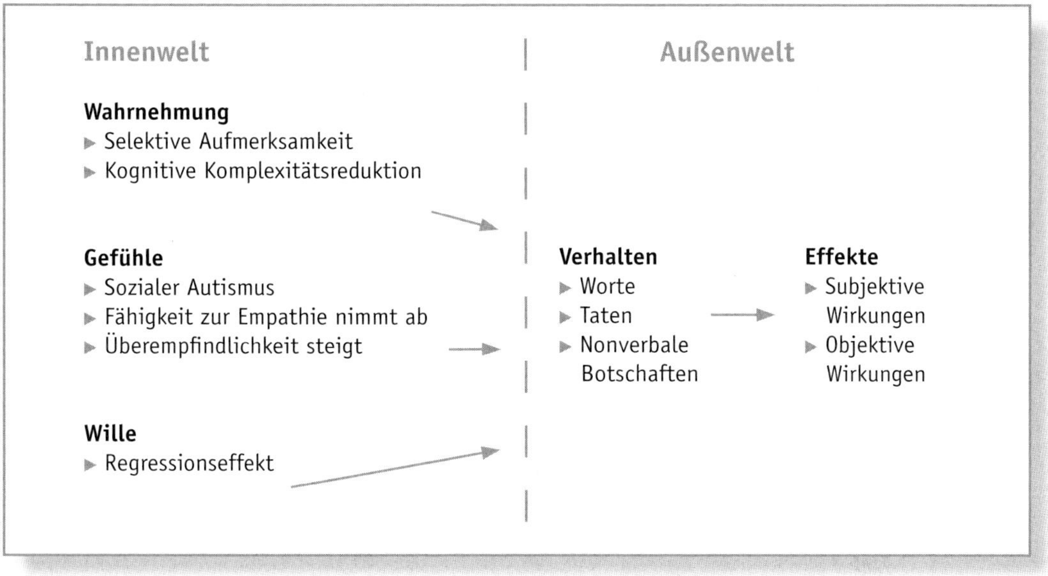

Modell der Konfliktdynamik: die Vorgänge zwischen Innen- und Außenwelt

Wahrnehmung

Auf der Ebene der Wahrnehmung werden im Konfliktfall die Wahrnehmungsfähigkeit an sich sowie das Denk- und Vorstellungsleben der Beteiligten beeinträchtigt. Die Sicht auf sich selbst und den Gegner, auf die Probleme und Geschehnisse wird geschmälert, verzerrt und einseitig. Hier wirken zwei Basismechanismen der Wahrnehmung in veränderter Weise: Die Aufmerksamkeit wird stark auswählend und die Fähigkeit zur Verarbeitung komplexer Inhalte und Vorgänge wird reduziert.

▸ Selektive Aufmerksamkeit

Der wichtigste Aspekt der Aufmerksamkeit ist ihre selektive Natur. Die Selektivität wird durch die Kapazitätstheorie erklärt, welche davon ausgeht, dass die Verarbeitungskapazität für mentale Vorgänge begrenzt ist. Der Organismus entwirft daher eine Strategie, um das Übermaß an potenziell zu verarbeitenden Informationen zu bewältigen und lenkt seine Aufmerksamkeit nur auf gerade relevante Aspekte. Im Konflikt kann dieser Mechanismus dazu führen, dass ein Konfliktbeteiligter seine Aufmerksamkeit zunehmend auf das Sammeln negativer Informationen über den Gegner konzentriert und so eine differenzierte Betrachtung der Situation oder des Gegners unmöglich wird.

▶ Kognitive Komplexitätsreduktion

In der Psychologie bezeichnet Kognition die mentalen Prozesse eines Individuums wie Gedanken, Meinungen, Einstellungen, Wünsche, Absichten. Kognitionen können auch als Informationsverarbeitungsprozesse verstanden werden, in denen Neues gelernt und Wissen verarbeitet wird (auch: Denken). Im Konflikt geht nicht nur die Wahrnehmung stärker selektiv vor, auch die Verarbeitung von Informationen selbst vereinfacht sich. So werden Informationen verarbeitet, die in das Eskalationsschema passen und beispielsweise weitere Gründe dafür liefern, meinen Gegner anzufeinden, während Informationen mit gegenteiligem Gehalt ausgelassen werden. Ebenso werden Kausalitäten stark vereinfacht, so dass diese Mechanismen die Entstehung und Verfestigung von „Schwarz-Weiß-Denken“ in Konflikten fördern.

Gefühle

Auch das Gefühlsleben der Konfliktparteien wird stark beeinträchtigt. Sind sie zunächst hin und her gerissen zwischen Verstehen und Ablehnung, Sympathie und Antipathie, so entwickeln sich im Verlauf starke Emotionen, die sich verfestigen und von denen sich die Gegner nur schwer wieder lösen können. Diese Gefühle setzen sich fest und gewinnen nach Glasl eine Art Eigenleben. Zu beobachten sind die Phänomene des sozialen Autismus, der Abnahme der Fähigkeit zur Empathie und eine gesteigerte Überempfindlichkeit.

▶ Sozialer Autismus[3]

Die Gefühlswahrnehmung wird zur übersteigerten Selbstwahrnehmung. Das äußere Geschehen und vor allem die Befindlichkeiten der anderen Konfliktparteien werden stark vermindert wahrgenommen. Die Empfindung des Selbst hingegen wird zum Zentrum des Gefühlslebens. Die emotionale Entwicklung innerhalb eines eskalierenden Konfliktes, in dem sich die Parteien immer mehr voneinander abkapseln, geschieht dann von „egozentrisch“ bis hin zu „sozial autistisch“.

▶ Fähigkeit zur Empathie nimmt ab

Als Empathie bezeichnet man die Fähigkeit eines Menschen, sich kognitiv in einen anderen Menschen versetzen zu können, seine

[3] Dieses psychologische Phänomen beschrieb erstmals Theodore R. Newcomb 1947 in „Autistic Hostility and Social Reality“ (Human Relations, Vol. 1, 1947, S. 69-86).

Gefühle zu teilen und sich damit Einsicht in sein Handeln verschaffen zu können (auch: Einfühlungsvermögen). Wesentlich dabei ist, dass der eigene Affektzustand dem Gefühlszustand einer anderen Person entspricht. Dies wird dadurch ausgelöst, dass man die Perspektive der anderen Person einnimmt und so ihre emotionalen und anderen Reaktionen begreifen kann. Diese Fähigkeit nimmt im Verlauf eines eskalierenden Konfliktes stark ab und ermöglicht so etwa den Ausbruch von Gewalttaten.

▶ Überempfindlichkeit steigt

Überempfindlichkeit ist zunächst eine erhöhte Wahrnehmungsfähigkeit des Menschen, die weit über dem durchschnittlichen Wahrnehmungsniveau liegt. Der Unterschied besteht dabei nicht in der physischen Wahrnehmungsfähigkeit, sondern in der Verarbeitung im Gehirn. Im Konfliktfall resultiert die Überempfindlichkeit aus einem Zustand der Übererregung, der zum Beispiel mit einem erhöhten Misstrauen gegenüber der Umwelt einhergehen kann. Auf emotionaler Ebene kann sich im Konfliktverlauf hieraus eine gesteigerte Unsicherheit entwickeln, die weitere Eskalationen ermöglicht.

Wille

Auch auf der Ebene des Willens gehen starke Veränderungen bei den Konfliktparteien vor. So fixieren sie sich zunehmend auf die eigenen vermeintlichen Interessen und zeigen immer mehr ein oftmals zerstörerisches Verhalten, das sie selbst niemals für möglich gehalten hätten. Sie sind zum Beispiel im Stande zu hassen, wie nie zuvor in ihrem Leben, so dass das eigene Verhalten zunehmend von eigenen Wertauffassungen abweichen kann.

▶ Regressionseffekt

Der Begriff „Regression“ bedeutet „Rückgang“, „Rückführung“ oder „Rückschritt“ und bezeichnet in der Psychologie den unbewussten oder bewussten Rückgriff eines Erwachsenen auf kindliche Verhaltensmuster. Besonders häufig ist dieser Mechanismus bei Erwachsenen in Stresssituationen zu beobachten. Menschen neigen unter Stress dazu, auf gut gelernte und aus diesem Grunde „einfache“ Verhaltensweisen zurückzugreifen. Ihr Verhaltensrepertoire beschränkt sich dann auf ein vereinfachtes Reiz-Reaktions-Handeln. Im Konfliktfall kann dies bedeuten, dass mit der zunehmenden Eskalation ein starrer werdendes Handlungsschema verfolgt wird.

Willensäußerungen werden radikalisiert: „Jetzt erst recht!“, „Entweder ... oder“.

Diese Einzeleffekte an Veränderungen und Beeinträchtigungen beeinflussen und verstärken sich gegenseitig und führen dazu, dass die Konfliktparteien in zunehmendem Maße die Kontrolle über sich verlieren. So können sie dazu führen, dass auch die Gegenseite zu mehr Gewalt greift und starrer und rücksichtsloser agiert. Dies kann letztendlich dazu führen, dass der Konflikt eine so raumgreifende Wirkung erzielt, dass sich ihm alle Parteien völlig ausgeliefert fühlen.

Verhalten

- Worte, Taten, nonverbale Botschaften

Diese drei Aspekte werden direkt von der Wahrnehmung, den Gefühlen und dem Wollen der Konfliktparteien geprägt[4]. Im Konfliktverlauf ist eine zunehmende Verarmung und Reduktion des Verhaltens auf stereotype und fixierte Muster zu beobachten. Beispiel: Eine Konfliktpartei spricht während einer Verhandlung immer lauter und schlägt schließlich mit der Hand auf den Tisch, um sich durchzusetzen.

Effekte

- Subjektive und objektive Wirkungen

Die Aspekte Wahrnehmung, Gefühle und Wille rufen durch die Ebene des Verhaltens weitere Effekte hervor. Und zwar lassen sich Wirkungen auf die Innenwelt der sich äußernden Partei (subjektiv) sowie die Außenwelt der anderen beteiligten Parteien (objektiv) feststellen. Beispiel: Nachdem sich eine Partei durch lautes Sprechen und mit der Hand-auf-den-Tisch-schlagen Gehör verschafft hat, sinkt sie im Ansehen des Gegners, der durch dieses Verhalten aufgeschreckt wurde und nun seine ganze Aufmerksamkeit auf die Bestätigung der Unmöglichkeit des Gegners konzentriert (selektive Aufmerksamkeit) oder nach einer Möglichkeit zum schnellen Verhandlungsabbruch ohne Vorwarnung sucht (Regressionseffekt: „So lassen wir uns nicht behandeln. Wir brechen diese Sitzung ab.“).

---

[4] S. hierzu auch die Aussagen des Eisbergmodells im Kapitel „Kommunikation“, S. 25

Einführung

Anwendung

Stellen Sie die Zusammenhänge und Einzeleffekte der „Konfliktdynamik" anhand von lebensnahen Beispielen aus dem Alltag dar. Auch ist ein Vorgehen möglich, bei dem Teilnehmer und Sie zusammen für jeden Einzelaspekt ein Beispiel aus ihrem Alltag/Leben finden. Hervorzuheben sind insbesondere die Wechselwirkungen innerhalb des Modells, die man gut durch Verbindungs- bzw. Verknüpfungspfeile visualisieren kann.

„Konfliktdynamik im Alltag" (Kleingruppenarbeit mit anschließender Auswertung im Plenum)

Eine weitere Möglichkeit, sich dem Modell zu nähern, besteht in einer kurzen Gruppenarbeit. Erklären Sie zunächst allen Teilnehmern das Modell der „Konfliktdynamik", danach finden sich die Teilnehmer je nach Gruppengröße in den Kleingruppen „Wahrnehmung", „Gefühle", „Wille" und „Verhalten und Effekte" zusammen und erarbeiten zum jeweiligen Bereich Beispiele aus ihrem Arbeitsalltag. Um die Bezichtigung Dritter strikt zu vermeiden, sollten Sie darauf hinweisen, möglichst nur Beispiele zu finden, an denen die Teilnehmer auch selbst beteiligt waren. Anschließend präsentieren die Teilnehmer ihre Ergebnisse auf Moderationskarten oder am Flip-Chart.

Variation der Ergebnispräsentation

Denkbar ist anstelle der schriftlichen Ergebnispräsentation auch eine lebendigere Variante (je nach Teilnehmerpräferenz), bei der die Teilnehmer ihre Ergebnisse in Form von kurzen Rollenspielen vorstellen.

Vertiefende Übungen

„Interventionsmöglichkeiten während der Konfliktdynamik" (Kleingruppenarbeit mit anschl. Präsentation im Plenum)

Bitten Sie die Teilnehmer, nach ausführlicher Diskussion des Modells nun in einem vertiefenden Schritt Interventionsmöglichkeiten zu erarbeiten, die eine entschärfende und deeskalierende Wirkung in der dynamischen Konfliktsituation erzielen können.

Beispiel
Regressionseffekt: *„Mein Konfliktpartner wird während einer Verhandlung immer lauter und schlägt letztendlich mit der Hand auf den Tisch."*

Interventionsmöglichkeiten:
- Um eine Gesprächspause bitten, um sich selber wieder zu sammeln
- Die Abrede fester Spielregeln vereinbaren (zu denen dann nicht lauter werden und nicht mit der Hand auf den Tisch schlagen gehört)
- Ebenfalls mit der Hand auf den Tisch hauen (und dann einen Witz darüber machen: ironische Brechung!)

Die Teilnehmer teilen sich anschließend in drei Kleingruppen auf und erarbeiten Interventionsmöglichkeiten aus den folgenden drei Perspektiven:
- „Welche Interventionsmöglichkeiten bieten sich mir in der Rolle dessen, bei dem Aspekte der „Konfliktdynamik" wirken?" (Eigene Betroffenheit)
- „Welche Interventionsmöglichkeiten bieten sich mir in der Rolle dessen, der die Wirkung der „Konfliktdynamik" bei seinem Gegner wahrnimmt?" (Betroffenheit des Gegners)
- „Welche Interventionsmöglichkeiten bieten sich mir in der Rolle eines Dritten?" (Betroffenheit anderer, z.B. Vorgesetzter zweier verstrittener Mitarbeiter)

Auf Basis dieser Perspektiven können jeweils alle Mechanismen der „Konfliktdynamik" von den Teilnehmern nach Interventionsmöglichkeiten durchgearbeitet werden. Im Anschluss präsentieren die Teilnehmer ihre Ergebnisse im Plenum. Hierbei können Sie weitere erkenntnisleitende Fragen anschließen:
- „Haben Sie diese Intervention bereits im Alltag angewandt?"
- „Unter welchen Bedingungen war sie besonders erfolgreich?"
- „Wie viel Vorbereitung/Vorwissen/Vorkenntnisse braucht diese Intervention?"
- „Worauf muss man aus Ihrer Erfahrung ganz besonders achten, um die Intervention hilfreich zu gestalten?"

„Konfliktdynamik im Gesprächsverlauf" (Gesprächsübung in Kleingruppen oder im Plenum)

In dieser Übung wird das Modell der „Konfliktdynamik" als Grundlage der Beobachtung und anschließenden Analyse eines Konfliktgespräches genutzt. Die Übung besteht demnach aus den Teilen:

- Rollenspiel Konfliktgespräch
- Beobachtung und Analyse des Gespräches

Variante 1

Bitten Sie die Teilnehmer, sich in Kleingruppen zu mindestens vier Teilnehmern zusammenzufinden. Danach muss in jeder Gruppe die Rollenaufteilung in Rollenspieler (zwei Personen) und Beobachter (mind. zwei Personen) geklärt werden. Die Rollenspieler verabreden nun untereinander, ein Streitgespräch zu einem bestimmten Thema zu führen und klären vorab einige Details, um es einigermaßen realistisch durchführen zu können. Möglich ist auch, eine (typische) Szene aus dem Arbeitsalltag eines der Rollenspieler durchzuspielen. Das Gespräch sollte dann in einem Zeitrahmen von 10-20 Minuten durchgeführt werden. Die genaue Zeitvorgabe sollte vor Spielbeginn mit allen Teilnehmern abgesprochen sein. Ebenfalls vor Spielbeginn haben Sie die Beobachter über ihre genaue Aufgabe informiert; auch hierbei sind wieder einige Varianten möglich:

- Die Beobachter teilen sich die Aufgabe nach
  - Mechanismen der Innenwelt (Wahrnehmung, Gefühle, Wille)
  - Verhalten und Effekten der Außenwelt

- Die Beobachter teilen sich die Aufgabe nach den Bereichen
  - Wahrnehmung
  - Gefühle
  - Wille
  - Verhalten
  - Effekte

Jeder Beobachter konzentriert sich hierbei auf einen Bereich. Sind aber weniger Beobachter für die Übung einsetzbar, kann ein Beobachter auch mehrere Bereiche übernehmen. Hierfür haben Sie für die Beobachter ein Arbeitsblatt (Beobachtungsbogen) vorbereitet, auf dem die einzelnen Mechanismen der Innenwelt sowie die Aspekte „Verhalten" und „Effekte" aufgeführt sind – im Idealfall mit einem kurzen Beispiel zu jedem Bereich. Die Durchführung der Rollenspiele kann zeitlich parallel erfolgen oder auch, je nach Zeitrahmen des Seminars, nacheinander.

Nach Durchführung des jeweiligen Rollenspiels geben die Beobachter eine möglichst wertschätzende und genaue Rückmeldung über ihre Beobachtungen an die Rollenspieler, nachdem diese sich zuerst über ihre Erfahrungen während des Rollenspiels äußern dürfen.

Mögliche Trainerfragen in der Auswertungsrunde lauten:

- „Welche Aspekte der ‚Konfliktdynamik' haben Sie wahrnehmen können?"
- „Welche waren besonders deutlich zu erkennen?"
- „Woran genau haben Sie sie erkennen können?"
- „Welches Verhalten der Konfliktparteien war hilfreich?"
- „Welches Verhalten hat das Gespräch eskalieren lassen?"
- „Welche Ableitungen ergeben sich für Ihren Alltag aus dieser Gesprächsanalyse?"

Variante 2

Stellen Sie den Teilnehmern das Konfliktgespräch nicht frei, sondern geben Sie, je nach Seminarkontext, ein oder mehrere konkrete Fallbeispiele vor[5]. Der weitere Übungsverlauf wäre identisch mit der Variante 1.

Variante 3

Bitten Sie die Rollenspieler, ihr Konfliktgespräch anhand des Leitfadens „Kooperative Konfliktbewältigung" (s. Seite 77) durchzuführen. Die Rollenspieler stimmen dann eine Ausgangssituation sowie einige wichtige Details ab und gehen im Gespräch nach dem Leitfaden vor. Der Leitfaden wurde im Vorfeld bereits von Ihnen im Plenum vorgestellt und mit allen Teilnehmern durchgesprochen.

Wie auch in der Variante 1, teilen sich die Beobachter ihre Aufgabe je nach Seminarkontext in verschiedene Beobachtungsgebiete.

---

[5] Sehr gute Anregungen und konkrete Rollenspiele für Konfliktgespräche und Verhandlungen im Konflikt bietet die Open Source Ware der Sloan School of Management des Massachusetts Institute of Technology, http://ocw.mit.edu/OcwWeb/Sloan-School-of-Management/15-667Spring2001/LectureNotes/index.html

Zusätzliche Trainerfragen in der Auswertungsrunde an die Rollenspieler:

- „Welche Mechanismen, Verhaltensweisen und Effekte haben Sie selber bei sich während der Übung feststellen können?"
- „Was genau haben sie bei Ihnen bewirkt?"
- „Was haben sie, nach Ihrer Wahrnehmung, bei Ihrem Gegenüber bewirkt?"
- „Was hat Ihnen geholfen, die Kontrolle (über sich) zu behalten?"
- „Inwiefern war der Einsatz des Gesprächsleitfadens hilfreich?"
- „Welche Mechanismen und Effekte konnten dadurch besonders gut ‚in Schach gehalten' werden?"

Gesprächsleitfaden nach dem Konzept der kooperativen Konfliktbewältigung

1. **Gesprächsvorbereitung**
   Je heikler die Situation, desto wichtiger ist die Schaffung eines positiven Umfeldes/Rahmens

2. **Ursachen des Konfliktes erforschen**
   - Konkreten Anlass benennen
   - „Woran liegt das?"
   - „Können Sie sich vorstellen, wie das auf andere Mitarbeiter/Vorgesetzte wirkt?"
   - „Was können Sie zur Lösung beitragen?"
   - „Und wenn es eine Lösung gäbe, wie würde diese aussehen?"
   - Zusammenfassung der gegebenen Lösungsvorschläge

3. **Umgang mit Aggressionen oder ähnlichen persönlichen Angriffen**
   - Direkt ansprechen: „Ich empfinde die Atmosphäre als aggressiv. Wie schätzen Sie das ein? Wie wollen wir vorgehen?"
   - Distanz schaffen: „Ich fühle mich von Ihnen angegriffen. War das Ihre Absicht?"
   - Verständnis zeigen: „Ich kann verstehen, dass Sie aufgebracht sind, trotzdem ..."

4. **Ende des Gespräches**
   - Cool down
   - Zusammenfassung des Ergebnisses
   - Überprüfung, ob Beteiligte Gleiches befürworten
   - Perspektive aufzeigen
   - Verabredung für die Zukunft treffen
   - Verabschiedung

Technische Hinweise

- „Konfliktdynamik im Alltag": Flip-Chart, Flip-Chart-Blätter und Stifte für jede Kleingruppe.
- „Interventionsmöglichkeiten während der Konfliktdynamik": Arbeitsblatt mit Aufgabenstellung (Angabe der Perspektive, aus der die Intervention stattfinden soll) und einer Darstellung des Modells.
- „Konfliktdynamik im Gesprächsverlauf", Variante 1: Beobachtungsbogen mit einer Darstellung des Modells inklusive kurzer Beispiele, um die Beobachtung zu erleichtern.
- „Konfliktdynamik im Gesprächsverlauf", Variante 2: Beobachtungsbogen mit einer Darstellung des Modells inklusive kurzer Beispiele; Arbeitsblatt für die Rollenspieler mit einer Fall- und/oder Rollenvorgabe.
- „Konfliktdynamik im Gesprächsverlauf", Variante 3: Beobachtungsbogen mit einer Darstellung des Modells inklusive kurzer Beispiele; Arbeitsblatt für die Rollenspieler mit dem Gesprächsleitfaden der kooperativen Konfliktbewältigung.

Kommentar

Glasls Modell der „Konfliktdynamik" ist ein zunächst komplex wirkendes Modell, das einer ausführlichen Betrachtung und Auseinandersetzung im Training oder Seminar bedarf. Unsere Erfahrung mit der Einführung des Modells ist aber, dass Teilnehmer es insgesamt gut nachvollziehen können. Bei der Einführung sollten Sie unbedingt auf den lebensweltlichen Transfer für die Teilnehmer achten. Je mehr Beispiele Sie während der Präsentation des Modells einfließen lassen, oder aber mit den Teilnehmern gemeinsam erarbeiten, desto höher die Akzeptanz des Modells. Besonders in Zusammenhang mit der Darstellung der Eskalationsstufen (s. Seite 80) stellt das Modell der „Konfliktdynamik" für die Teilnehmer einen zusätzlichen Erkenntnisgewinn her. Denn es erklärt, die „Unglaublichkeit" des Erreichens der Eskalationsstufen 7 bis 9, die nur noch von Irrationalität geprägt sind.

Querverweise

Eskalationsstufen nach Glasl (S. 80)

Glasls Modell der „Konfliktdynamik" liefert die innerpsychischen Gründe und Motive, die die Entwicklung einer Konflikteskalation über 9 Stufen überhaupt erklären kann.

Stress (S. 168)

Stress kann die Entstehung von Konflikten bedingen. Die drei von Glasl aufgeführten innerpsychischen Prozesse der Wahrnehmung, der Gefühle und des Willens finden unter Stress ideale Entstehungsbedingungen. So kann z.B. die unter Stress häufig herrschende verstärkte selektive Aufmerksamkeit schnell zu einer Eskalationsdynamik führen.

JoHari-Fenster (S. 204)

Im Modell des „JoHari-Fensters" findet in der Betrachtung des Handelnden im Kommunikationsprozess ebenfalls eine Trennung nach Innenwelt und Außenwelt statt. Die Feedback-Regeln, als abgeleitetes Kommunikationsinstrument aus dem „JoHari-Fenster", können gut zur Deeskalation im Prozess der „Konfliktdynamik" eingesetzt werden.

Opfer-Gestalter-Modell (S. 229)

Eine besondere Herausforderung in der Gesprächsführung innerhalb einer Konfliktsituation kann in der Aktivierung des „Gestalters" beim Gegenüber bestehen. So erschwert sich diese Aktivierung, etwa beim Einsetzen des Regressionseffektes, der mit einem verstärkten Opfer-Verhalten einhergehen kann.

Weiterführende Literatur

- GLASL, F. (2004). Konfliktmanagement. Ein Handbuch für Führungskräfte, Beraterinnen und Berater. 8. erweiterte Auflage. Stuttgart: Freies Geistesleben.
- KRECH, D.; CRUTCHFIELD, R.S. et al. (1992). Grundlagen der Psychologie. Weinheim: Beltz PVU.
- MEYER, B. (2002). Formen der Konfliktregelung. Eine Einführung mit Quellen. Wiesbaden: Leske + Budrich.
- WAHREN, H.-K. E. (1994). Gruppen- und Teamarbeit in Unternehmen. Berlin: Gruyter.

Eskalationsstufen nach Glasl

Ziel

Das „Modell der Eskalationsstufen" ist ein anschauliches Analyseinstrument, das auf unterschiedlichste Konfliktsituationen angewendet werden kann. Es hebt den destruktiven Charakter von Konflikten deutlich hervor und lässt Teilnehmer die negative Dynamik von Konfliktverläufen erkennen. So können Handlungsbedarfe in unterschiedlichen Konflikt-Konstellationen schnell erkannt und einer Bearbeitung zugeführt werden. Das Stufenmodell unterstreicht die Tatsache, dass auch individuelles Verhalten im Konflikt Mustern unterliegt, die nur durch aktives Gegenarbeiten unterbrochen werden können.

Kontext

- Kommunikation
- Team
- Organisationsentwicklung
- Führung
- Mediation
- Lösungsorientierung
- Projektmanagement
- Change-Management

Theorie

Das „Stufenmodell der Eskalation" geht auf Forschungen des zeitgenössischen österreichischen Politologen und Unternehmensberaters Friedrich Glasl zurück. Er überprüfte sein Modell anhand empirischer Untersuchungen während seiner Beratertätigkeit in der Unternehmenspraxis. Das Modell stellt vor allem die negative Dynamik von Konfliktverläufen deutlich heraus. Insgesamt identifiziert Glasl neun Eskalationsstufen, die sich nach den Gewinnchancen der beteiligten Konfliktparteien in drei Ebenen unterteilen lassen. Während auf der ersten Ebene des Stufenmodells noch mit einem positiven Ausgang für beide Konfliktparteien zu rechnen ist, also einer so genannten Win-win-Lösung, ist dies auf der zweiten Ebene bereits nicht mehr möglich. Hier kann nur noch eine Partei gewinnen, die Eskalation läuft auf eine Win-lose-Lösung hinaus. In der dritten Ebene ist nur noch eine Lose-lose-Lösung möglich: Beide Parteien werden auf jeden Fall im Vergleich zu ihrem jetzigen Status quo verlieren. Dennoch verfolgen sie ihre Strategie, die nun allerdings einer anderen Zielsetzung folgt: dem Schaden des Gegners bei Inkaufnahme der eigenen Schädigung. Die einzelnen Stufen stellen sich wie folgt dar:

1. Ebene (Win-win)

▶ Stufe 1: Verhärtung

Konflikte beginnen mit Spannungen, etwa gelegentliches Aufeinanderprallen von Meinungen. Hierbei verhärten sich die Standpunkte. Das Bewusstsein bevorstehender Spannungen kann zu Verkrampfungen führen. Es besteht die Auffassung, dass die Spannungen durch Gespräche gelöst werden können.

▶ Stufe 2: Debatte

Ab hier überlegen sich die Konfliktpartner Strategien, um den anderen von seinen Argumenten zu überzeugen. Es finden Polarisationen im Denken, Fühlen und Wollen statt. Meinungsverschiedenheiten können zu einem Streit führen. Auch bei der Debatte besteht die Auffassung, sie durch Kommunikation lösen zu können.

▶ Stufe 3: Taten statt Worte

Die Konfliktpartner erhöhen den Druck auf den anderen, um sich oder seine Meinung durchzusetzen. Die Überzeugung, dass Reden allein nicht mehr ausreicht, gewinnt an Bedeutung. So werden etwa Gespräche abgebrochen. Die bis dato vielleicht noch vorhandene Fähigkeit zur Empathie mit der Gegenseite geht verloren, durch die zugespitzte Polarisation wächst die Gefahr von Fehlinterpretationen. Es findet weniger Kommunikation statt, der Konflikt verschärft sich schneller.

2. Ebene (Win-lose)

▶ Stufe 4: Koalitionen

Die Konfliktparteien bauen gegenseitig Feindbilder auf, die im Wesentlichen aus Stereotypen und Klischees bestehen. Sie beginnen sich zu bekämpfen und gegenseitig in negative Rollen zu manövrieren. Es werden Anhänger und Sympathisanten gesucht und umworben. Es geht nun nicht mehr um die Sache, sondern darum, den Konflikt zu gewinnen, damit der Gegner verliert.

▶ Stufe 5: Gesichtsverlust
Es kommt zu direkten und häufig auch öffentlichen Angriffen gegen die andere Partei. Der Gegner soll in seiner Identität getroffen und vernichtet werden. Der gegenseitige Vertrauensverlust wird vollständig. Gesichtsverlust bedeutet in diesem Sinne Verlust der moralischen Glaubwürdigkeit.

▶ Stufe 6: Drohstrategien
Beiderseitige Drohungen und das Verhängen von Ultimaten nehmen zu. Hierdurch wird die Eskalation weiter beschleunigt. Die Drohungen stellen den Versuch dar, die eskalierende Situation zu kontrollieren. In Verbindung mit der Drohung manifestiert sich die Macht der Beteiligten an der Höhe der angedrohten Sanktionen und deren Schädigungspotenzial für den Gegner.

3. Ebene (Lose-lose)

▶ Stufe 7: Begrenzte Vernichtungsschläge
Der Gegner wird nicht mehr als Mensch wahrgenommen. Begrenzte Vernichtungsschläge werden auch bei Inkaufnahme eigener Schäden als Gewinn angesehen, so lange der Gegner getroffen wird.

▶ Stufe 8: Zersplitterung
Die Zerstörung und Auflösung des Gegners wird nun intensiv verfolgt. Jedes Mittel zur Erreichung des Ziels ist legitim.

▶ Stufe 9: Gemeinsam in den Abgrund
Es kommt zur totalen Konfrontation, die keinen Weg zurück bietet. Auch die eigene Zerstörung wird für die Chance auf Vernichtung des Gegners in Kauf genommen.

1. Verhärtung

2. Debatte

3. Taten statt Worte

Win-win

4. Koalitionen

5. Gesichtsverlust

6. Drohstrategien

Win-lose

7. Begrenzte Vernichtungsschläge

8. Zersplitterung

9. Gemeinsam in den Abgrund

Lose-lose

Die neun „Eskalationsstufen"

Zum Nutzen des Modells äußert sich Glasl selbst: *„Unsere Eskalationstheorie will so verstanden werden, dass eine Vielzahl von Faktoren und Mechanismen wirkt, die den Konflikt weiter intensivieren, wenn nicht bewusst diesen Mechanismen entgegengetreten wird. Durch Kenntnis der Eskalationsdynamik und der einzelnen Stufen und Schwellen kann die verhängnisvolle Tendenz erkannt werden. Dadurch kann die Herausforderung aufgegriffen und durch einen Bewusstseins- und Willensakt in eine Antwort umgeformt werden. Wo dies nicht geschieht, wirkt sich die dem Konflikt immanente Dynamik so aus, dass der Konflikt aus der Kontrolle gerät und die Parteien mitreißt. – Nur durch Mut kann dem Konflikt eine positive Wendung gegeben werden."*[6]

[6] In Glasl (2004a), s. Weiterführende Literaturhinweise am Ende dieses Abschnitts.

Anwendung

Einführung

„Fallstudie Eskalation" (Zweierübung mit anschließender Plenumsarbeit)

Stellen Sie zunächst die Eskalationsstufen an einem vorbereiteten Flip-Chart oder einer Folie vor. Zur Einarbeitung in das Modell bitten Sie die Teilnehmer um Konfliktbeispiele aus ihrem Lebensumfeld. Die Teilnehmer suchen nun in Zweierarbeit mit ihrem Sitznachbarn ein Beispiel aus ihrem (Arbeits-)Alltag. Dabei reicht ein Beispiel pro Zweiergruppe in der Regel aus. Es ist allerdings wichtig, dass das Beispiel auf tatsächlichen Ereignissen beruht, die einer der beiden erlebt hat.

Nachdem einer dem anderen den Fall geschildert hat, versuchen die Teilnehmer zunächst, den Fall den Eskalationsebenen zuzuordnen. Im Anschluss stellen sie den Fall kurz dem Plenum vor und erläutern ihre Einstufung in die Eskalationsskala. Die Teilnehmer hören aufmerksam zu und versuchen mit Ihrer Unterstützung, die Beispiele auf der Skala einzuordnen.

Sie können dabei folgende Fragen stellen:

- „Auf welcher Eskalationsstufe befindet sich der von Ihnen geschilderte Konflikt?"
- „Welche Eskalationsstufen wurden bereits durchlaufen?"
- „Was glauben Sie, in welcher Weise sich der Konflikt weiterentwickeln wird?"
- „Ist die nächste Eskalationsstufe bereits in Sicht?"
- (Je nach Ausgangsfall könnte es angezeigt sein, mithilfe des Plenums erste Ausstiegsmöglichkeiten zu diskutieren.) „Welche Ausstiegsmöglichkeiten aus der Eskalation bieten sich bereits an? Welche noch?"

Vertiefende Übung

„Ausstieg aus der Eskalation" (Übung in Kleingruppen)

Bitten Sie die Teilnehmer, sich in Kleingruppen zusammenzufinden und Handlungs- und Kommunikationsmöglichkeiten für einen „Ausstieg" aus den einzelnen Eskalationsstufen zu erarbeiten. Je nach Teilnehmerzahl werden Zweier- bis Fünfergruppen gebildet. Definieren Sie dabei genau, was mit „Ausstiegsmöglichkeiten" gemeint ist: diese können je nach Seminarkontext und Bedarf der Teilnehmer verschiedene Aufträge beinhalten:

- Was genau kann der einzelne Konfliktbeteiligte tun?
- Was genau können Gruppen und ihre einzelnen Mitglieder als Konfliktbeteiligte tun?
- Was genau können Abteilungen/Unternehmenseinheiten und ihre einzelnen Mitglieder als Konfliktbeteiligte tun?
- Was genau können Führungskräfte als Konfliktbeteiligte tun?
- Was genau können Führungskräfte als Dritte tun (beispielsweise, wenn zwei ihrer Mitarbeiter die Konfliktparteien darstellen)?

Die Gruppen widmen sich nach folgender Aufteilung den drei Eskalationsebenen.

- Gruppe 1: Ausstiegsmöglichkeiten aus den Eskalationen Spannung, Debatte, Taten statt Worte
- Gruppe 2: Ausstiegsmöglichkeiten aus den Eskalationen Koalitionen, Gesichtsverlust, Drohstrategien
- Gruppe 3: Ausstiegsmöglichkeiten aus den Eskalationen begrenzte Vernichtungsschläge, Zersplitterung, Gemeinsam in den Abgrund.

Die Gruppen präsentieren ihre Ergebnisse im Plenum. An die Präsentation und Diskussion im Plenum können Sie weitere erkenntnisleitende Fragen anschließen:

- „Wann genau haben Sie Ähnliches erlebt?"
- „Was genau hat geholfen?"
- „Wenn Sie heute Abend nach Hause gehen und Ihren Lieben von diesem Seminar erzählen, welches war der hilfreichste Tipp bezogen auf diese Übung?"

Technische Hinweise

- „Fallstudie Eskalation": Die Trainerfragen können auch in Form eines Arbeitsblattes an die Zweiergruppen ausgegeben werden.
- „Ausstieg aus der Eskalation": Die drei Arbeitsgruppen erhalten jeweils ein Arbeitsblatt, auf dem ihre Eskalationsstufen nochmals genannt sind, sowie die genaue Aufgabenstellung.

Kommentar

Die Teilnehmer nehmen das Modell der Eskalationsstufen in der Regel sehr gut an. Es lässt sich leicht auf den eigenen Arbeitsalltag anwenden, auch wenn die dritte Ebene der Eskalationsstufen zunächst irrational klingt, kennen Teilnehmer oftmals jemanden, der nach ähnlichem Muster gehandelt hat oder haben sich sogar selbst einmal in einer ähnlichen Situation befunden (Beispiel: Ein Projektleiter lässt ein Projekt bewusst zum Fehlschlag werden, damit er einem verfeindeten Projektmitarbeiter auf Grund des Fehlschlags kündigen kann, obwohl er diesen Fehlschlag seinem Vorstand gegenüber nicht plausibel erklären kann und somit seine eigene Karriere stark gefährdet).

Da das Modell so eingängig ist und die Gefahren einer Konflikteskalation überdeutlich herausarbeitet, kann es gut zu Beginn eines Konfliktseminars oder -trainings eingesetzt werden, sozusagen als „Muntermacher" oder auch „Warnhinweis".

Weiterführende Literatur

- GLASL, F. (2004a). Konfliktmanagement. Ein Handbuch für Führungskräfte, Beraterinnen und Berater. 8. erweiterte Auflage. Stuttgart: Freies Geistesleben.
- GLASL, F. (2004b). Selbsthilfe in Konflikten. Konzepte, Übungen, praktische Methoden. 4. Auflage. Stuttgart: Freies Geistesleben.
- MAHLMANN, R. (2001). Konflikte managen. 2. Auflage. Weinheim: Beltz.
- PASSAMERAS, K.; VON DIENER, R. (2005). Konfliktmanagement. War Troja zu verhindern? München: Hanser Wirtschaft.
- SCHREYÖGG, A. (2002). Konfliktcoaching. Anleitung für den Coach. Frankfurt: Campus Fachbuch.

Konfliktstile

Ziel

Das Modell stellt fünf mögliche Verhaltensstile in Konfliktsituationen dar. Die Teilnehmer können in der Auseinandersetzung mit dem Modell ihr eigenes Konfliktverhalten einordnen und analysieren. Das Modell kann aber auch zur Interpretation des Verhaltens Dritter eingesetzt werden. Durch seine Übersichtlichkeit können sich Teilnehmer schnell in das Modell einarbeiten.

Kontext

- Gesprächführung
- Verhandlungsführung
- Mitarbeiterführung
- Projektmanagement
- Stressmanagement
- Mediation

Theorie

In Anlehnung an das „Managerial Grid"-Modell von Blake und Mouton (s. Seite 251) von 1968 hat der amerikanische Psychologe Kenneth W. Thomas 1976 ein zweidimensionales Zuordnungsmodell vorgelegt, das fünf Konfliktlösungsstile idealtypisch abbildet. Die beiden Achsen des Modells repräsentieren einerseits das Ausmaß, in dem eine Partei die eigenen Interessen verfolgt und andererseits das Ausmaß, in dem die Interessen der gegnerischen Partei berücksichtigt werden[7]. Im englischen Original spricht Thomas allerdings nicht von Interessen, sondern von „concerns", die er folgendermaßen definiert: *„A concern is anything people care about. In an organization, people`s concerns might center around such things as deciding how to allocate resources, determining what facts bear on an issue, and supporting different strategies."*[8]

[7] Die Achsen bezeichnet Thomas im Original mit „Assertiveness" und „Cooperativeness".

[8] Kenneth W. Thomas, White Paper Conflict, s. Weiterführende Literaturhinweise

Die Herleitung eines jeweiligen Konfliktlösungsstils ergibt sich dann aus der Kombination beider Dimensionen, die sich jeweils in eine 9er-Skala unterteilen.

Das Modell wird im deutschsprachigen Raum nach ihrem Begründer in einigen Publikationen auch das „Thomas-Modell" der Konfliktlösung genannt.

Zusammen mit Ralph H. Kilmann entwickelte Thomas später das Thomas-Kilmann Conflict Mode Instrument (TKI), ein psychologisches Testverfahren zur Messung von individuellem Konfliktverhalten, das auf den Grundlagen des Thomas-Modells basiert[9].

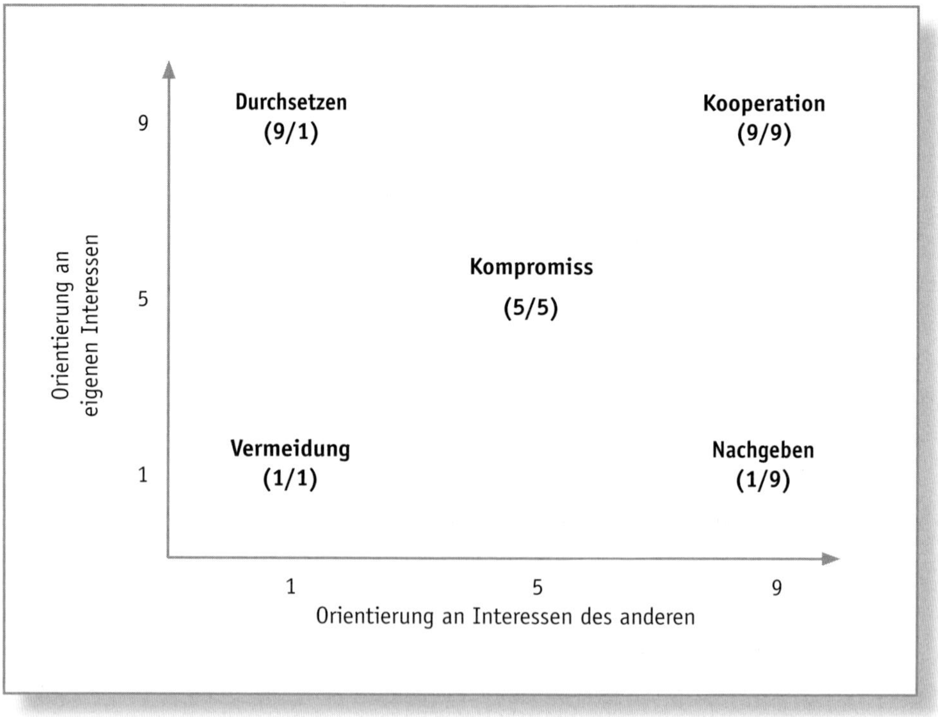

Das Thomas-Modell

[9] Ausführlichere Informationen zum TKI finden sich auf der Website von Ralph H. Kilmann unter http://www.kilmann.com/conflict.html

Die Konfliktlösungsstile

- **1/1: Vermeidung** – „Beide Seiten verlieren"

Mögliche Ziele: Vermeidung, Vertagung, Verschiebung, ignorieren, aussitzen.

- **9/1: Durchsetzen** – „Ich bekomme alles, die andere Seite nichts"

Mögliche Ziele: Durchsetzung auf Kosten der anderen Seite, konkurrieren, gewinnen.

- **1/9: Nachgeben** – „Die andere Seite bekommt alles, ich gehe leer aus"

Mögliche Ziele: Vermeidung, Anpassung, Unterordnung, gewähren lassen, gewinnen lassen[10].

- **5/5: Kompromiss** – „Beide Seiten gewinnen und verlieren etwas"

Mögliche Ziele: Moderate Konkurrenz, Eingeständnis, entgegenkommen wollen, moderate Selbstbehauptung, Höflichkeit, Gemeinsamkeiten in den Vordergrund stellen (trotz Interessenkonflikt), Kooperationswille betonen.

- **9/9: Kooperation** – „Beide Seiten gewinnen"

Mögliche Ziele: Jede Seite gewinnt (im Idealfall können beide Seiten 100% ihrer Interessen verwirklichen), Selbstbehauptung, Kooperationswillen realisieren, neue Lösungen herstellen.

Nach Thomas ist der 9/9-Konfliktlösungsstil „Kooperation" in bestimmten Ausgangslagen der erfolgversprechendste. In seinen Forschungen zur Anwendung des 9/9-Stils im Managementalltag belegt er, dass dieser Stil insbesondere ausgezeichnete Ergebnisse für komplexe und nicht durch Routine gekennzeichnete Problemstellungen und Ausgangslagen liefert. Er führt weiter aus, dass der 9/9-Stil in Verhandlungen über die Verteilung knapper Ressourcen stärker zu integrativen oder „Win-win"-Situationen führt. Und in konflikthaften Entscheidungssituationen führt der Stil durch die

[10] Dies kann auch als aktive Handlung geschehen, z.B. im Rahmen einer größeren Strategie, um sich dafür beim nächsten Projekt durchsetzen zu können.

Beachtung aller divergenten Meinungen und Belange zu genaueren und innovativeren Lösungen. Darüber hinaus fördert der 9/9-Stil die Kommunikation sowie das Lernverhalten aller Beteiligten. Nach Thomas Aussage wirkt der Stil in schwierigen Ausgangslagen langfristig vertrauensbildend.

Trotz dieser deutlichen Forschungsergebnisse weist Thomas dennoch darauf hin, dass jedem anderen Stil seines Modells in bestimmten Ausgangssituationen ebenfalls eine Berechtigung zuzusprechen ist. Die besondere Herausforderung für den bewussten Umgang mit den einzelnen Konfliktstilen liegt in der Identifizierung des angemessenen Stils für die jeweilige Situation. Im Zusammenhang mit Verhandlungssituationen, in denen ein Partner den Weg des 9/9-Stils sucht, der andere aber mit 9/1 nur die eigenen Interessen durchsetzen will, spricht er von der Strategie der „firm flexibility" („feste Flexibilität"). So empfiehlt Thomas klar und fest im Ausdruck des eigenen Interesses an einer kooperativen Lösung zu sein, aber flexibel in der eigentlichen Phase der Lösungsfindung zu bleiben.

Beispiele:

- „Frau Müller, Ihr Vorschlag beinhaltet entgegen unserer Absprache keine Berücksichtigung des Patentproblems. Könnten Sie uns bitte einen Vorschlag präsentieren, der sich auch dieses Problems annimmt?"
- „Herr Meier, ich kann Ihrem Plan leider nicht zustimmen, so lange die finanziellen Folgen über unserem verabredeten Budget liegen. Lassen Sie uns eine Lösung finden, die das Budgetproblem berücksichtigt."

Einführung und vertiefende Übung

„Konfliktlösung im Raum" (Zweierübung mit anschl. Kleingruppenarbeit)

Auf dem Boden des Seminarraumes haben Sie mit Kreppband die beiden Achsen des „Thomas-Modells" vorbereitend ausgelegt. Nun bitten Sie jeden Teilnehmer, sich mit seinem Sitznachbarn oder als frei gewählte Zweiergruppe kurz eines Konfliktes zu erinnern, an dem er selbst beteiligt war. Über jeden der beiden Konflikte sollten sich die Teilnehmer in der Zweiergruppe kurz austauschen. Wichtig ist der Trainerhinweis, nicht zu tief in den eigentlichen Konflikt hineinzugehen.

Stellen Sie anschließend mit dem Verweis auf die im Raum ausliegenden Achsen die Frage, ob die Lösung des gerade erinnerten Konfliktes eher an den eigenen Interessen oder jenen der anderen Beteiligten orientiert war.

Die Trainerfragen können lauten:

- „Wie ging dieser Konflikt aus?"
- „Inwiefern orientierte sich die Lösung an Ihren eigenen Interessen oder an jenen der gegnerischen Partei?"

Dann bitten Sie die Teilnehmer, sich im Raum entlang der Achsen je nach herausgearbeiteter Konfliktlösung aufzustellen. So finden sich die Teilnehmer automatisch in thematisch geordneten Kleingruppen wieder. Nehmen Sie nun vorbereitete Moderationskarten, auf denen die Lösungsstile namentlich genannt werden, erklären Sie den jeweiligen Stil und geben Sie einer jeden Gruppe die dazugehörige Karte des Lösungsstils an die Hand. Die Kleingruppen erhalten den Auftrag, die Vorteile (und Nachteile, je nach Seminarkontext) ihres Lösungsstils herauszuarbeiten.

Die Trainerfragen können lauten:

- „Welche Vorteile bietet der von Ihnen gewählte Lösungsstil?"
- „Welche Nachteile bietet der von Ihnen gewählte Lösungsstil?"
- „Welche Alternativen standen Ihnen zum Zeitpunkt der Lösungsfindung zur Verfügung?"

Die Kleingruppen notieren ihre Arbeitsergebnisse auf weiteren Moderationskarten.

Parallel zur Gruppenarbeit haben Sie das „Konfliktlösungsmodell" nach Thomas auf einer Moderationswand visualisiert, so dass die Teilnehmer anschließend ihre Ergebnisse in Clustern an der Wand präsentieren können. Die besondere Herausforderung für Sie besteht darin, die Ergebnispräsentation der Kleingruppen so wertschätzend zu moderieren, dass alle Konfliktstile (und damit die Kleingruppen) eine hinreichende Würdigung erfahren. Denn auch Thomas selbst betont, dass alle Stile in bestimmten Lebens- bzw. Alltagssituationen ihre Berechtigung haben. Entscheidend ist die letztendliche Erkenntnis im Plenum darüber, dass ein konstruktiver Umgang mit Konflikten im Einsatz des angemessenen Konfliktstils liegt.

Technische Hinweise

- „Konfliktlösung im Raum“: Eine Moderationswand, Kreppband zum Auslegen des Modells auf dem Fußboden, vorbereitete Moderationskarten mit den Konfliktstilen.

Kommentar

Die Auseinandersetzung mit dem Thomas-Modell bietet Trainern eine gute Möglichkeit, Teilnehmer an die Idee des Win-win-Prinzips heranzuführen. Gleichzeitig ermöglicht die von uns vorgestellte Vorgehensweise zur Einführung des Modells eine ebenso realistische Würdigung anderer Konfliktlösungsstile. So können etwa das Nachgeben (1/9) oder die Konfliktvermeidung (1/1) sinnvolle Vorgehensweisen in einem Konflikt mit hierarchisch höherrangigen Personen sein. Bei langfristigen Projekten, die von Dauer geprägt sein sollen, ist jedoch das Anstreben „echter“ Kooperationen (9/9) sinnvoller.

Querverweise

Eisbergmodell (S. 25)

Insbesondere das „Eisbergmodell“ liefert für das Teilnehmerverständnis des 9/9-Stils, aber auch der anderen Stile wichtige Hinweise. Durch seine detaillierte Darstellung möglicher Unterschiede zwischen Gesagtem und Gewolltem im Kommunikationsprozess bietet es eine hervorragende Herleitung zu Thomas‘ Modell.

Harvard-Konzept (S. 94)

Das „Harvard-Konzept“ nimmt sich die Verhandlung von Win-win-Lösungen zum Ziel. Das Thomas-Modell bietet im 9/9-Stil eine gute Herleitung, weshalb dieser Stil sinnvoll sein kann. Eine weitere Verbindung zwischen Modell und Konzept liegt in der Konzentration auf die dahinter liegenden Bedürfnisse der Beteiligten im Konfliktfall. Auch Thomas weist in Bezug auf den 9/9-Stil auf diese besondere kommunikative Herausforderung hin, im Konflikt die Lösung des Problems nicht im Disput von Positionen zu suchen, sondern sich auf die eigentlichen Interessen der Gegner zu konzentrieren.

Führung (ab S. 248)

Nach Thomas Forschungen verwenden Führungskräfte, je nach Hierarchie, zwischen 18%-26% ihrer Zeit auf die Beschäftigung mit Konflikten im Unternehmensalltag. Ein konstruktiver Umgang, der sich beispielsweise in der adäquaten Anwendung von Thomas' aufgezeigten Konfliktstilen ablesen ließe, wäre demnach wünschenswert und lieferte sicherlich auch quantifizierbare Ergebnisse für den Unternehmenserfolg.

Weiterführende Literatur

- JÄGER, R. (2004) Kompetent führen in Zeiten des Wandels. Führungsinstrumente für die tägliche Praxis. Weinheim: Beltz.
- THOMAS, K. W. (1976). Conflict and Conflict Management. In: Dunette, M.D. (Hrsg.). Handbook of industrial and organizational psychology. Chicago: Rand Mc Nally College Publishing Company.
- THOMAS, K. W. (1992). Conflict and Negotiation Processes in Organizations. In: Dunette, M.D. (Hrsg.). Handbook of industrial and organizational psychology. Vol 3, 2. Auflage. Palo Alto: Consulting Psychologists Press.
- THOMAS, K. W. (2002). Introduction to Conflict Management: Improving Performance Using the TKI. Palo Alto: Consulting Psychologists Press.
- THOMAS, K. W. (ohne Jahresangabe). Making Conflict Management a Strategic Advantage. White Paper Conflict. Edmonton: Psychometrics. Im Internet als PDF-Dokument unter http://www.psychometrics.com/downloads/pdf/conflictwhitepaper_psychometrics.pdf
- WOTTAWA, H.; GLUMINSKI, I. (1995). Psychologische Theorien für Unternehmen. Göttingen: Verlag für angewandte Psychologie.
- WÜBBELMANN, R. (2001). Management Audit. Unternehmenskontext, Teams und Managerleistung systematisch analysieren. Wiesbaden: Gabler.

Harvard-Konzept

Ziel

Das „Harvard-Konzept" bietet eine universal einsetzbare Verhandlungsmethode, die auf unterschiedliche Konfliktarten Anwendung finden kann. Die Teilnehmer reflektieren die eigene Gesprächsführung im Konflikt und erweitern ihren methodischen Handlungsspielraum. Darüber hinaus bietet das „Harvard-Konzept" die Möglichkeit, sich mit Einzelaspekten des Konfliktgeschehens auseinander zu setzen.

Kontext

- Verhandlungsführung
- Gesprächsführung
- Führung
- Stress
- Change-Management
- Selbststeuerung
- Mediation

Theorie

Das „Harvard-Konzept" beschreibt eine universal einsetzbare Verhandlungsmethode, die der Maxime folgt, freundschaftlich zu Einigungen zu gelangen, ohne dabei zu unterliegen. Entwickelt wurde die Methode im Harvard Negotiation Project, einem interdisziplinären Forschungsprojekt der Harvard University. Das Projekt startete 1979 und hatte zum Ziel, eine Antwort auf die Frage zu finden, wie Menschen am besten mit ihren Differenzen umgehen können. Anders ausgedrückt: Wie kann man ein Übereinkommen in einer Verhandlung finden, ohne sich zu zerstreiten?

Am Projekt waren Wissenschaftler aus so unterschiedlichen Fachrichtungen wie Rechtswissenschaften und Anthropologie beteiligt. Eines der berühmtesten Ergebnisse aus dem Projekt ist die Veröffentlichung des „Harvard-Konzepts" 1981, im englischen Original

„Getting to Yes". Bereits 1983 wurde es in zehn Sprachen veröffentlicht. Das Konzept basiert auf Befragungen von Praktikern, akademischen Lehrern und Studenten. Die Ergebnisse der Befragungen und Tiefeninterviews wurden nicht zu einer Theorie oder einem Modell, sondern zu einem Vorschlag für praktisches Vorgehen in einer Verhandlung zusammengefasst. Die drei US-amerikanischen Autoren des Konzeptes Roger Fisher, William Ury und Bruce Patton definieren dabei „Verhandlung" folgendermaßen: *„Es ist wechselseitige Kommunikation mit dem Ziel, eine Übereinkunft zu erreichen, wenn man mit der anderen Seite sowohl gemeinsame als auch gegensätzliche Interessen hat."*

Bei ihrem Vorgehen ließen sich die Forscher von drei Kernfragen leiten, die den Vergleich und die Bewertung verschiedener Verhandlungsarten ermöglichten:

- Inwiefern bringt die Methode eine vernünftige Übereinkunft zu Stande?
- Wie effizient ist die Methode?
- Inwiefern steuert die Methode zu einem verbesserten Verhältnis der beteiligten Parteien bei oder zerstört dieses zumindest nicht?

Das Besondere an dem Konzept besteht darin, eine Alternative zu den Taktiken „Angriff" oder „Rückzug" zu bieten. In diesem Zusammenhang sprechen Fisher, Ury und Patton von „harter" und „weicher" Verhandlungsart, wobei das „Harvard-Konzept" eine Alternative bieten will, den so genannten „dritten Weg" des sachgerechten Verhandelns[11].

Weiche Verhandlung

„Derjenige, der weich verhandelt, will persönliche Konflikte vermeiden und macht daher eher Zugeständnisse, um so eine Übereinkunft zu erzielen: Er sucht nach einer friedlichen Lösung. Oft endet das allerdings mit dem bitteren Gefühl, dass er ausgenutzt wird[12]."

Harte Verhandlung

„Der hart Verhandelnde betrachtet jede Situation als Willenskampf, in dem die Seite besser fährt, die die extremere Position einnimmt

---

[11] Im engl. Original sprechen die Autoren von „principled negotiation" oder „negotiation on the merits"

[12] Fisher/Ury/Patton (2000)

und die länger durchhält. Er will gewinnen. Doch das endet oft damit, dass er eine ebenso harte Antwort bekommt, dass seine Mittel sich erschöpfen und seine Beziehungen zur anderen Seite in Mitleidenschaft gezogen werden[13].“

Der dritte Weg

„Es gibt einen dritten Weg beim Verhandeln, den man weder als hart noch als weich bezeichnen kann, sondern eher als hart und weich. Die Methode [...] besteht darin, in Streitfragen lieber nach der Bedeutung und nach ihrem Sachgehalt zu entscheiden als in einem Prozess des Feilschens um das, was jede Seite unbedingt zu wollen oder nicht zu wollen behauptet. Dabei muss man so weit wie möglich auf gegenseitigen Nutzen hinarbeiten und dort, wo Interessen einander widersprechen, darauf bestehen, dass das Ergebnis auf Prinzipien beruht, die fair und vom beiderseitigen Willen unabhängig sind. Die Methode des sachbezogenen Verhandelns ist hart in der Sache, aber weich gegenüber den Menschen. Sie benutzt keine Tricks und kein Imponiergehabe[14].“

Bemerkenswert ist, dass die Methode universal anwendbar ist, unabhängig davon, wie viele Parteien beteiligt sind, ob es mehrere Streitpunkte gibt oder ein bestimmtes Ritual, wie beim Feilschen, eingehalten werden soll.

Verhandeln spielt sich auf zwei Ebenen ab. Einerseits bezieht es sich auf die Substanz, den Verhandlungsgegenstand. Auf der anderen Ebene rückt der Prozess des Umgangs mit dieser Substanz in den Brennpunkt des Verhandelns, die Verfahrensweise. Man kann zum Beispiel das Gehalt, die Miete, den Kaufpreis eines Produktes oder einer Dienstleistung verhandeln. Auf der Meta-Ebene kann man aber auch das „Wie“ verhandeln: etwa, nach welchen Kriterien man den Mietpreis (Mietspiegel der Stadt), den Kaufpreis (Listen wie „Schwacke“ bei gebrauchten Automobilen) oder das Gehalt (nach Tarif, nach Zielvereinbarung, nach Vergleichswerten der Branche) abstimmen will. Schritte auf der Meta-Ebene „Verfahrensweise“ können die Spielregeln einer Verhandlung verändern und so auch zu völlig neuen Lösungen führen. An dieser Stelle setzen die methodischen Ideen des sachgerechten Verhandelns an.

---

13 Fisher/Ury/Patton (2000)

14 Fisher/Ury/Patton (2000)

Die drei Verhandlungsmethoden im Vergleich

nach Fisher/Ury/Patton (2000)

Weich	**Hart**	**Sachgerecht**
Die Teilnehmer an der Verhandlung sind Freunde	Die Teilnehmer an der Verhandlung sind Gegner	Die Teilnehmer sind Problemlöser
Ziel: Übereinkunft mit der Gegenseite	Ziel: Sieg über die Gegenseite	Ziel: vernünftiges, effizient und gütlich erreichtes Ergebnis
Konzessionen werden zur Verbesserung der Beziehungen gemacht	Konzessionen werden als Voraussetzung der Beziehungen gefordert	Menschen und Probleme werden getrennt voneinander behandelt
Weiche Einstellung zu Menschen und Problemen	Harte Einstellung zu Menschen und Problemen	Weiche Einstellung zu Menschen, harte zu Problemen
Vertrauen zu den anderen	Misstrauen gegenüber den anderen	Unabhängig von Vertrauen oder Misstrauen vorgehen
Bereitwillige Änderung der eigenen Positionen	Beharren auf eigenen Positionen	Konzentration auf Interessen, nicht auf Positionen
Angebote werden unterbreitet	Drohungen werden ausgesprochen	Interessen werden erkundet
Die Verhandlungslinie wird offen gelegt	Die Verhandlungslinie bleibt verdeckt	Verhandlungslinien werden vermieden
Einseitige Zugeständnisse werden um der Übereinkunft willen in Kauf genommen	Einseitige Vorteile werden als Preis für die Übereinkunft gefordert	Es werden Möglichkeiten für einen gegenseitigen Nutzen gesucht
Suche nach der einzigen Antwort, die die anderen akzeptieren	Suche nach der einzigen Antwort, die ich akzeptiere	1. Unterschiedliche Wahlmöglichkeiten suchen 2. Entscheidungen treffen
Bestehen auf einer Übereinkunft	Bestehen auf der eigenen Position	Bestehen auf objektiven Kriterien
Willenskämpfe werden vermieden	Willenskämpfe müssen gewonnen werden	Ergebnis unabhängig vom jeweiligen Willen finden
Starkem Druck wird nachgegeben	Starker Druck wird ausgeübt	Vernunft anwenden und gegenüber der Vernunft offen sein; nur sachlichen Argumenten nachgeben und nicht dem Druck anderer

Aus den Annahmen über die Verhandlungsstrategie des „dritten Wegs“ haben Fischer, Ury und Patton vier methodische Grundaspekte des sachgerechten Verhandelns abgeleitet, die die konkrete Umsetzung ihrer Ergebnisse in den Alltag ermöglichen.

1. Menschen und Probleme getrennt voneinander behandeln

Dieser Aspekt bezieht sich darauf, dass Menschen emotionale Wesen sind, die Beziehungen eingehen. Im Konfliktfall kann es leicht dazu kommen, dass die Beteiligten ihre Emotionen mit der objektiven Sachlage des Problems verweben. Werden in der Verhandlung noch feste Positionen eingenommen, verschlimmert sich die Lage, denn das Ich des Einzelnen identifiziert sich mit den Positionen. Vor jeder Erörterung des Sachproblems sollte daher die menschliche Situation Klärung finden bzw. abgelöst und getrennt behandelt werden. Bildlich gesprochen sollten sich die Partner Seite an Seite sehen, wie sie gemeinsam das Problem angehen – und nicht, wie sie aufeinander losgehen.

Negativbeispiel: Während einer kritischen Verhandlung über die Budgetüberschreitung in einem Projekt beginnt Herr Schulz seinen Kollegen, Herrn Etter, persönlich anzugehen, indem er ihm generelle Unfähigkeit und Überforderung auf Grund mangelnden Fachwissens und persönlichen Engagements vorwirft.

2. Auf Interessen konzentrieren, nicht auf Positionen

Dieser Aspekt soll helfen, mögliche Beeinträchtigungen des Verhandlungsverlaufes durch das Beharren auf der eigenen Position auszuschalten. So können die hinter den Positionen liegenden Interessen der Beteiligten besser Einfluss und Berücksichtigung finden, denn ein Kompromiss zwischen zwei Positionen berücksichtigt wahrscheinlich nicht die eigentlichen Bedürfnisse der Parteien, die zu eben diesen Positionen geführt haben.

Negativbeispiel: Der Projektleiter Kulle steht schon lange auf dem Standpunkt, dass Budgetüberschreitungen für die Projektmitarbeiter negative Konsequenzen haben sollten. Daher ordnet er eine Kürzung des Jahresbonus für alle Projektmitarbeiter an. Kulles Position: *„Sorgloser Umgang mit der Budgetverantwortung muss geahndet werden.“* Kulles Interesse: *„Wir stärken das verantwortliche Handeln und Mitdenken der Projektmitarbeiter.“* (Dieses Interesse erreicht er aber nicht unbedingt mit der Kürzung des Jahresbonus, sondern startet möglicherweise eher eine große Hetze nach dem „wahren Schuldigen" im Projektteam.)

3. Entscheidungsmöglichkeiten zum beiderseitigen Vorteil entwickeln

Der dritte Punkt zielt darauf ab, optimale Lösungen selbst unter starkem Verhandlungsdruck zu erzielen. Fisher, Ury und Patton empfehlen hierzu, sich bereits vor dem Versuch, ein Übereinkommen abzuschließen, nach Möglichkeiten für gegenseitigen Nutzen zu suchen, denn die Suche nach der einen richtigen Lösung behindert oftmals die Kreativität der Parteien. So können sich beispielsweise die Gegner für einen vereinbarten Zeitraum zurückziehen und so in Ruhe über alternative Lösungen nachdenken, die die unterschiedlichen Anliegen aller Beteiligten berücksichtigen.

Negativbeispiel: In einer sich zuspitzenden Verhandlungssituation erklärt ein Verhandlungspartner nun das Ende der finanziellen „Fahnenstange" erreicht zu haben. Man müsse seinen Kaufpreis so akzeptieren oder er müsse die Verhandlung an dieser Stelle abbrechen.

4. Neutrale Beurteilungskriterien anwenden

Wo Interessen einander unmittelbar widersprechen, erreicht womöglich ein Verhandlungspartner sein Ziel durch bloße Sturheit. Seine Unzugänglichkeit wird belohnt und so können willkürliche Ergebnisse entstehen, die voraussichtlich nicht von Bestand sein werden, da sich die andere Seite übervorteilt sieht. Sie wird vielleicht in der Realisierung des Vertrages oder zu einem späteren Zeitpunkt ebenfalls auf stur stellen und sich auch „wenigstens einmal" durchsetzen wollen. Um diesem Effekt zu entgehen, schlagen Fisher, Ury und Patton eine Konzentration auf das Finden neutraler Beurteilungskriterien vor. So ist sichergestellt, dass die Lösung von fairen Maßstäben bestimmt wird, etwa durch den Marktwert, eine Expertenmeinung, durch Sitten oder Rechtsnormen. Eine Diskussion dieser Kriterien anstatt der Wünsche der Parteien hat keine Nachteile für den Einzelnen, am Ende muss keiner nachgeben: Einer fairen Lösung können sich beide unterwerfen.

Negativbeispiel: Ein Erbe möchte das elterliche Unternehmen weiterführen und seine Geschwister auszahlen. Da er nicht über viel Bargeld verfügt, nennt er einen geringen Auszahlungsbetrag, denn mehr sei nicht drin, die Geschwister sollten froh sein, dass er sich bereit erkläre, das Unternehmen überhaupt weiterzuführen. Eine gutachterliche Bewertung des Maschinenparks und der Immobilien lehnt er ab.

Das zuletzt genannte Negativbeispiel führt uns zu einem entscheidenden Punkt des „Harvard-Konzepts", den Teilnehmer häufig nachfragen: Was aber passiert, wenn die Gegenseite unfaire Mittel einsetzt und sozusagen nicht nach den Methoden des Konzeptes mitspielt? Auch auf diese Frage haben die drei Autoren eine Antwort gefunden. Sie schlagen in diesem Fall die Anwendung des so genannten „Verhandlungs-Judos" vor, bei der die Gegenseite zu Kritik und Ratschlägen gegenüber den eigenen Vorstellungen eingeladen wird.

Beispiele:

- „Korrigieren Sie mich, wenn etwas falsch ist. Wir erkennen durchaus an, was Sie für uns getan haben. Alles, was wir wollen, ist Fairness."
- „Kann ich Ihnen einige Fragen über die mir zugänglichen Fakten stellen?"
- „Auf Grund welcher Kriterien haben Sie das gemacht?"
- „Ich möchte Sie auf Schwierigkeiten hinweisen, die für mich entstehen, wenn ich Ihrem Gedankengang folge. Eine faire Lösung wäre ..."
- „Was geschieht, wenn wir uns einigen?"
- „Was geschieht, wenn wir uns nicht einigen?"

Die folgende Abbildung visualisiert die Veränderung, die eine Verhandlung über den dritten Weg herbeiführen kann, gerade in schwierigen, von Macht geprägten Ausgangslagen.

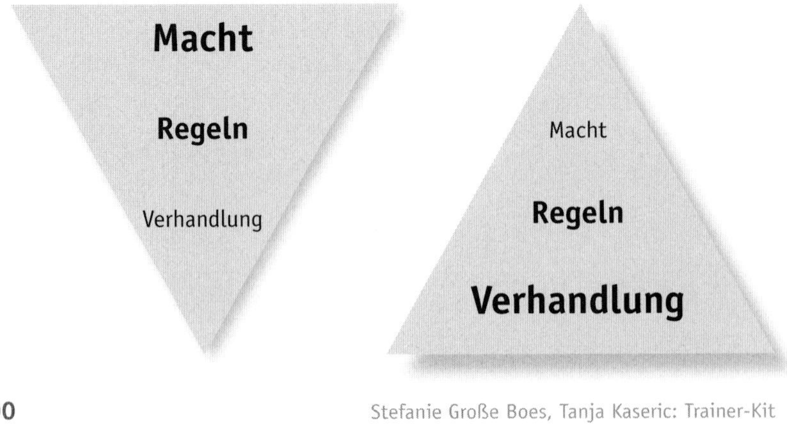

Ein Abrücken von Machtpositionen vergrößert den Verhandlungsspielraum

Einführung

Anwendung

„Camp David" (Präsentation durch den Trainer mit anschließendem Lehrgespräch)

Visualisieren Sie am Flip-Chart, auf Folie oder Beamer den Verlauf der israelisch-ägyptischen Friedensverhandlungen von Camp David 1978 in den vier Schritten „Vorgeschichte", „Positionen", „Interessen" und „Verhandlungsergebnis". Vom 6. bis 17. September 1978 verhandelten auf dem Landsitz des amerikanischen Präsidenten der ägyptische Präsident Anwar el-Sadat und der israelische Premierminister Menachim Begin unter der Moderation Jimmy Carters. Am positiven Verlauf der Friedensverhandlungen lassen sich die Ideen des „dritten Wegs" besonders gut veranschaulichen.

▶ **Vorgeschichte**

Die Sinai-Halbinsel liegt zwischen ägyptischem und israelischem Territorium und unterlag bis zum Sechstagekrieg zwischen Israel und Ägypten im Jahre 1967 der Hoheit Ägyptens. In diesem Krieg hat Israel den Sinai besetzt und in seine Gewalt gebracht.

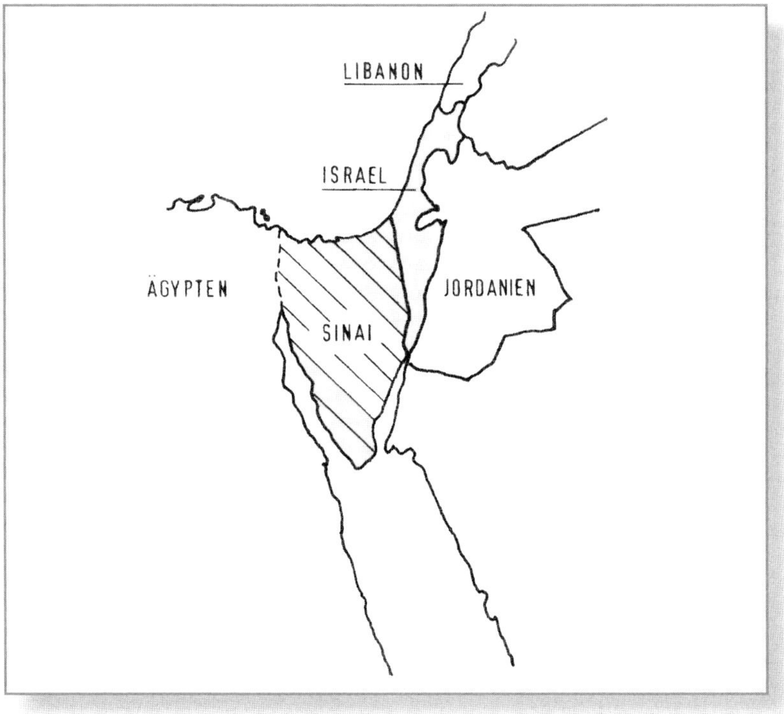

Die geografische Lage des Sinai

▶ **Die Positionen der Beteiligten**
- Israel besteht darauf, Teile des Sinai zu behalten.
- Ägypten hält daran fest, dass der gesamte Sinai unter ägyptische Souveränität zurückzustellen sei.

Wären nur die Positionen der beiden Staaten verhandelt worden, wäre es in Camp David zu keiner für beide Parteien vorteilhaften Einigung gekommen, denn die Positionen schließen einander aus. Der Gastgeber der Verhandlungen, der damalige US-Präsident Jimmy Carter, erweiterte glücklicherweise die Gespräche um die Aspekte der eigentlichen Interessen beider Parteien, die sie mit ihren Positionen verfolgten. Dabei ergab sich ein erweitertes Bild, das sehr wohl Verhandlungsmöglichkeiten eröffnete, ganz wie das sachgerechte Verhandeln es verspricht.

▶ **Die Interessen der Beteiligten**
- Der Staat Israel hat auf Grund seiner besonderen Gründungsgeschichte ein gesteigertes Bedürfnis nach Sicherheit und will vor allem keine militärische Präsenz Ägyptens auf der Sinai-Halbinsel. Es sollen keine jederzeit einsatzbereiten ägyptischen Panzer an der ägyptisch-israelischen Grenze stehen.
- Ägypten ist zu diesem Zeitpunkt erst seit kurzem souveräner Staat nach einer langen Reihe von „Besatzern" wie den Griechen, Römern, Türken, Engländern und Franzosen. Im Mittelpunkt des ägyptischen Interesses steht also die Erlangung der vollen Souveränität über das eigene Territorium.

▶ **Das Verhandlungsergebnis**
- Die Sinai-Halbinsel wurde vollständig der ägyptischen Souveränität unterstellt (Interessen Ägyptens).
- Die Sinai-Halbinsel wurde weiträumig entmilitarisiert (Interessen Israels).

„Methodische Grundaspekte im Alltag" (Kleingruppenarbeit mit anschl. Diskussion im Plenum)

Nachdem Sie die wesentlichen Ideen sowie die methodischen Grundaspekte des „Harvard-Konzepts" vorgestellt haben, finden sich die Teilnehmer in vier Kleingruppen zusammen, von denen jede einen methodischen Grundaspekt des „Harvard-Konzepts" bearbeitet. Ziel der Aufgabe ist es, Beispiele für ein dem jeweiligen Grundaspekt entsprechendes Verhalten für den eigenen Arbeitsalltag zu finden.

Lösungsmöglichkeiten zu Grundaspekt 1 („Menschen und Positionen getrennt voneinander behandeln") können wie folgt aussehen:
„In einer emotional belasteten Situation während einer Verhandlung ...

- biete ich meinem „Gegner" eine Tasse Kaffee an,
- halte freundlich Small Talk,
- bleibe in meiner Mimik freundlich und offen,

... um zu signalisieren, dass wir zwar ein sachliches Problem diskutieren, unsere menschliche Beziehung aber „sicher" ist."

Die Kleingruppen stellen ihre Ergebnisse im Plenum je nach Seminarkontext und Offenheit in schriftlicher Form am Flip-Chart oder in gespielter Form (kurze Rollenspiele) vor.

Sie können weitere erkenntnisleitende Fragen ans Plenum anschließen:

- „Welcher Aspekt ist nach Ihrer Erfahrung besonders einfach in der Umsetzung?"
- „Welcher besonders schwierig?"
- „Wer oder was könnte bei der Umsetzung helfen?"
- „Was könnte man zuallererst umsetzen?"
- „Von welchem Vorschlag erwarten Sie den größten Effekt bei der Umsetzung in einer schwierigen Verhandlung?"

Vertiefende Übung

„Methodenzirkel" (Kleingruppenarbeit)

Besonders lohnenswert ist eine vertiefte Auseinandersetzung mit dem ersten Grundaspekt des „Harvard-Konzepts". Der Aspekt „Menschen und Positionen getrennt voneinander behandeln" bedeutet, wie auch schon Glasls Modell der „Konfliktdynamik" (s. Seite 67) herleitet, eine besondere Herausforderung in Konfliktsituationen. In der Übung „Methodenzirkel" können die Teilnehmer ihre Fähigkeit des aktiven Zuhörens und des Auseinanderhaltens verschiedener Bedeutungsebenen in der Kommunikation einüben. Hierzu finden sich die Teilnehmer jeweils in Vierergruppen zusammen.

Innerhalb der Vierergruppe übernimmt jeder Teilnehmer einmal jede Rolle bzw. Aufgabe:

- **Person A**: erzählt eine (kurze) Konfliktsituation, an der sie selber beteiligt war.
- **Person B**: hört aktiv zu und gibt in eigenen Worten, nachdem A endet, die Geschichte auf der Ebene der Sachlage wieder.
- **Person C**: hört aktiv zu und gibt, nachdem A endet, wieder, welche Emotionen ihrer Wahrnehmung nach in der Geschichte von Person A vorkamen.
- **Person D**: hört aktiv zu und gibt, nachdem A endet, wieder, welche Interessen ihrer Wahrnehmung nach in der Geschichte von Person A vorkamen.

Die Gruppen rotieren, bis jeder Teilnehmer die Rollen A-D durchlaufen hat. Sie sollten zu Beginn der Übung darauf hinweisen, dass der Sinn der Übung nicht in der Auseinandersetzung mit der individuellen Konfliktgeschichte, sondern in der Einübung des aktiven Zuhörens, vor allem nach der Unterteilung in die Ebenen Sachlage, Emotionen und Interessen liegt.

Zur Auswertung im Plenum können Sie noch einige Fragen ergänzen:

- „Welche Erfahrungen haben Sie gerade in der Übung gemacht?"
- „Wie leicht bzw. schwer ist Ihnen die Übung gefallen?"
- „Was genau ist Ihnen in der Übung besonders aufgefallen?"
- „Welche Tipps können Sie aus dieser Übung für Ihren alltäglichen Umgang mit Konflikten ableiten?"

„Verhandlungssimulationen in verschiedenen Schwierigkeitsgraden" (Kleingruppenarbeit oder Plenum)

Die Sloan Management School am Massachusetts Institute of Technology bietet in ihrem offenen Kursangebot „Open Course Ware" kostenlos hervorragende Rollenspiele mit offiziellen und geheimen Rollenvorgaben sowie Trainerinstruktionen an. Sie finden hier Übungen von einfachen Verhandlungen mit zwei Beteiligten bis zu komplexen Verhandlungen mit mehr als drei Beteiligten und verdeckten Rollenanweisungen. Die Quelle lautet http://ocw.mit.edu/OcwWeb/Sloan-School-of-Management/15-667Spring2001/LectureNotes/index.html.

Die Rollenspiele sollten in der Form vorgenommen werden, dass einige Teilnehmer die Verhandlungen „spielen", aber auch immer Teilnehmer in der Beobachterrolle aktiv am Geschehen beteiligt sind. So können die Auswertungen am Ende der Verhandlungsübungen durch das Feedback der Beobachter perspektivisch erweitert und ergänzt werden. Die Aufgabe der Beobachter kann je nach Trainingskontext variiert werden.

Verhandlungssimulationen, Variante 1

Die Beobachter erhalten die Aufgabe, sich während der Fallsimulation auf die Einhaltung der vier methodischen Grundaspekte des „Harvard-Konzepts" zu beziehen, hierbei ist eine Zuordnung der Grundaspekte auf einzelne Beobachter sinnvoll, um den einzelnen nicht zu überfordern.

Mögliche Auswertungsfragen sind:

- „Inwiefern wurden die Grundaspekte in der Verhandlung eingesetzt?"
- „Woran genau konnten Sie sie erkennen (Zitate)?"
- „Welche Effekte auf den Verhandlungsprozess haben Sie beim Einsatz der Grundaspekte erkennen können?"
- „Welche waren besonders deutlich? Welche Erklärung haben Sie für diese Beobachtung?"
- „Welche Ableitungen nehmen Sie für Ihr Verhalten in der Verhandlung mit in Ihren Alltag?"
- „Was können Sie sofort umsetzen?"

Verhandlungssimulationen, Variante 2

Gleich der perspektivischen Trennung der Kommunikationsebenen in der Übung „Methodenzirkel" erhalten die Beobachter für die Verhandlungssimulation die Aufgabe, den Gesprächsverlauf nach der Beteiligung der drei Ebenen Sachlage, involvierte Emotionen und beteiligte Interessen zu untersuchen. Im Idealfall konzentrieren sich drei Beobachter auf jeweils eine vorher festgelegte Ebene.

Mögliche Auswertungsfragen an die Beobachter und das Plenum können dann lauten:

- „Welche Ebene hatte in Ihrer Wahrnehmung den größten Einfluss auf das Verhandlungsgeschehen?"

- „Woran genau können Sie Ihre Beobachtung festmachen?"
- „Wie lautet Ihr Verbesserungsvorschlag/Ihre Ableitung aus dem gerade erlebten Verhandlungsverlauf?"
- „Worauf gilt es, besonders zu achten?"

Technische Hinweise

- „Methodenzirkel": keine.
- „Verhandlungssimulationen in verschiedenen Schwierigkeitsgraden": Karten mit der Darstellung der vier methodischen Grundaspekte des „Harvard-Konzepts" für die Beobachter (Variante 1), Karten mit der Darstellung der drei Bedeutungsebenen für die Beobachter (Variante 2) sowie Rollenbeschreibungen für die Protagonisten.

Kommentar

Eine besondere Schwierigkeit scheint für einige Teilnehmer in der Begrifflichkeit „Harvard-Konzept" zu liegen. Nach unserer Erfahrung spiegelt sich hier im Seminarkontext (auch internationaler Konzerne) von Teilnehmerseite eine negative Haltung gegenüber amerikanischen Managementmethoden wider, die dann relativ unreflektiert auf die Verhandlungsmethode übertragen wird und auf diese Weise schnell zu einer insgesamt ablehnenden Haltung führt. Wir sind daher dazu übergegangen, die Methode als „Sachgerechtes Verhandeln" einzuführen.

Das Konzept ist äußerst komplex und bietet und fordert Anregungen auf vielerlei Ebenen der Kommunikation und des Konfliktmanagements. Daher gibt es mittlerweile auch Seminare, die sich mit dem gesamten Komplex über mehrere Tage auseinander setzen. Das „Project on Negotiation" der Harvard University bietet ausführliche Trainerausbildungen an. Wir wollen also nicht so vermessen sein, zu erwarten, das Modell in Gänze mit Teilnehmern innerhalb eines Konflikt- oder Kommunikationsseminars durcharbeiten zu können. Dennoch haben wir uns dazu entschieden, es Ihnen vorzustellen, da auch die Beschäftigung mit Einzelaspekten für Teilnehmer je nach Trainingskontext schon erkenntnisreich sein kann. So ist nach unserer Erfahrung insbesondere der Grundgedanke, sich nicht zuerst über den Verhandlungsgegenstand, sondern über das Vorgehen in der Verhandlung einig zu werden, von so übergeordneter

Bedeutung, dass er auch auf weitere Kommunikationsfelder übertragen werden kann (Beispiel: Meta-Kommunikation).

Querverweise

Eisbergmodell (S. 25)

Der zweite Grundaspekt des „Harvard-Konzepts", sich auf Interessen zu konzentrieren und nicht auf Positionen, enthält eine Verbindung zum „Eisbergmodell". Während sich die „Positionen" des „Harvard-Konzepts" im „Eisbergmodell" in den Aussagen „über der Wasseroberfläche" wiederfinden, sind die „Interessen" in der Regel „unter der Wasseroberfläche" zu finden. Bei der Auseinadersetzung mit dem zweiten Grundaspekt kann also das „Eisbergmodell" je nach Seminarziel erläuternd hinzugezogen werden.

Konfliktdynamik (S. 67)

Das Modell der „Konfliktdynamik" nach Glasl bietet entscheidende Hinweise zur Entstehung der psychologischen Mechanismen, die den ersten methodischen Grundaspekt des „Harvard-Konzepts" betreffen. Denn gerade der Aspekt, „Menschen und Positionen getrennt voneinander zu behandeln", gilt als besonders herausfordernd. Die „Konfliktdynamik" beschreibt im Detail, weshalb dieser Aspekt so schwierig in der Umsetzung ist, aber auch, weshalb er so notwendig zu beachten ist.

Konfliktstile (S. 87)

Das „Harvard-Konzept" greift die Gedanken des 9/9-Stils im Modell der „Konfliktstile" nach Thomas auf. Wenn Thomas auch von „Kooperation" spricht, findet sich hier das Ziel des Sachgerechten Verhandelns wieder, eine Win-win-Lösung herzustellen.

Weiterführende Literatur

- ALTMANN, G.; FIEBIGER, H.; MÜLLER, R. (2004). Mediation: Konfliktmanagement für moderne Unternehmen. Weinheim: Beltz.
- ERBACHER, C. (2005). Grundzüge der Verhandlungsführung. VdF Hochschulverlag.

- FISHER, R.; SHAPIRO, D. (2005). Beyond reason: using emotions as you negotiate. Viking Books.
- FISHER, R.; URY, W.; PATTON, B. (2000). Das Harvard-Konzept. Sachgerecht verhandeln – erfolgreich verhandeln. Limitierte Jubiläumsausgabe. Frankfurt: Campus.
- FISHER, R.; SHAPIRO, D.; CLAYTON, B. (Hrsg.) (2004). Negotiation: Interpersonal Approaches to Intergroup Conflict (New Directions for Youth Development). Jossey-Bass Inc. Publishers.
- PORTNER, D. (2000). Überzeugend diskutieren. Weinheim: Beltz.

Hintergrund

Zum Abschluss einige Hintergrundinformationen zu den wichtigsten Urhebern der Theorien

▶ Friedrich Glasl (1941)

Der in Wien geborene Friedrich Glasl erlernte zunächst den Beruf des Schriftsetzers und studierte später politische Wissenschaften. Glasl promovierte mit einer Arbeit zur internationalen Konfliktverhütung. 1983 habilitierte er sich über Organisationswissenschaften. Glasl ist Mitbegründer der Trigon-Entwicklungsberatung und lehrt Organisationsentwicklung an der Universität Salzburg. Mit seinen Arbeiten zum Thema Konfliktmanagement hat er Grundlagen von Bestand geschaffen. Seine Arbeiten wurzeln unter anderem in der anthroposophischen Anschauungswelt Rudolf Steiners.

▶ Kenneth W. Thomas (Geburtsdatum unbekannt)

Der zeitgenössische amerikanische Psychologe Kenneth W. Thomas ist Professor Emeritus der Graduate School of Business and Public Policy an der Naval Postgraduate School in Monterey, Kalifornien, einer universitären Einrichtung der US Navy. Seine Lehr- und Forschungsgebiete sind Organisation und Management. Thomas' aktuelle Forschungen sind nicht auf das Themenfeld Konflikt beschränkt; so arbeitet er aktuell an intrinsischer Motivation und an Wissensmanagement in Organisationen.

▶ Harvard Negotiation Project

Das Harvard Negotiation Project (HNP) wurde 1979 an der Harvard University in Boston ins Leben gerufen. Aus ihm entstand 1984 das Program on Negatiotian (PON), an dem neben der Harvard University auch Forscher und Praktiker des Massachusetts Institute of Technology und der Tufts University beteiligt sind. Das Harvard Negotiation Project ist ein interdisziplinäres Forschungsprojekt, das darauf ausgelegt ist, verbesserte Methoden des Verhandelns und Vermittelns zu entwickeln. Die Arbeit konzentriert sich auf die vier

Felder Theoriebildung, Lehre und Training, echte Interventionen und Lernmaterial für Praktiker.

Die weltweit bekannteste Veröffentlichung des Projektes ist das „Harvard-Konzept", wobei die drei Autoren zunächst forschend am Harvard Negotiation Project beschäftigt waren:

- Roger Fisher (1925)

Der Amerikaner Fisher ist mittlerweile Professor Emeritus der Rechtswissenschaften an der Harvard Law School und war von 1980 bis 1992 Direktor des „Harvard Negotiation Project". Seine aktuelle Veröffentlichung befasst sich mit der Rolle von Emotionen im Verhandlungsprozess.

- William Ury (Geburtsdatum unbekannt)

William Ury, zeitgenössischer Amerikaner, promovierte in Harvard in Anthropologie und war unter anderem als Berater Jimmy Carters in Fragen der Friedensverhandlung tätig. Zusammen mit Roger Fisher war er stellvertretender Direktor des Harvard Negotiation Project. Ury leitet heute das Harvard Project on Preventing War.

- Bruce Patton (Geburtsdatum unbekannt)

Der dritte Autor des „Harvard-Konzepts", der zeitgenössische Amerikaner Bruce Patton, war als Jurist fünfzehn Jahre lang Dozent an der Harvard Law School und ist heute stellvertretender Leiter des Harvard Negotiation Projects. Darüber hinaus ist er Direktor von Conflict Management, Inc.

Aktuelle Forschungsergebnisse, Vortragsreihen und Weiterbildungsangebote des Harvard Negotiation Projects sowie des Program on Negotiation befinden sich unter http://www.pon.harvard.edu oder http://www.hno.harvard.edu.

Drei

Motivation

Die Modelle im Überblick:

In Zeiten hohen Effizienz- und Outputdrucks müssen immer weniger Mitarbeiter immer mehr leisten. Da scheint Motivation der Schlüssel zu noch mehr und zu noch schnelleren und besseren Ergebnissen zu sein. Das Wissen um Motivationsprozesse soll Führungskräfte befähigen, schwierige Situationen zu meistern. Motivierte Mitarbeiter stellen dabei die Grundlage der erfolgreichen Durchführung von Veränderungsprozessen wie der Einführung neuer Arbeitsabläufe dar.

Der Begriff Motivation leitet sich vom lateinischen Verb movere ab. Es bedeutet in Bewegung setzen. Wer motiviert, der will also sich oder andere in Bewegung bringen. Die Forschung gibt vielseitige und reizvolle Antworten auf die Fragen, welchen psychologischen Mechanismen und Prinzipien dieses „in Bewegung setzen" unterliegt.

„Motive" gelten in der Motivationsforschung als Beweggründe unseres Verhaltens. Die Psychologen Heinz-Dieter Schmalt, Kurt Sokolowski und Thomas Langens widmen sich in ihrer Forschung Motiven, wobei sie insbesondere Aufschluss über die für den Arbeitsalltag relevanten Motive Anschluss, Leistung und Macht geben.

Ist der erste Handlungsimpuls durch ein Motiv gesetzt, folgt zur Realisierung einer Handlung ein Motivationsprozess. Auf diesen konzentrieren sich die Psychologen Heinz Heckhausen und Peter Gollwitzer in ihrem *„Rubikon-Modell"*, indem sie den Prozess in vier Handlungsphasen unterteilen. Das Modell erklärt die Realisierung von Zielen, aber auch deren Hürden in Umsetzungsprozessen und kann so zum Beispiel Aufschluss über Projektverläufe und ihre verbesserte Steuerung geben.

In Bezug auf das „Rubikon-Modell" gibt die Theorie der *„Handlungskontrolle nach Kuhl"* vor allem Aufschluss über die zweite der vier Handlungsphasen. Julius Kuhl definiert hierbei sieben Prozesse, die die Umsetzung unserer Absichten besonders fördern oder aber auch behindern können. So können über die Auseinandersetzung mit den sieben Prozessen auf der individuellen Ebene alltagsnahe Ableitungen für eine realistischere Umsetzung von Zielen getroffen werden.

Abraham Maslow nähert sich der Motivation über die Befriedigung von Bedürfnissen, die er in einem Pyramidenmodell in hierarchischer Ordnung zueinander stehend begreift. Er unterscheidet die Ebenen der *„Bedürfnispyramide"* nach Wachstums- und Defizitmotiven, deren Befriedigung zu unterschiedlichen Zufriedenheiten führt.

Einen ähnlichen Ansatz nutzt auch Fredrick I. Herzberg in seinem *„Zwei-Faktoren-Modell"*, das allerdings anders als Maslow auf empirischen Studien beruht. Im Modell werden Hygienefaktoren und Motivatoren unterschieden, deren Befriedigung unterschiedliche Motivationen auslösen. Das „Zwei-Faktoren-Modell" gibt vor allem Führungskräften darüber Aufschluss, warum manche Motivationsversuche ganz besonders, andere hingegen nicht der Steigerung der Mitarbeitermotivation dienen.

Die Konzepte der *„extrinsischen und intrinsischen Motivation"* sind viel diskutierte Grundannahmen der Psychologie, die aber weiterer empirischer Überprüfungen bedürfen. Vor allem die intrinsische Motivation ist ein aktuelles Forschungsfeld der pädagogischen Psychologie, die den Versuch unternimmt, intrinsische Aspekte in Lernprozessen zu fördern. Wir haben die Konzepte in das Kapitel aufgenommen, da sie auch Führungskräften hilfreiche Impulse liefern können.

Das *„Flow-Konzept"* stellt die Erweiterung und Vertiefung der Annahmen der intrinsischen Motivation dar und wurde empirisch durch Mihaly Cziksczentmihalyi belegt. Es beschreibt ein bestimmtes Phänomen des Erlebens und der Produktivität während der Ausübung intrinsisch motivierter (Arbeits-)Prozesse und kann so vielfach zur Reflektion und Optimierung von Rahmenbedingungen der Arbeitswelt beitragen. Auch Führungskräfte erhalten in der Auseinandersetzung mit dem Konzept vielfältige Ideen zur Gestaltung des eigenen Arbeitstages wie auch der Mitarbeiter.

Zitate

Zum Einstieg, zur Diskussion oder zur Auflockerung

Ich will euch mein Erfolgsrezept verraten: Meine ganze Kraft ist nichts als Ausdauer. (Louis Pasteur)

Es ist besser, unvollkommene Entscheidungen durchzuführen, als beständig nach vollkommenen Entscheidungen zu suchen, die es niemals geben wird. (Charles de Gaulle)

Anfang: der wichtigste Teil der Arbeit. (Plato)

Es kommt für jeden der Augenblick der Wahl und der Entscheidung. (Oscar Wilde)

Verschiebe nichts auf morgen, was du auch übermorgen tun kannst. (Alphonse Allais)

Je mehr Vergnügen du an deiner Arbeit hast, umso besser wird sie bezahlt. (Mark Twain)

Eine Erfolgsformel kann ich dir nicht geben; aber ich kann dir sagen, was zum Misserfolg führt: der Versuch, jedem gerecht zu werden. (Herbert Bayard Swope)

Viele sind hartnäckig in Bezug auf den einmal eingeschlagenen Weg, wenige in Bezug auf das Ziel. (Friedrich Nietzsche)

Wer das erste Knopfloch verfehlt, kommt mit dem Zuknöpfen nicht zu Rande. (Johann Wolfgang von Goethe)

Jede Angst enthält auch einen Wunsch. (Sigmund Freud)

Nicht weil es schwer ist, wagen wir`s nicht, sondern weil wir`s nicht wagen, ist es schwer. (Seneca)

Wenn Du ein Schiff bauen willst, fang nicht an Holz zusammenzutragen, Bretter zu schneiden und Arbeit zu verteilen, sondern wecke in den Männern die Sehnsucht nach dem Meer.

(Antoine de Saint-Exupéry)

Menschen sind dann am glücklichsten, wenn sie das tun, was sie am besten können. Es ist, als hätte die Evolution eine Sicherheitsvorrichtung in unser Nervensystem eingebaut, die uns uneingeschränktes Glück nur dann erfahren lässt, wenn wir zu 100 Prozent leben, wenn wir also die uns mitgegebene physische und geistig-seelische Ausstattung voll und ganz nutzen. (Mihaly Csikszentmihalyi)

Motive

Ziel

„Motive“ sind die Beweggründe für unser Verhalten. Das Wissen über die Unterschiedlichkeit der „Motive“ von Individuen unterstützt Teilnehmer beim Perspektivwechsel. Die Teilnehmer lernen unterschiedliche Motivausprägungen kennen und können so eigene „Motive“ wie auch die anderer besser reflektieren und verstehen.

Kontext

- Motivation
- Selbststeuerung
- Zielsetzung
- Führung

Theorie

Warum haben Sie sich dieses Buch gekauft? Sicher fallen Ihnen viele Begründungen ein. Sind Sie auf der Suche nach neuen Impulsen für Ihre Trainings? Oder haben Sie gerne Nachschlagewerke im Schrank stehen, um sie im Bedarfsfall herauszuholen? Während bei der ersten Begründung wahrscheinlich eher Ihr Neugiermotiv aktiv ist, so ist die zweite Begründung eventuell auf Ihr Sicherheitsbedürfnis zurückzuführen.

Viele verschiedene Forscher haben sich schon mit dem Thema der Motivation befasst. Der amerikanische Psychologe Steven Reiss forscht zum Beispiel seit Mitte der 90er Jahre über die Motive menschlichen Verhaltens. Durch viele tausend Befragungen fand er 16 verschiedene Motive, die das menschliche Verhalten beeinflussen.

- **Macht:** Streben nach Erfolg, Leistung, Führung und Einfluss
- **Unabhängigkeit:** Streben nach Freiheit, Selbstgenügsamkeit und Autarkie
- **Neugier:** Streben nach Wissen, Wahrheit, Erkenntnis
- **Anschluss:** Streben nach sozialer Akzeptanz, nach Zugehörigkeit und positivem Selbstwert
- **Ordnung:** Streben nach Stabilität, Klarheit und guter Organisation
- **Sparen:** Streben nach Besitz und Anhäufung materieller Güter
- **Ehre:** Streben nach Loyalität und moralischer, charakterlicher Integrität
- **Idealismus:** Streben nach sozialer Gerechtigkeit und Fairness
- **Beziehungen:** Streben nach Freundschaft, Freude und Humor
- **Familie:** Streben nach Familienleben und besonders danach, eigene Kinder zu erziehen
- **Status:** Streben nach Prestige, nach Reichtum, Titeln und öffentlicher Aufmerksamkeit
- **Rache:** Streben nach Konkurrenz, Kampf, Aggressivität und Vergeltung
- **Eros:** Streben nach einem erotischen Leben, Sexualität und Schönheit
- **Essen:** Streben nach Nahrung
- **Körperliche Aktivität:** Streben nach Fitness und Bewegung
- **Ruhe:** Streben nach Entspannung und emotionaler Sicherheit

Je nach Forschergruppe und methodischer Herangehensweise ließen sich jetzt noch viele solcher Motivlisten anführen. Im Rahmen dieses Buches wollen wir uns jedoch auf die Auswahl von drei Motiven beschränken, die uns für das tägliche Arbeitsleben als besonders bedeutsam erscheinen – die Motive *Anschluss*, *Leistung* und *Macht*.

Dieses Motivtrio wurde von den Psychologen Heinz-Dieter Schmalt, Kurt Sokolowski und Thomas Langens an der Universität Wuppertal genauer untersucht. Sie entwickelten ein diagnostisches Instrument zur Motivmessung, das Multi-Motiv-Gitter (MMG). Das MMG kombiniert Aspekte des Thematic Apperception Tests (siehe auch Hintergrund: *Henry Murray*) mit Aspekten klassischer Fragebögen. Da dieses Diagnoseverfahren nur anwenden darf, wer eine psychologische Ausbildung nachweisen kann, vertiefen wir das Thema nicht weiter. Interessierte erhalten weitere Informationen unter *http://www2.uni-wuppertal.de/FB3/psychologie/allge2/forsch.html#mmg*.

„Motive" sind der Grund dafür, warum wir bestimmte Verhaltensmuster zeigen und uns nicht, je nach Umweltsituation, stets unterschiedlich verhalten. Sie ermöglichen uns, bestimmte Dinge bewusst wahrzunehmen, eine emotionale Erregung zu erleben und daraufhin in bestimmter Weise zu handeln. Wie stark der Drang zu einer Handlung ist, hängt von den vorhandenen Anreizen ab, also von den subjektiven Erwartungen einer Person, welche positiven oder negativen Konsequenzen eine Handlung nach sich ziehen wird. Dabei bedingen sich Motiv und Anreiz gegenseitig: Ein Anreiz kann nur wirken, wenn das entsprechende Motiv auch gut ausgeprägt ist. Auf der anderen Seite kommt ein stark ausgeprägtes Motiv erst dann zum Tragen, wenn die entsprechenden Anreize vorhanden sind.

Ein stark machtorientierter Mensch spricht demnach gut auf Situationen an, in denen er anderen überlegen sein kann. Sollte die Situation dies jedoch nicht hergeben, etwa weil ausgeprägte Teamarbeit gefordert ist, wird dieses Motiv in den Hintergrund rücken und andere Motive, wie das Anschlussmotiv an Bedeutung gewinnen. Andersherum wird jemand, der eher macht- als anschlussmotiviert ist, bewusst nach Gelegenheiten suchen, dieses Motiv ausleben zu können und nimmt damit solche Situationen, in denen das möglich ist, stärker wahr. Die Beispielperson wird sich daher vielleicht um den Teamleiterposten bemühen, da sie dort auch Teile des eigenen Machtmotivs ausleben kann. Wenn Motiv und entsprechender Anreiz zusammentreffen, entsteht ein Zustand des Handlungsdrangs, den man Motivation nennt.

„Motive" haben nach Kurt Lewin zudem immer zwei unabhängige Tendenzen: eine aufsuchende, die von der Hoffnung auf Zielerreichung getragen wird und eine meidende, die von der Furcht vor Zielverfehlung genährt wird. Für die drei ausgewählten Motive Anschluss, Leistung und Macht bedeuten die aufsuchenden Tendenzen: Hoffnung auf Anschluss, Hoffnung auf Erfolg und Hoffnung auf Kontrolle. Die meidenden Tendenzen äußern sich in Form von Furcht vor Zurückweisung, Furcht vor Misserfolg und Furcht vor Kontrollverlust.

Das Anschlussmotiv

Mit Anschluss sind soziale Interaktionen gemeint, die alltäglich und zugleich fundamental sind, nämlich mit bislang fremden oder wenig bekannten Menschen Kontakt aufzunehmen und den Umgang miteinander so zu gestalten, dass er für beide Seiten als zufriedenstellend und anregend erlebt wird. Dazu muss der Anschlusssuchende seinen Kontaktwunsch zu erkennen geben und ihn in den Augen der Anschlussperson auch attraktiv erscheinen lassen.

Das Leistungsmotiv

Der Begriff des Leistungsmotivs taucht zum ersten mal bei Henry Murray (1938) auf. In seinem ersten Ansatz nennt er sieben Aspekte, die das Leistungsmotiv charakterisieren: Die Tendenz:

1. etwas so schnell und gut wie möglich zu machen
2. physikalische Objekte, Menschen und Ideen zu beherrschen
3. Hindernisse zu überwinden
4. hohe Standards zu erreichen
5. sich selbst auszuzeichnen
6. mit anderen zu konkurrieren und sie zu überwinden versuchen
7. durch geschickten Einsatz eigener Begabungen den Eigennutz zu erhöhen

Der Psychologe Heinz Heckhausen definiert Leistungsmotivation als „das Bestreben, die eigene Tüchtigkeit in all jenen Tätigkeiten zu steigern oder möglichst hoch zu halten, in denen man einen Gütemaßstab für verbindlich hält und deren Ausführung deshalb gelingen oder misslingen kann." (Heckhausen, 1965, S. 604)

Das Machtmotiv

Die Definitionen von Macht und Machtmotivation sind sehr verschieden. Gemeinsam ist allen Definitionen jedoch, der Wunsch, Einfluss auch gegen den Widerstand einer anderen Partei auszuüben. Dadurch ergibt sich eine Gefällestruktur, die durch soziale Kompetenz, Zugang zu Ressourcen und Statusposition gekennzeichnet ist.

Die folgende Tabelle stellt die drei Motive noch einmal gegenüber und schildert die anregenden Bedingungen und Ziele, die sich aus der Motivation heraus ableiten lassen.

	Anschlussmotiv	Leistungsmotiv	Machtmotiv
Anregung	Situationen, in denen mit fremden oder wenig bekannten Personen Kontakt aufgenommen und interagiert werden kann.	Situationen, die einen Gütemaßstab zur Bewertung von Handlungsergebnissen besitzen.	Situationen, in denen andere Personen kontrolliert werden können.
Ziele	Die Herstellung einer wechselseitigen, positiven Beziehung. Zurückweisung vermeiden.	Erfolg bei der Auseinandersetzung mit dem Gütemaßstab. Misserfolg vermeiden	Das Erleben und Verhalten anderer kontrollieren oder beeinflussen. Kontrollverlust vermeiden.

Anregungsbedingungen und Ziele der Motive Anschluss, Leistung und Macht (nach Schmalt et al. 2000)

Anwendung

Einführung

Damit das Thema nicht zu theoretisch bleibt, empfiehlt sich eine einleitende Diskussion. In dieser sollte deutlich werden, dass es interessant ist, sich der eigenen Motivstruktur und der seiner Mitmenschen bewusst zu werden. Durch das Wissen um die eigenen Motive lassen sich alltägliche Reaktionen und Vorlieben besser einordnen. Auch der Umgang mit anderen Menschen wird durchschaubarer. Wenn man sich einmal die Mühe macht und über die Beweggründe seiner Mitmenschen nachdenkt, lässt sich das Zusammenleben oder -arbeiten besser gestalten.

Themen zur Diskussion:
- „Warum ist es überhaupt interessant, die eigenen Motive und die der Mitmenschen zu kennen?“
- „Welche Auswirkungen hat das auf die Selbsteinschätzung und den Umgang mit Mitmenschen?“
- „Wie kann man auch ohne aufwändige psychologische Tests einen ersten Eindruck von den Motiven anderer gewinnen?“

Vertiefende Übung

Nach einer ausführlichen Begriffsklärung der drei Motive *Anschluss, Leistung* und *Macht* kann man sie im Mitarbeiterseminar oder auch in Führungskräfteentwicklungen vielfältig einsetzen. Damit die Teilnehmer ein besseres Gefühl für die Auswirkungen der Motive auf Verhalten im Arbeitsalltag entwickeln, kann man die Motive in Rollenspiele einfügen, beispielsweise in Form von verdeckten Rollenanweisungen.

„Sherlock Holmes: Gesprächsübung mit Motiv"
(Zweier- oder Gruppenübung)

Als Ausgangssituation bieten sich Zweiergespräche wie ein klassisches Mitarbeitergespräch, aber auch Gruppendiskussionen an. Simuliert man beispielsweise eine Teamsitzung, erhalten die einzelnen Teammitglieder eine Rollenanweisung, ihre Gesprächsbeiträge auf dem Anschluss-, Leistungs- oder Machtmotiv aufzubauen.

- Verdeckte Rollenanweisung für Mitarbeiter X

„In der gleich folgenden Teamsitzung werden Sie die Rolle eines Mitarbeiters übernehmen. In der Teamsitzung geht es um ein aktuelles Projekt, welches zu scheitern droht. Sie warnen bereits seit einigen Wochen ihren Vorgesetzten, der hierauf aber bisher nicht reagiert hat. Zu Projektbeginn waren Sie davon ausgegangen, die Projektleitung angetragen zu bekommen. Man hat Sie aber – aus Ihrer Sicht – schlichtweg übergangen. Sie sind machtmotiviert und so folgt Ihre Argumentation während der Teamsitzung dem Machtmotiv."

- Verdeckte Rollenanweisung für Vorgesetzten Y

„In der gleich folgenden Teamsitzung werden Sie die Rolle des Vorgesetzten übernehmen. In der Teamsitzung geht es um ein aktuelles Projekt, welches zu scheitern droht. Sie leiten auch noch zwei weitere Projekte, so dass Sie in der Tat den Überblick über dieses Projekt verloren haben, was Sie zunächst nicht zugeben möchten. Sie sind anschlussmotiviert und so folgt Ihre Argumentation während der Teamsitzung dem Anschlussmotiv."

Im Anschluss an die Übung kann von den anderen geraten werden, wer auf Grund welchen Motivs handelte und argumentierte.

Schließen Sie erkenntnisleitende Fragen an:

- „An welchem Verhalten haben Sie ein bestimmtes Motiv erkannt?"
- „Welche konkrete Argumentation (Worte) nutzten die Rollenspieler?"
- „Wie erfolgreich war die Verhandlung?"
- „Wessen Motive fanden Gehör bei den Mitspielern?"
- „Welche Motive wurden überhört oder abgewiesen?"
- „In welchen Situationen haben Sie in Ihrem Alltag schon einmal Ähnliches erlebt?"
- „Welche konkreten Verbesserungsideen ergeben sich aus den von uns gerade diskutierten Aspekten
  a) für Diskussionsteilnehmer oder Mitarbeiter?
  b) für Moderatoren oder Führungskräfte?"

Technische Hinweise

- „Sherlock Holmes": Gesprächsübung mit Motiv": Karten mit verdeckten Rollenanweisungen für die Rollenspieler.

Kommentar

Das Machtmotiv wird von Teilnehmern häufig sehr negativ bewertet. Der Kontrollaspekt des Machtmotivs ist ihnen dabei ein besonderer Dorn im Auge. Dies gilt unserer Erfahrung nach sowohl für Mitarbeiter als auch für manche Führungskräfte. Dabei setzen die Teilnehmer oftmals Macht mit Manipulation gleich. Um diesen Widerständen zu begegnen, können Sie mit den Teilnehmern – vor allem mit Führungskräften – der Frage nachgehen, inwieweit Führungskräfte eine gewisse Machtorientierung mit sich bringen sollten und welche positiven Effekte eine solche Orientierung mit sich bringt.

Querverweise

Eisbergmodell (S. 25)

Motive befinden sich im „Eisbergmodell" unter der Wasseroberfläche. Zur Erweiterung des Modells können die drei Motive Anschluss, Leistung und Macht in Analyse-Sequenzen, in denen das „Eisbergmodell" etwa auf Konfliktgespräche angewendet wird, zusätzlich eingeflochten werden.

Handlungskontrolle nach Kuhl (S. 131)

Während der volitionalen Phase des „Rubikon-Modells“ (s. Seite 124) ist der Handelnde bemüht, störende Umstände auszublenden, um sich nicht von der Umsetzung seiner Motivation abhalten zu lassen. Wie gut und konsequent er das Ziel erreicht, ist wesentlich von der Umsetzung der verschiedenen Kontrollmechanismen abhängig.

Führung (ab S. 248)

Die Auseinandersetzung mit unterschiedlichen Motivstrukturen von Mitarbeitern kann Führungskräften neue Impulse für Zielvereinbarungsgespräche, aber auch allgemein für Mitarbeitergespräche liefern. Auch können Konflikte zwischen Mitarbeitern beziehungsweise zwischen Führungskräften und ihren Mitarbeitern so differenzierter betrachtet und sogar gelöst werden.

Weiterführende Literatur

- FUCHS, H.; HUBER, A. (2002). Die 16 Lebensmotive. Was uns wirklich antreibt. Mit persönlichem Motiv-Profil. München: dtv.
- HECKHAUSEN, H. (1965). Leistungsmotivation. In: Thornae, H. (Hrsg.). Handbuch der Psychologie. Band 11. Göttingen: Hogrefe.
- HECKHAUSEN, H. (1989). Motivation und Handeln. 2. Aufl. Berlin – Heidelberg: Springer.
- MURRAY, HENRY A. (1981). Endeavours in Psychology: Selections from the personology of Henry A. Murray. Harpercollins.
- MURRAY, HENRY A. (1938). Explorations in Personality. John Wiley & Sons Inc.
- REISS, Steven (2000). Who Am I? The 16 Basic Desires That Motivate Our Actions and Define Our Personalities. New York: The Berkeley Publishing Group.
- SCHMALT, H.-D.; SOKOLOWSKI, K.; LANGENS, T. (2000). Das Multi-Motiv-Gitter für Anschluss, Leistung und Macht (MMG). Manual. Frankfurt am Main: Swets Test Services.

Rubikon-Modell

Ziel

Das „Rubikon-Modell" beschreibt den gesamten Motivationsprozess sehr anschaulich. Aus den vier (weiter unten ausführlich dargestellten) Handlungsphasen lassen sich konkrete Strategien zur Motivationssteigerung und Willensbildung ableiten. Die Teilnehmer können eigene Prozesse der Willensbildung und Zielerreichung reflektieren; darüber hinaus bietet das Modell Hinweise zur Optimierung von Projektabläufen.

Kontext

- Motivation
- Selbststeuerung
- Zielsetzung
- Projektierung
- Teambildung

Theorie

Das „Rubikon-Modell" der Psychologen Heinz Heckhausen und Peter M. Gollwitzer von 1986 unterscheidet vier verschiedene Handlungsphasen. Es ist Bestandteil der Motivationstheorie und beschreibt den Ablauf von der Wunschregung bis zur Realisierung von Zielen. Der Name des Modells leitet sich aus folgender historischer Begebenheit ab: Als Gaius Julius Caesar im Jahre 49 v. Chr. den Fluss Rubikon überquerte, hatte er damit die Entscheidung getroffen, sich die verlorene Macht in Rom mit Gewalt zurückzuholen. Nach dem Überqueren des Flusses gab es für seine Legionen kein Zurück mehr. Sie mussten sich von hier an den Weg zurück nach Rom erkämpfen oder untergehen.

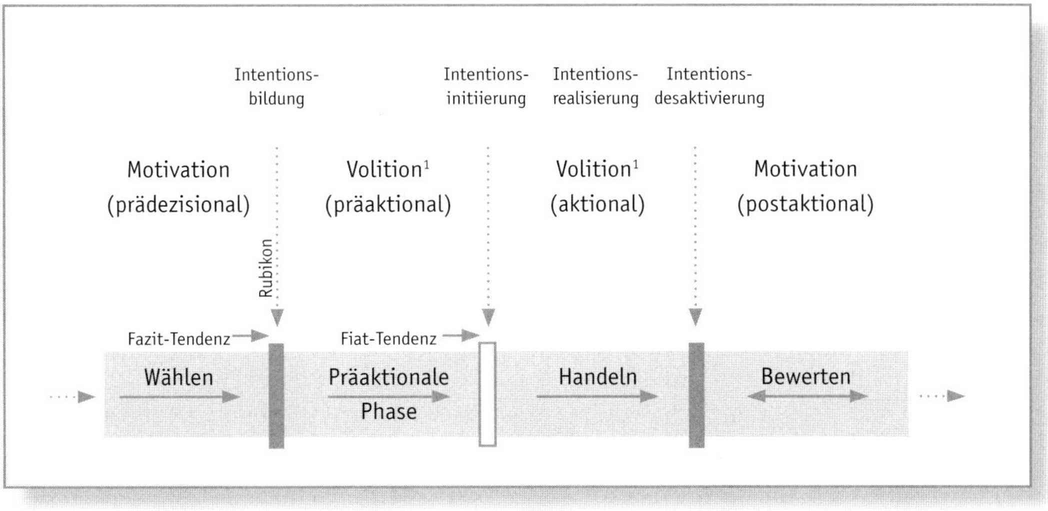

Das Rubikon-Modell

1. Prädezisionale Phase

In dieser ersten Phase bieten sich meist mehrere Handlungsalternativen, daher müssen wir wählen, welche uns den meisten Nutzen verspricht. Nach dem „Rubikon-Modell" unterliegt diese Phase des Wählens einer Fazit-Tendenz. Darunter versteht man das Streben, zu einem Abschluss des Abwägens zu kommen und eine Entscheidung zu treffen. Welche Alternative in dieser Phase gewählt wird, ist vor allem abhängig von den persönlichen Werten der Person und der Erwartung, mit dieser Alternative zum Erfolg zu kommen. Ist die Entscheidung für eine Handlungsalternative gefallen, dann ist nach Heckhausen der „Rubikon" überschritten.

2. Präaktionale Phase

Mit Überschreitung des Rubikons tritt man von der motivationalen Phase in die volitionale ein. Heckhausen charakterisiert diese beiden Zustände folgendermaßen:

- Die *motivationale Phase* ist realitätsorientiert. Die eigenen Handlungsmöglichkeiten sind hinsichtlich Zeit und Ressourcen beschränkt und werden daher so realistisch wie möglich auf ihre Umsetzbarkeit und Wünschbarkeit hin geprüft. Es werden möglichst viele Informationen gesammelt.

---

[1] Als „Volition" wird in der Psychologie der Prozess der Willensbildung bezeichnet.

- Die *volitionale Phase* ist realisierungsorientiert. Die Entscheidung ist gefallen, und Informationen werden entsprechend voreingenommen ausgewertet. In diesem Modus werden Handlungsschritte geplant und Vorsätze gefasst. Es erfolgt eine gedankliche Einstellung auf die Handlungsumsetzung.

In der zweiten Phase wird der Blick zurück auf die anderen Alternativen vermieden. Alle weiteren Anstrengungen richten sich auf die Umsetzung der geplanten Handlung. Die Wahrnehmung und Perspektive verengen sich zu einem so genannten „Tunnelblick", wobei sich der Drang zur Handlungsrealisierung verstärkt. Im Modell wird daher auch von einer „Fiat-Tendenz" gesprochen. Der Begriff Fiat („es geschehe") leitet sich von dem lateinischen Verb *fieri – werden, geschehen, gemacht werden* ab.

3. Aktionale Phase

In dieser Phase wird die Informationsverarbeitung noch sparsamer. Der Handelnde versucht, das gesetzte Ziel ohne Umwege zu erreichen. Während die Wahlphase eher durch persönliche Wertvorstellungen, also motivational geprägt war, geht der Betroffene nun in eine Willensphase über. Diese Phase zeichnet sich durch eine selektive Informationsaufnahme aus: Der Betroffene sucht aktiv nach Informationen oder nimmt förderliche Umstände, die ihm bei der Erreichung des Ziels nützlich sein können, intensiver wahr. Dagegen blendet er widersprüchliche oder nicht hilfreiche Informationen, Kognitionen oder Emotionen systematisch aus.

4. Postaktionale Phase

Nach Abschluss der Handlung folgt die postaktionale Phase. In dieser werden Erfolg oder Misserfolg und die gewählten Vorgehensweisen bewertet. Diese Bewertung spielt eine wichtige Rolle für zukünftige Wahlphasen. Ist eine Handlung sehr positiv gelaufen und haben sich Ziel und Strategie als sinnvoll erwiesen, ist die Wahrscheinlichkeit sehr hoch, dass die Person auch in der nächsten Wahlphase einen ähnlichen Kurs einschlagen wird. War das Vorgehen jedoch eher ein Misserfolg, wird auch dies in der nächsten Wahlphase berücksichtigt und eine alternative Vorgehensweise gewählt.

Da das „Rubikon-Modell“ sehr komplex ist, illustrieren wir es an einem Beispiel: Lassen Sie dazu noch einmal Ihre letzte Urlaubsplanung Revue passieren. Wie sind Sie vorgegangen? Die meisten Menschen beginnen ihre Überlegungen, indem sie für sich klären, welche Merkmale für sie selbst von Wert sind. Soll es dieses Jahr der Strand sein oder lieber die Berge? Möchten Sie Unterhaltung und Animation oder möglichst viel Ruhe? Soll es die verwöhnende, organisierte Hotelstruktur sein oder lieber das flexible Ferienhaus? Diese Fragestellungen haben viel mit unseren Werten und Bedürfnissen zu tun. Je nach Ausprägung wird die eine oder andere Alternative attraktiver erscheinen. Gleichzeitig müssen wir jedoch auch schauen, wie es mit der Realisierbarkeit aussieht. Was kosten die einzelnen Alternativen, wo gibt es noch freie Plätze, was ist möglich? Um beide Faktoren, den Wert einer Alternative und ihre Realisierungsmöglichkeiten, miteinender verrechnen zu können, müssen wir möglichst viele Informationen einholen. Also gehen wir ins Reisebüro, surfen im Internet und fragen Freunde nach ihren Erfahrungen. Je länger die Phase der Informationssuche und des Abwägens andauert, desto stärker wird unsere Fazit-Tendenz: wir möchten zu einer Entscheidung kommen und endlich in die konkrete Planungsphase übergehen. Haben wir uns dann einmal für die Mittelmeerkreuzfahrt auf einem Clubschiff entschieden, gibt es kein Zurück mehr. Wir werden alles daran setzen, dieses Ziel zu erreichen, werden plötzlich im Fernseher viele schöne Reiseberichte zu diesem Thema wahrnehmen und verarbeiten die Reiseberichte von unseren Freunden, die gerade einen verregneten Urlaub in den Bergen verbracht haben, besonders intensiv. All dies wird dazu führen, dass wir uns sehr auf den Urlaub freuen, wir auch der Meinung sind, uns richtig entschieden zu haben und wir alles in die Wege leiten, damit wir auch tatsächlich fahren können. Erst nach dem Urlaub gehen wir wieder in eine Motivationsphase über und bewerten unsere Strategien und Entscheidungen. War es das richtige Ziel? War unsere Planung in Ordnung? All diese Überlegungen werden unsere nächste Urlaubsentscheidung und -planung mit beeinflussen.

Einführung

Anwendung

Das „Rubikon-Modell“ ist eine recht komplexe psychologische Theorie, die jedoch weit reichende praktische Folgen für den Alltag der

Teilnehmer hat. Daher erscheint es besonders wichtig, sich diesem Modell nicht nur theoretisch zu nähern, sondern es auch deutlich nachvollziehen und auf eigene Handlungsprozesse übertragen zu können. Dies lässt sich realisieren, indem Sie noch vor der theoretischen Einführung des Modells eine fragengeleitete Diskussionsrunde mit den Teilnehmern führen. Als Alltagsbeispiele eignen sich im Grunde alle Fälle, bei denen es für die Teilnehmer zunächst darum ging, Alternativen abzuwägen, sich für eine zu entscheiden und schließlich die Wahl auch umzusetzen.

Folgende Beispiele sind so eingängig, dass Teilnehmer gewöhnlich gerne von ihren Erfahrungen erzählen.

- Der letzte Autokauf
- Die letzte Stellensuche
- Die letzte Wohnungssuche

Nach einigen Erfahrungsberichten können Sie die Diskussion anhand der folgenden Fragen leiten:

„Wenn Sie sich Ihr Vorgehen z.B. beim letzten Autokauf vergegenwärtigen:

- Was waren Ihre ersten Gedanken?
- Wie war Ihr weiteres Vorgehen?
- Was geschah danach?
- Wie fühlten Sie sich in den einzelnen Phasen?"

Variation (Einzelarbeit)

Anstelle eines Gruppengespräches können Sie auch alle Teilnehmer auffordern, sich einzeln mit einem persönlichen Erlebnis wie einem der oben beschriebenen Beispiele auseinander zu setzen. Sie bitten die Teilnehmer, die stattgefundenen Aktivitäten und die dabei entstandenen Gedanken entlang eines Zeitstrahls auf einem Blatt Papier zu notieren. Sobald der Teilnehmer die einzelnen Handlungsphasen mit seinen jeweiligen Gedanken verknüpfft, visualisiert er sich den Übertrag auf das „Rubikon-Modell".

Es besteht auch die Möglichkeit, in einem weiteren Arbeitsschritt alle Ergebnisse, also alle Zeitstrahlen der Teilnehmer auf einer Pinwand anzubringen und so einen direkten Vergleich im Sinne eines Erfahrungsaustausches anzuregen.

	(1. Wählen)	(2. Präaktionale Phase)	(3. Handeln)	(4. Bewerten)
Aktivitäten	– Zeitung – Fernsehen – Internet – Autohäuser – Infogespräche	– Modell aussuchen – Farbe und Ausstattung – Autohändler aufsuchen	– Preisverhandlung – Autokauf	– Autoübergabe – viele Gespräche in der Familie
Gedanken	– Können wir das bezahlen? – Muss es jetzt sein?	– Vorfreude	– Aufregung – kurze Zweifel, dann überwiegt Freude	– Alles „richtig" gemacht: richtiges Modell, richtige Farbe, guter Preis ...

In jedem Fall entsteht so während der Diskussion oder der Einzelübung schon der praktische Teil eines Schaubilds. Um diese Notizen herum könnten Sie dann mit vorbereiteten Moderationskarten das theoretische Ablaufmodell nach Heckhausen und Gollwitzer, auf den persönlichen Teilnehmererfahrungen aufbauend, darstellen.

Technische Hinweise

- „Einführung Rubikon-Modell": Leere Blätter, Moderationswand, mit den einzelnen Phasen des „Rubikon-Modells" beschriftete Moderationskarten.

Kommentar

Für Teilnehmer ist der Begriff des „Rubikon-Modells" häufig nicht gut nachvollziehbar. Für den Einstieg kann es daher sinnvoll sein, etwas zum Hintergrund der Rubikon-Überquerung zu erzählen: Der Name des Modells geht auf die bereits erwähnte Begebenheit des Gaius Julius Caesar zurück. Der Rubikon verläuft nordwestlich der italienischen Küstenstadt Rimini. Nachdem Caesars Gegner Pompeius die politische Macht in Rom in dessen Abwesenheit an sich gerissen hatte, kehrte Caesar aus Gallien zurück. Er überschritt im Jahre 49 v. Chr., die kriegerische Entscheidung suchend, den Rubikon mit seinen Legionen. Hier soll Caesar die ebenfalls berühmt gewordenen Worte *„alea iacta est"* (die Würfel sind gefallen) ausgesprochen haben. Dieser „point of no return" findet sich im Modell von Heckhausen zwischen der 1. und 2. Phase wieder.

Querverweise

Handlungskontrolle nach Kuhl (S. 131)

Während der volitionalen Phase ist der Handelnde bemüht, störende Umstände auszublenden. Wie gut und konsequent er das Ziel erreicht, ist wesentlich von der Umsetzung der Kontrollmechanismen nach Kuhl abhängig.

Literatur

- HECKHAUSEN, H. (Hrsg.) (1987). Jenseits des Rubikon: Der Wille in den Humanwissenschaften. Berlin – Heidelberg: Springer.
- HECKHAUSEN, H. (1989). Motivation und Handeln. 2. Aufl. Berlin – Heidelberg: Springer.
- KUTZNER, M. (2004). Die Motivationsformel. Fitness und Emotionen. Herdecke: Kaufhold.
- NERDINGER, F.W. (1995). Motivation und Handeln in Organisationen. Stuttgart: Kohlhammer.
- RIEDEL, J. (2003). Coaching für Führungskräfte. Erklärungsmodell und Fallstudien. Wiesbaden: Deutscher Universitätsverlag.

Handlungskontrolle nach Kuhl

Ziel

Julius Kuhls Theorie der „Handlungskontrolle“ weist auf zahlreiche alltagsnahe Mechanismen hin, die es ermöglichen, einen einmal gefassten Vorsatz auch in die Tat umzusetzen. Die Teilnehmer können ihre konkreten Zielsetzungen überprüfen.

Kontext

- Motivation
- Selbststeuerung
- Zielsetzung
- Führung
- Zielvereinbarungsgespräch

Theorie

Haben Sie sich schon einmal gefragt, warum gute Neujahrsvorsätze den Januar oft nicht überleben, oder warum Sie wichtige Erledigungen auf die lange Bank schieben und sich stattdessen von unwichtigen Dingen ablenken lassen?

Die Motivationsforschung ging lange davon aus, dass sich das Handeln einer Person allein aus Motiven erklären ließe. Kuhls Theorie der „Handlungskontrolle“ macht darauf aufmerksam, dass eine Trennung zwischen Motivations- und Willensphase sinnvoll ist, will man den Prozess der Handlungsbildung genauer verstehen.

Wenn Motiv und Anreiz eine motivationale Tendenz hervorgerufen haben, kommt es zur Intentionsbildung. Wir haben dann ein Ziel vor Augen, dass wir gerne erreichen möchten. Wieso aber passiert es, das wir nicht bei der nächstbesten Gelegenheit von diesem Ziel ablassen und uns einem neuen zuwenden? Stellen Sie sich vor, Sie müssen für eine wichtige Prüfung lernen. Sie sind hoch leistungsmotiviert, eine gute Note stellt einen lohnenden Anreiz dar. Es bleibt Ihnen also nur eine logische Handlungsmöglichkeit: Sie setzen sich an Ihren Schreibtisch und fangen an zu lernen. Allerdings haben Menschen mehrere Motive, die ihnen wichtig sind. Wenn Sie nun gleichzeitig auch noch sehr anschlussmotiviert (zum Begriff der Anschlussmotivation siehe Kapitel „Motive", S. 116) sind, liegt es Ihnen nicht sonderlich, sich stundenlang zu Hause zu vergraben. Schon nach kurzer Zeit werden Sie das Bedürfnis verspüren, mal wieder etwas zu unternehmen. Da kommt der Anruf eines Freundes ganz recht, und bevor Sie sich versehen, sind Sie auf dem Weg ins Kino, und die Bücher bleiben einsam zurück. In der Regel können wir mit diesen unterschiedlichen Tendenzen gut umgehen, gerade die Abwechslung führt zu einer besonderen Zufriedenheit. Manchmal ist es jedoch notwendig, dass wir ein Projekt über längere Zeit verfolgen und dabei andere Bedürfnisse zurückstellen. Damit eine Intention also tatsächlich zur Handlung und damit zum Ziel führt, müssen wir unser Handeln entsprechend kontrollieren. Kuhl nennt dazu sieben Strategien (er nennt sie „Prozesse"), die eine Realisierung unserer Absichten fördern.

Selektive Aufmerksamkeit

Hierbei richtet sich die Aufmerksamkeit auf Informationen, die die Intention stützen. Andere Informationen werden ausgeblendet.
Beispiel: Man nimmt die vielen Seiten wahr, die noch gelesen werden müssen. Der Sonnenschein, der zu einem Spaziergang einlädt, wird ignoriert.

Enkodierkontrolle

Informationen, die mit der eigenen Intention in Zusammenhang stehen, werden voranging und bewusster verarbeitet.
Beispiel: Man denkt zum Beispiel intensiv über mögliche Folgen des Scheiterns in einer Prüfung nach, während die Freude, die ein schöner Abend mit Freunden bringen könnte, nur oberflächliche Beachtung findet.

Emotionskontrolle

Manche Emotionen sind für eine Realisierung besser geeignet. Diese versucht der Handelnde in sich zu erzeugen.
Beispiel: In manchen sportlichen Situationen kann Wut leistungssteigernd wirken. Oder: den meisten Personen fällt es leichter, in einer fröhlichen als in einer niedergeschlagenen Stimmung zu lernen.

Motivationskontrolle

Führt man sich positive Erwartungen vor Augen, kann die Motivation beim Handelnden neu angeregt werden.
Beispiel: Der Handelnde führt sich noch einmal vor Augen, welchen langfristig höheren Nutzen eine gute Note zu einem einmaligen Abend mit Freunden hat.

Umweltkontrolle

Zum vorbeugenden Schutz gegen unerwünschte Nebentätigkeiten werden Reize entfernt, die zu Intentionen führen, die man meiden möchte.
Beispiel: Wenn der Handelnde über einen längeren Zeitraum konzentriert arbeiten muss, wird er vielleicht Telefongespräche umleiten lassen oder Kollegen um eine störungsfreie Stunde bitten. Je nachdem, wie unangenehm die zu bearbeitende Aufgabe jedoch ist, kommt es nicht selten vor, dass einem andere, sonst nicht gerade angenehme, Aufgaben plötzlich sehr verlockend erscheinen. Oder haben sie nicht auch während diverser Prüfungsphasen gerne mal zum Spültuch gegriffen?

Sparsame Informationsverarbeitung

Das übermäßig lange Abwägen von Handlungsalternativen wird vermieden.
Beispiel: Die Frage, ob man lieber fernsehen oder lernen soll, kann man sich wohl endlos stellen. Es wird für beide Alternativen Vor- und Nachteile geben. Sparsame Informationsverarbeitung ermöglicht, dass man irgendwann zu einer Entscheidung kommt und mit einer der beiden Alternativen beginnt.

Misserfolgsbewältigung

Ist ein Vorhaben einmal gescheitert, muss man sich von unerreichten Zielen ablösen. Erst dann kann man einen neuen Versuch starten.
Beispiel: Nach einem gescheiterten Projekt ist es wichtig, eine Erklärung für das Scheitern zu finden. Waren es unrealistische Ziele, ein zu knapper Zeitplan oder unzureichende Fähigkeiten, die das Scheitern bewirkt haben? Erst wenn der Handelnde diese Analyse betrieben hat, kann er sich mit einer überarbeiteten Zielvorstellung an das neue Projekt begeben.

Anwendung

Einführung

Zur Einführung der Kontrollstrategien bietet sich die Präsentation der einzelnen Strategien unter der Bezugnahme auf praxisnahe Beispiele an. Zur Erhöhung des Alltagstransfers bietet sich die Präsentation am ehesten als Lehrgespräch an: Suchen und diskutieren Sie zu jeder Strategie gemeinsam mit den Teilnehmern ein Beispiel aus deren Alltag.

Vertiefende Übung

„Die Schweinehundjagd" (Einzelübung mit anschließendem Austausch in der Zweiergruppe)

Die Handlungskontrolltheorie eignet sich hervorragend, um direkt Handlungsbedarfe und Maßnahmen abzuleiten. Das folgende Analyseblatt kann als Reflexionsleitfaden dienen, um den eigenen Handlungsstörungen auf die Schliche zu kommen und Gegenmaßnahmen zu entwickeln. Empfehlenswert ist eine Einzelarbeit, in der sich jeder Teilnehmer zunächst mit seinem eigenen „Schweinehund" beschäftigt und analysiert, warum Pläne und Motivationen im Sande verlaufen. Anschließend können die Teilnehmer in Paar- oder Gruppenarbeit in einen Austauschprozess kommen, sich gegenseitig von ihren Erfahrungen berichten und Maßnahmenpläne vorstellen.

Analyseblatt

1. Bedingungsanalyse	**2. Maßnahmen**
▶ Welche der besprochenen Mechanismen kommen Ihnen bekannt vor? In welchen Situationen fällt Ihnen Handlungskontrolle besonders schwer? ▶ Wie sieht die Situation aus? ▶ Was lenkt Sie ab? ▶ Wer lenkt Sie ab?	▶ Was können Sie in der konkreten Situation tun, um Ihr Ziel zu erreichen? ▶ Was können Sie bei sich tun? ▶ Welche „Umweltmaßnahmen" sind sinnvoll?

Technische Hinweise

- „Schweinehundjagd“: Arbeitsblätter „Schweinehundjagd“.

Kommentar

Die Handlungskontrolltheorie ist für die Teilnehmer in der Regel leicht auf den Arbeitsalltag zu übertragen und macht das „Rubikon-Modell“ dadurch sehr anschaulich. Schön ist zudem, dass sich aus den Kontrollmechanismen direkt Handlungsempfehlungen für den Alltag ableiten lassen, die das konzentrierte Verfolgen bestimmter Ziele erleichtern. Ein Thema mit Schmunzelgarantie, da die Mechanismen jedem Teilnehmer charmant vor Augen führen, an welchen Stellen es hapert.

Querverweise

Rubikon-Modell (S. 124)

Während der volitionalen Phase ist der Handelnde bemüht, störende Umstände auszublenden. Wie gut und konsequent er das Ziel erreicht, ist wesentlich von der Umsetzung der Kontrollmechanismen abhängig. Dabei stehen Motive, Anreize und Kontrollmechanismen in einem komplexen Wechselspiel.

Weiterführende Literatur

- FRÄDRICH, S. (2004). Günter, der innere Schweinehund. Ein tierisches Motivationsbuch. Offenbach: Gabal.
- KUHL, J. (1995). Handlungs- und Lageorientierung. In: W. Sarges (Ed.), Managementdiagnostik. 2.Aufl., Göttingen: Hogrefe. Auch erhältlich als Forschungsbericht Nr. 96, Fachbereich Psychologie, Universität Osnabrück (19 S.).
- KUHL, J. (1983). Motivation, Konflikt und Handlungskontrolle. Heidelberg: Springer.
- KUHL, J. (1987). Motivation und Handlungskontrolle: Ohne guten Willen geht es nicht. In: HECKHAUSEN, H.; GOLLWITZER, P.M.; WEINERT, F.E. (Hrsg.) Jenseits des Rubikon. Berlin: Springer 1987, S.101-120.

Bedürfnispyramide nach Maslow

Ziel

Die Auseinandersetzung mit Abraham H. Maslows „Bedürfnispyramide" kann wichtige Hinweise auf die Optimierung von Motivationsprozessen liefern, und zwar sowohl aus Mitarbeitersicht wie auch aus Sicht einer Führungskraft. Das Modell bietet Erklärungshilfen zur individuellen Annahme von Motivationsversuchen und ihrem möglichen Scheitern.

Kontext

- Führung
- Mitarbeitermotivation
- Selbstmotivation
- Zielsetzung
- Persönlichkeitsentwicklung

Theorie

Mitte des letzten Jahrhunderts forschte der Psychologe Abraham Maslow zum Thema Bedürfnisse und erkannte, dass einige Bedürfnisse im menschlichen Handeln Vorrang vor anderen haben. Aus dieser Erkenntnis entwickelte er ein Pyramidenmodell, das eine Hierarchie der Bedürfnisse darstellt. Sein Modell unterscheidet insgesamt fünf Bedürfnisebenen, die im Verlauf noch ausführlich dargestellt werden.

Seine Kernaussage lautet, dass es menschliche Bedürfnisse gibt, die zunächst befriedigt sein müssen, damit der Mensch sich überhaupt mit weiteren Bedürfnissen auseinander setzen kann. Bin ich hungrig oder durstig, bemühe ich mich, meinen Hunger oder Durst zu stillen und interessiere mich nicht für meine persönliche Selbstverwirklichung. Ich bin mit meinem Überleben beschäftigt und dieses Bedürfnis hat Priorität vor der Befriedigung aller weiteren

Bedürfnisse. Aus der Auseinandersetzung mit meinen aktuellen Bedürfnissen entsteht Handlung.

Maslows Bedürfnispyramide

Innerhalb seines Pyramidenmodells unterscheidet Maslow *„Wachstums-“* und *„Defizitmotive“*. Physiologische, Sicherheits-, Zugehörigkeits- und Wertschätzungsbedürfnisse gehören zu den so genannten Defizitmotiven. Die Nicht-Erfüllung dieser Bedürfnisse wird als Defizit erlebt. So stellt die vom Vermieter ausgesprochene Kündigung meiner Mietwohnung eine massive Einschränkung oder Belastung dar. Die Befriedigung des Sicherheits- und Schutzbedürfnisses durch das Anmieten einer neuen Wohnung führt zwar zur Wiederherstellung meines Sicherheitsgefühls, nicht aber zu dessen Übersteigerung. Der Umstand, in einer Wohnung zur Miete zu leben, wird von mir in der Regel als selbstverständlich angenommen. Die Befriedigung eines Defizitmotivs verläuft nach dem

Prinzip der Homöostase (dem Prinzip, einen stabilen Zustand zu wahren): Handlungsmotivation entsteht durch Unzufriedenheit mit dem aktuellen Status quo der vier Bedürfnisebenen (ich erfahre z.B. meiner Ansicht nach zu wenig Wertschätzung durch meinen Vorgesetzten), die Wiederherstellung des Status quo erzeugt in mir lediglich das Gefühl, nicht unzufrieden zu sein (lobt mich mein Chef, denke ich, dass es auch mal Zeit wurde). Anders verhält es sich mit der fünften Bedürfnisebene: die Selbstverwirklichung stellt nach Maslow ein Wachstumsmotiv dar. Die Befriedigung dieses Bedürfnisses stellt tatsächliche Zufriedenheit her.

1. Physiologische Bedürfnisse

Physiologische Bedürfnisse umfassen unser Bedürfnis nach Wasser und Nahrung sowie aktiv zu sein, sich auszuruhen, zu schlafen und Sex zu haben.

2. Bedürfnisse nach Schutz und Sicherheit

Nachdem die physiologischen Bedürfnisse gestillt sind, beginnt der Mensch mit der Suche nach einer sicheren Umgebung, Stabilität und Schutz. Damit ist auch gemeint ein Bedürfnis nach Struktur, Ordnung und auch nach einigen Grenzen. Im heutigen Alltag kann dies das Abschließen von Versicherungen oder das Sparen für die Rente umfassen.

3. Bedürfnisse nach Liebe und Zugehörigkeit

Sind die Bedürfnisse der ersten beiden Ebenen weitestgehend abgedeckt, zeigt sich die dritte Bedürfnisebene der Pyramide: Es ist das Bedürfnis nach Freunden, einer Beziehung, Kindern, nach liebevollen Beziehungen im Allgemeinen sowie ein Bedürfnis nach einem Gemeinschaftsgefühl.

4. Bedürfnis nach Wertschätzung

Nach der Erfüllung der vorangehenden Bedürfnisse entsteht eines nach Achtung. Maslow unterscheidet Achtung in eine höhere und eine niedrigere Form. In der niedrigeren Form findet sie Ausdruck in dem Bedürfnis, von anderen respektiert zu sein, Status, Ruhm, Anerkennung, Aufmerksamkeit, ein guter Ruf, Würde oder Dominanz inne zu haben. Nach Maslows Auffassung besteht die höhere

Form in dem Bedürfnis nach Selbstachtung: Selbstvertrauen, Kompetenz, Leistung, Professionalität, Unabhängigkeit und Freiheit. Die Erklärung für den Unterschied zwischen höherer und niedrigerer Form der Achtung liegt in dem Umstand, dass man die Achtung anderer schneller verlieren kann.

5. Selbstverwirklichung

Das Wachstumsmotiv Selbstverwirklichung als höchste Ebene der Pyramide beinhaltet das Bedürfnis, die eigenen Potenziale auszuschöpfen, vollständig und umfassend „man selbst" zu werden. Maslow selbst schätzte die Anzahl der Menschen, die diese Ebene überhaupt erreichen, auf max. 2% der Weltbevölkerung.

Einführung

Anwendung

Sie haben die Maslow'sche „Bedürfnispyramide" am Flip-Chart oder einer Folie vorbereitet, indem Sie in der Pyramide die Überbegriffe der Ebenen bereits notiert haben. Während der Vorstellung der Kategorien raten die Teilnehmer, was etwa mit dem Begriff „physiologische Bedürfnisse" tatsächlich gemeint ist. Die Bemerkungen der Teilnehmer, in diesem Fall „Essen, Trinken, Schlafen", notieren Sie parallel auf der Folie oder dem Flip-Chart. Im Anschluss stellen Sie die Kategorien Defizit- und Wachstumsmotiv dar. Sie werden ebenfalls ergänzend auf dem Flip-Chart oder der Folie notiert.

Vertiefende Übungen

„Meine Bedürfnispyramide" (Einzelübung im Plenum)

Nach einer einführenden Erläuterung des Modells empfiehlt sich der Hinweis auf dessen Entstehungszeit: die 1950er Jahre. Das Modell bildet die Bedürfnishierarchie jener Zeit ab; aber wie ist unsere aktuelle, unsere persönliche Bedürfnislage, wie gestaltet sich die „Bedürfnispyramide" heutzutage?

Bitten Sie die Teilnehmer, ihre eigene Bedürfnispyramide zu zeichnen (oder zu basteln). Dabei bleibt die Abfolge der Bedürfnisebenen erhalten, von den physiologischen Bedürfnissen zuunterst bis zu der Selbstverwirklichung an der Spitze. Die Teilnehmer variieren die Ausdehnung der Ebenen, je nach ihrer Bedeutung für den Einzelnen und skizzieren sie frei. So wechselt die Pyramide in der individuellen Bearbeitung ihre Form und wird z.B. zu einem auf der Spitze stehenden Dreieck oder einer Sanduhr.

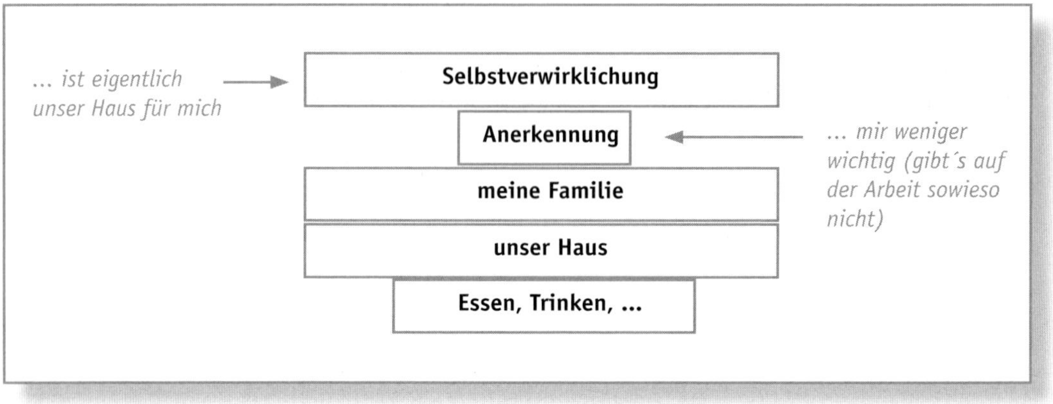

Je nach individueller Bedeutung der Ebenen kann die Pryramide ihre Form wechseln

Nachdem jeder Teilnehmer seine eigene Pyramide entworfen hat, kann er sein Ergebnis zunächst mit seinem Sitznachbarn besprechen. Dies führt oft zu einem intensiven Austausch, der in ein offenes Gruppengespräch münden kann.

Variation: „Perspektivwechsel“ (Einzel- oder Gruppenübung)

Haben die Teilnehmer konkrete Anliegen, beispielsweise zum Verhalten eines nicht anwesenden Kollegen oder Mitarbeiters, kann man sie bitten, die Bedürfnispyramide auch für diesen Dritten – wenn auch nur als Gedankenexperiment – zu erstellen.

Beispiel: Stellt sich ein Ausbildungsleiter der Aufgabe, die Bedürfnispyramide eines seiner mehr als dreißig Jahre jüngeren Auszubildenden nachzuzeichnen, könnte er möglicherweise einige interessante Entdeckungen machen. Entspringt das häufige Telefonieren des Azubis mit dem Handy seinem Wunsch, den Ausbildungsleiter zu ärgern oder dem Bedürfnis nach Zugehörigkeit, vielleicht zu einer Gruppe außerhalb des Ausbildungsbetriebs? Dieses Verhalten könnte wiederum dem Bedürfnis des Ausbildungsleiters nach Achtung durch seinen Azubi entgegenstehen.

Gerade im Abgleich mit der eigenen Bedürfnispyramide können so unterschiedliche Perspektiven, Werte oder eben Bedürfnisse schnell und klar herausgearbeitet werden.

„Mitarbeitermotivation mit Maslow" (Kleingruppenarbeit mit Führungskräften)

Diese Übung bietet sich für Führungskräfteentwicklungen an. Nach der Vorstellung des Modells und evtl. der Durchführung der Übung „Meine Bedürfnispyramide" geht man nun der Frage nach, welche Ableitungen sich für den Führungsalltag aus dem Modell ergeben.

Oftmals denken Führungskräfte, dass Geld ein großer Motivationsfaktor für ihre Mitarbeiter sei. Daher zielen ihre Bemühungen auf die Erhöhung von Gehältern, Boni, Prämien etc. ab. Andererseits wird dies von Unternehmensseite auf Grund knapper Finanzmittel immer weniger möglich. In dieser Situation bietet Maslow gute Alternativen. Nach seiner Aussage gehört Geld zu den Defizitmotiven: Man ärgert sich, wenn es nicht in ausreichendem Maße da ist. Ist es aber da, ist man nur nicht unzufrieden, schließlich arbeitet man ja auch für sein Geld.

Daher gilt zunächst die Frage an die teilnehmenden Führungskräfte:

- „Wenn Sie Ihren Arbeitsalltag betrachten, auf welchen Ebenen der Maslow'schen „Bedürfnispyramide" können Sie motivierend wirken?"
- „Was genau können Sie tun?"

In einer vertiefenden Gruppenarbeit, wobei sich je nach Teilnehmerzahl Kleingruppen zu jeder Bedürfnisebene zusammenstellen lassen, erarbeiten die Führungskräfte Alternativen zur Vergabe von Geld.

Beispiele:

- Ebene der Selbstverwirklichung: Mehr Verantwortung für den Mitarbeiter, Erweiterung der Kompetenzen
- Bedürfnisebene der Wertschätzung: Mitarbeiter loben, Anerkennung aussprechen, positives Feedback geben

Technische Hinweise

- „Meine Bedürfnispyramide“: Ein Blatt Papier oder eine Moderationskarte und ein Stift pro Teilnehmer.
- „Mitarbeitermotivation mit Herrn Maslow“: Ein Flip-Chart pro Kleingruppe, Marker oder mehrere Moderationskarten pro Kleingruppe.

Kommentar

Die „Bedürfnispyramide“ nach Maslow ist vielen Teilnehmern vom Begriff her bekannt. Sie scheint ein „alter Hut“ – in letzter Zeit haben wir sogar offene Ablehnung des Modells von Teilnehmerseite erfahren. Umso wichtiger scheint der Transfer auf die individuelle Ebene anhand einer der oben genannten Übungen.

Die Auseinandersetzung mit der eigenen Bedürfnispyramide verlangt eine wertschätzende Atmosphäre und gewisse Offenheit unter den Teilnehmern. Ist dies gegeben, können die Erkenntnisse weitreichend und tief gehend sein. Denn die Aussagen des Modells sind nach wie vor aktuell: Sie erklären in einer Zeit, in der viele Mitarbeiter nur noch effizient funktionieren müssen, Phänomene wie Burn-out.

Querverweise

Modell der Welt (S. 17)

Die Auseinandersetzung mit der individuellen Bedürfnispyramide verknüpft sich mit den Aussagen des Modells der Welt. Jeder hat ein eigenes „Modell der Welt“ im Kopf, und so verfügt auch jeder über seine persönliche Bedürfnispyramide. Wollen wir motivierend wirken, müssen wir im Hinterkopf behalten, dass die eigenen Prioritäten nicht unbedingt jenen der Mitarbeiter oder des Vorgesetzten gleichen müssen.

Zwei-Faktoren-Modell nach Herzberg (S. 144)

Herzbergs Ergebnisse stützen Maslows Aussagen. Ein direkter Vergleich bzw. eine Nebeneinanderstellung des Modells ergibt, dass Maslows Wachstumsmotiv „Selbstverwirklichung“ sowie Teile der Achtungsbedürfnisse in etwa Herzbergs Motivationsfaktoren entsprechen. Maslows Defizitmotive entsprechen Herzbergs Hygienefaktoren. Beide Modelle stützen die Aussage, dass Geld, allein genommen, keinen ausreichenden Motivationsfaktor darstellt.

Weiterführende Literatur

- GOBLE, F. (1985). Die dritte Kraft. A.H. Maslows Beitrag zu einer Psychologie seelischer Gesundheit. Düsseldorf: Walter.
- JOST, P. (2000). Organisation und Motivation. Eine ökonomisch-psychologische Einführung. Wiesbaden: Dr. Th. Gabler.
- MASLOW, A. (1982). Psychologie des Seins. Ein Entwurf. München: Kindler.
- MASLOW, A. (1998). Toward a psychology of being. 3. Auflage. John Wiley & Sons.
- MASLOW, A. (2002). Motivation und Persönlichkeit. 10. Auflage. Reinbek: Rowohlt.

Zwei-Faktoren-Modell nach Herzberg

Ziel Das Modell bietet Teilnehmern Erklärungen für die Tatsache, dass manche Maßnahmen zur Motivationssteigerung nicht zu einer tatsächlichen Zufriedenheitserhöhung bei Mitarbeitern führen. So kann es Führungskräften als Rahmenmodell für eine alternative Maßnahmenplanung dienen.

Kontext
- Mitarbeiterführung
- Gestaltung von Anreizsystemen
- Zielvereinbarungsgespräche
- Selbstmotivation

Theorie Frederick Herzberg entwickelte 1959 die Zwei-Faktoren-Theorie um den wesentlichen Gedankengang, dass es zwei unterschiedliche Faktorgruppen gibt, die die Motivation von Mitarbeitern beeinflussen. Er nannte sie „Hygienefaktoren“ („deficit needs“) und „Motivatoren“ („being needs“).

Hierzu befragte Herzberg in den 1950er und 60er Jahren Arbeiter und Angestellte danach, wann sie entweder besonders unzufrieden oder besonders zufrieden mit und bei der Arbeit waren. Er fand heraus, dass die Beseitigung (Hygiene) von Arbeitsbedingungen, die zu Unzufriedenheit führten, nicht bedeutete, dass Arbeitnehmer automatisch zufriedener und motivierter waren. Hierzu bedurfte es zusätzlicher Anreize, den so genannten Motivatoren.

Hieraus ergibt sich für die Motivation von Mitarbeitern ein zweigliedriges Vorgehen:
1. Die Beseitigung der demotivierenden Faktoren, der Hygienefaktoren (auch: Unzufriedenmacher)

2. Die Einführung geeigneter Motivatoren (auch: Zufriedenmacher), die Interesse und Lust an der Arbeit fördern

Als **Hygienefaktoren** ermittelte Herzberg:

- Unternehmenspolitik/interne Organisation
- Führungsstil/Kontrolle des Vorgesetzten
- Lohn/Gehalt
- Beziehung zum Vorgesetzten
- Arbeitsbedingungen
- Beziehungen zu Kollegen
- Persönliche Verhältnisse
- Beziehung zu Untergebenen
- Status
- Arbeitsplatzsicherheit

Als **Motivatoren** emittelte er:

- Leistungserfolg
- Anerkennung
- Die Arbeit als solche
- Verantwortung übernehmen
- Aufstiegsmöglichkeiten
- Entfaltungsmöglichkeiten im Beruf
- Lohn/Gehalt

Bemerkenswert an Herzbergs Ergebnissen ist die besondere Position des Faktors Lohn/Gehalt, der beiden Kategorien zuzuordnen ist.

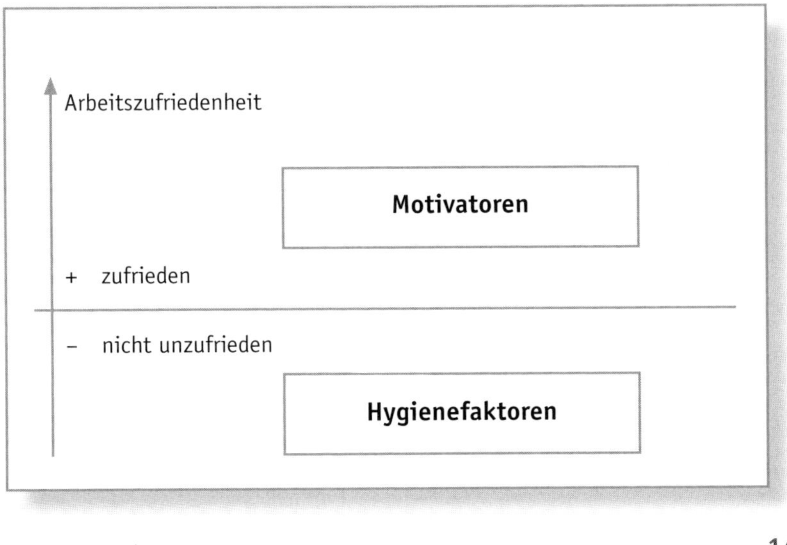

Arbeitszufriedenheit setzt sich aus zwei Faktoren zusammen

Es gilt festzuhalten, dass die Konzentration auf die Beseitigung der Hygienefaktoren allein nicht ausreicht, um die Arbeitszufriedenheit von Mitarbeitern zu erhöhen. Im Abgleich mit Maslows Modell erscheint der Aspekt der Selbstverwirklichung als Wachstumsmotiv besonders förderlich für die Erhöhung von Arbeitszufriedenheit. Im Alltag würde dies eine Bereicherung oder Anreicherung von Aufgaben, die Übertragung von mehr Verantwortung oder die Erweiterung von Einfluss- und Entscheidungskompetenzen für Mitarbeiter bedeuten. Herzberg selbst nennt in diesem Zusammenhang die drei Begriffe: „job enlargement", „job enrichment" und „job rotation". Hinter diesen Begriffen stehen folgende Arbeitsorganisationsformen:

- **„Job enlargement"**

Diese auch als Aufgabenerweiterung beschriebene Form der Arbeitsgestaltung besteht darin, dass der Arbeitende innerhalb seines Arbeitsplatzes verschiedene Tätigkeiten ausübt, die bislang von mehreren stärker spezialisierten Arbeitskräften ausgeführt wurden.

- **„Job enrichment"**

Die bisherige Tätigkeit eines Mitarbeiters wird um Arbeitsumfänge auf höherem Anforderungsniveau erweitert. Damit geht in der Regel auch die Notwendigkeit einer Weiterbildung des Mitarbeiters einher. Der Mitarbeiter wird in die Lage versetzt, in höherem Maße eigenverantwortlich zu arbeiten.

- **„Job rotation"**

Ein systematischer Arbeitsplatz- bzw. Aufgabenwechsel innerhalb einer Organisation. Erfolgt dieser Wechsel innerhalb eines Anforderungsniveaus, spricht man auch von Tätigkeitserweiterung (horizontale Umstrukturierung, job enlargement). Handelt es sich um Tätigkeiten in unterschiedlich hohen Anforderungsniveaus, so spricht man von Arbeitsbereicherung (vertikale Umstrukturierung, job enrichment). Die job rotation stellt somit eine Mischform von Tätigkeitserweiterung und Arbeitsbereicherung dar. Bei job rotation wird jeweils höher qualifiziertes Personal benötigt, als bei einer reinen Arbeitsteilung. Dies macht jedoch die Tätigkeit für die Mitarbeiter interessanter und steigert die Identifikation mit Arbeitsinhalten und -zielen.

Zur Umsetzung seiner Ergebnisse in den Arbeitsalltag äußerte sich Herzberg in späteren Jahren (1968): *„Kämen jedoch nur Bruchteile des Aufwandes und der Zeit, die heute in Hygienemaßnahmen flie-*

ßen, der Arbeitsbereicherung zugute, würde der Nutzen im menschlichen wie auch im ökonomischen Bereich weit höher sein, als bei jeder anderen Maßnahme des Personalmanagements, die je unternommen wurde."

Einführung

Anwendung

Stellen Sie das Modell in einem Lehrgespräch vor und fragen Sie die Teilnehmer, inwieweit sich ihre eigenen Erfahrungen mit Herzbergs Ergebnissen decken. In der Arbeit mit Führungskräften, die sich mit dem Thema Mitarbeitermotivation auseinander setzen, ist der Hinweis auf die Besonderheit des Faktors Lohn/Gehalt wichtig. Darüber hinaus kann ein direkter Vergleich mit Maslows „Bedürfnispyramide" angestellt und visualisiert werden.

Vertiefende Übung

„Motivationskonzept" (Kleingruppenarbeit mit Führungskräften)

Bitten Sie die Teilnehmer, sich in Kleingruppen zusammenzufinden und erteilen Sie den Auftrag, pro Gruppe ein Mitarbeitermotivationskonzept zu erstellen. Kommen die teilnehmenden Führungskräfte aus unterschiedlichen Unternehmen, sollten sie sich beispielhaft auf die Mitarbeitergruppe einer Führungskraft konzentrieren. Das Konzept sollte so konkret wie möglich ausgestaltet sein und vor allem die Einflussmöglichkeit der Führungskräfte auf die Höhe von Prämien, Vergabe von Urlaubstagen oder Geldern für Extras wie Weihnachtsfeiern berücksichtigen. Zur Aufgabenstellung gehört die Berücksichtigung von Hygienefaktoren und Motivatoren, um nachhaltig Wirkung bei dem Mitarbeiter zu zeigen.

Nach der Präsentation im Plenum schließen Sie erkenntnisleitende Fragen an:

- „Wie umsetzbar ist Ihr Konzept?"
- „Worauf haben Sie den meisten Einfluss?"
- „Was davon haben Sie selbst als motivierend erlebt?"
- „An welchen Stellen erwarten Sie Widerstände?"
- „Wie können Sie diesen Widerständen begegnen?"
- „Was können Sie zuallererst umsetzen?"

Technische Hinweise

- „Motivationskonzept“: Bei Bedarf leere Blätter oder Moderationskarten, Stifte und Pinwand.

Kommentar

Das Modell wird sehr gut angenommen, denn die Ergebnisse Herzbergs, obwohl aus den 50er und 60er Jahren stammend, sind nach wie vor aktuell und finden oftmals ihre Bestätigung im Alltag der Teilnehmer. Die Besonderheit des Faktors Lohn/Gehalt kann zu sehr interessanten Diskussionen anregen, gerade mit teilnehmenden Führungskräften, die bisher Lohnerhöhung als einzigen Motivator angesehen hatten.

Teilnehmer reagieren manchmal mit Befremden auf den Begriff „Hygienefaktor“, wobei unserer Erfahrung nach Hilfskonstruktionen wie „Unzufriedenmacher“ ebenfalls wenig Resonanz finden. Neutraler können unter Umständen die Originalbegriffen wahrgenommen werden: „Deficit Needs“ und „Being Needs“.

Querverweis

Bedürfnispyramide nach Maslow (S. 136)

Obwohl Herzberg Vertreter einer anderen Forschungsrichtung ist, decken sich seine Ergebnisse grob mit denen Maslows. Herzbergs Motivatoren repräsentieren in etwa Maslows obere Ebenen der „Bedürfnispyramide“, insbesondere die Ebene der Selbstverwirklichung (die Arbeit als solche, Entfaltungsmöglichkeiten im Beruf). Hinzu kommen Aspekte aus den Ebenen Achtung und Zugehörigkeit (Anerkennung, Aufstiegsmöglichkeiten).

Weiterführende Literatur

- DRUMM, H. J. (2004). Personalwirtschaft. 5. überarbeitete und erweiterte Auflage. Berlin: Springer.
- HERZBERG, F. (1968). One more time: How do you motivate employees? In: Harvard Business Review, January 2003.
- HERZBERG, F. (1977). The Managerial Choice: To be efficient and to be human. RD Irwin.

- HERZBERG, F. (1966). Work and the Nature of Man. Ty Crowell Co.
- KENNEDY, C. (1998). Management Gurus. 40 Vordenker und ihre Ideen. Wiesbaden: Dr. Th. Gabler.
- MAUSNER, B.; SNYDERMANN, B.; HERZBERG, F. (1993). Motivation to work. Reprint. Transaction Publishers.

Extrinsische und intrinsische Motivation

Ziel

Extrinsische und intrinsische Motivation sind grundlegende Konzepte der Motivationsforschung. Die Konzepte geben Aufschluss über die mögliche Gestaltung von Anreizsystemen und Mitarbeitermotivation allgemein. Die Teilnehmer lernen, die Basis eigenen motivationalen Handelns sowie jenes anderer besser einzuordnen.

Kontext

- Mitarbeitermotivation
- Selbstmotivation
- Gestaltung von Anreizsystemen
- Führung
- Konflikt

Theorie

Der Begriff Motivation leitet sich aus dem lateinischen Verb *movere* ab. Es bedeutet „in Bewegung setzen". Wer motiviert, der will also sich oder andere in Bewegung bringen. In der Motivationsforschung bestehen zwei unterschiedliche Konzepte über den Ausgangspunkt des Impulses für diese Bewegung. Nimmt der Impuls seinen Anfang im Inneren des Menschen oder muss er von außen kommen? In diesem Zusammenhang spricht man von *„intrinsischer"* und *„extrinsischer"* Motivation. Die Begriffe intrinsische und extrinsische Motivation gehen auf zwei seltene lateinische Adverbien zurück: *intrinsecus* bedeutet *‚innerlich'*, *extrinsecus* bedeutet *‚von außen'*. Intrinsische Motivation steht für das Lernen und Arbeiten aus eigenem, innerem Antrieb. Die Handlung, die aus dieser Motivation entsteht, dient der persönlichen Befriedigung. Sie wird als interessant, spannend oder herausfordernd beschrieben. Faktoren wie Geld oder Bewunderung (von außen) spielen dabei keine auslösende Rolle. (Beispiel: *„Ich mache meine Arbeit gerne. Sie macht mir Spaß."*)

Im Arbeitsalltag kann intrinsische Motivation durch eine hohe Beteiligung des Mitarbeiters an Entscheidungsprozessen, flache Hierarchien oder eine Erweiterung der Mitarbeiterkompetenzen gefördert werden. Herzberg hat in seinem „Zwei-Faktoren-Modell" darauf hingewiesen, dass diese Maßnahmen möglichst langfristig angelegt sein müssen, um eine nachhaltige Wirkung zu zeigen.

Extrinsische Motivation besteht aus Lern- und Arbeitsanreizen, die mit positiven Folgen versehen sind oder negative Folgen vermeiden helfen. Die Folgen der Handlung sind dabei wichtiger als der Handlungsvollzug selbst. Der Anreiz kann in materieller Art wie Geld oder in Form von sozialer Anerkennung durch das persönliche Umfeld gegeben werden. (Beispiele: *„Ich lerne für die Prüfung, damit ich nicht durchfalle."*; *„Ich arbeite, um Geld zu verdienen."*) Die Wirkung extrinsischer Anreize nimmt einen anderen Verlauf, als die eines intrinsischen Impulses, denn extrinsische Motivation nimmt mit der Zeit deutlich ab. Ihre Wirkung muss durch Erneuerung oder Veränderung der Anreize aufrechterhalten werden. Dies bedeutet, dass entweder die „Dosis" erhöht wird (etwa durch eine höhere Geldprämie) oder ein neuer Anreiz (etwa eine neue Sachprämie) geschaffen werden muss.

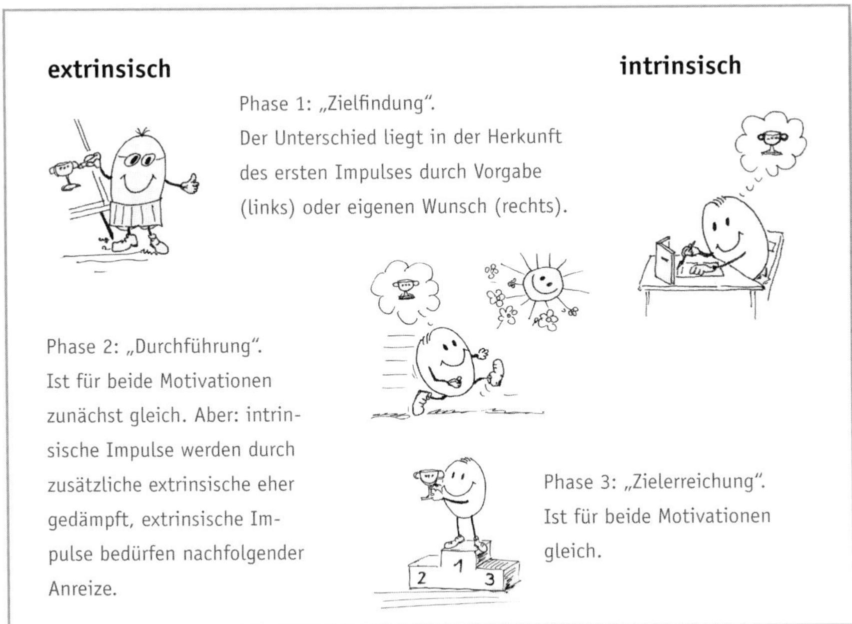

Beispiele intrinsischer und extrinsischer Motivatoren

Über Fachgrenzen hinweg belegen Forschungsergebnisse, dass eine starre Trennung beider Motivationskonzepte nicht durchzuhalten ist, vielmehr sind beide in komplexer Weise miteinander verwoben.

Forschungsergebnisse zeigen, dass die intrinsische Motivation in dem Moment abnimmt, wo extrinsische Anreize wie etwa Geld oder Auszeichnungen für eine ursprünglich intrinsische Aktivität angeboten werden. Nach Edward L. Deci können die Ergebnisse dahingehend interpretiert werden, dass extrinsische Anreize, die in den Ablauf einer intrinsisch motivierten Handlung eingeführt werden, das Gefühl der Selbstbestimmung unterminieren können. So verschiebt sich der wahrgenommene Ort des Handlungsimpulses von innen nach außen. In dessen Folge kann die Neigung sinken, die Aktivität allein wegen ihrer intrinsischen Befriedigung auszuüben.

Auch ausführliche Recherchen ermöglichten uns nicht, den Urheber der Begriffe extrinsische und intrinsische Motivation ausfindig zu machen. Forschungsergebnisse, die uns immer wieder begegneten, gehen auf Edward L. Deci zurück. Auch Steven Reiss forscht aktuell über intrinsische Motivation. Im deutschsprachigen Raum ist es vor allem die pädagogische Psychologie, die sich mit den beiden Konzepten der intrinsischen und extrinsischen Motivation und ihrem Transfer auf den Lernalltag befasst.

Anwendung

Einführung

Nach Einführung beider Begriffe können Sie ein Lehrgespräch mit den Teilnehmern leiten, in deren Verlauf Sie Schlussfolgerungen für den Arbeitsalltag in Bezug auf die nachfolgenden Punkte erarbeiten:

- Menschenbild oder Mitarbeiterbild
- Auswirkungen für die Organisation
- geforderter Führungsstil
- weitere Punkte nach Teilnehmerbedarf und Seminarkontext

Beispiel-Flip-Chart

Intrinsische Motivation
„Arbeit ist Glück bereitende Selbsterfüllung."

Menschenbild:
„Der Mensch ist ein aktives Wesen, das aus eigenem Antrieb handelt."
- Mitarbeiter will sowieso etwas leisten

Bedeutung für die Organisation:
- Beteiligung des Mitarbeiters an der Zielbildung
- Hohe Identifikation mit den Aufgaben
- Soziale Relevanz der Aufgabe muss gegeben sein

Führungsaufgabe:
- Mitarbeiter nicht *de*motivieren
- Langfristige Entwicklung der Mitarbeiter fördern

Beispiel-Flip-Chart

Extrinsische Motivation
„Der Mensch ist ein von außen gesteuertes Reflexbündel, welches auf bestimmte Reize reagiert."

Menschenbild:
„Arbeit ist etwas Negatives."
- Mitarbeiter ist ein Leistungsverweigerer

Bedeutung für die Organisation:
- Hoher Kontrollaufwand
- Hohe Kosten
- Entfremdungsproblematik

Führungsaufgabe:
- Kontinuierlich (neue) Anreize schaffen
- Stetig kontrollieren und überprüfen

Variation (Kleingruppenarbeit)

Je nach Teilnehmerzahl bitten Sie die Teilnehmer, sich in zwei Kleingruppen zusammenzufinden. Jede Kleingruppe bearbeitet entweder „extrinsische" oder „intrinsische Motivation" nach dem obigen Schema. Je nach Seminarkontext können neben Menschenbild, Bedeutung für die Organisation und Führungsaufgabe auch weitere Diskussionspunkte vorgegeben werden.

Vertiefende Übung

„Motivations-Parcours" (Teamübung)

Bereiten Sie einen Parcours vor, der aus vier Stationen besteht, je nach Bedarf auch mehr. Mit Stationen sind Bereiche gemeint, in denen Teilnehmer bestimmte Aufgaben erhalten und einzeln oder im Team lösen müssen. Die Aufgaben beinhalten extrinsische oder intrinsische Motivationsaspekte.

Beispiele für extrinsische Anreize sind:
- Zeitvorgaben: *„10 Rechenaufgaben in 3 Minuten"*
- Konkurrenz: *„Der Schnellste gewinnt …"*
- Belohnung: *„Die Beste erhält …"*

Beispiele für intrinsisch motivierte Aufgabenstellungen sind:
- Selbstverwirklichung: *„Malen Sie ein Bild nach Ihren eigenen Vorstellungen."*
- Flow: *„Erstellen Sie uns ein Konzept zu xy, dass Ihre Erfahrungen berücksichtigt."*

Die Aufgaben sollten in beiden Fällen durchaus anspruchsvoll sein.

Nach Bekanntgabe des Gewinners/der Gewinner und einer gebührenden Siegerehrung mündet die Parcours-Übung in einen lebendigen Austausch des Plenums:
- „An welcher Station war ich extrinsisch motiviert?"
- „An welcher intrinsich?"
- „Wann vergaß ich die Zeit?"
- „Wann waren beide Faktoren vorhanden?"
- „Wann erlebe ich Vergleichbares am Arbeitsplatz?"
- „Welche Auswirkung hat es auf mich und mein Verhalten?"

- „Welche Erkenntnisse aus dieser Übung kann ich in meinen Alltag integrieren?“

Technische Hinweise

- „Motivations-Parcours“: Bastel- und Zeichenmaterial sowie Arbeitsblätter für die verschiedenen Aufgaben der einzelnen Parcours-Stationen.

Kommentar

Nach unserer Erfahrung sind besonders Führungskräfte schnell verführt, ihre Mitarbeiter als entweder extrinisch oder intrinsisch motiviert anzusehen. Dieser Übertrag greift jedoch viel zu kurz und ist nicht zulässig. Beide Konzepte haben ihre Berechtigung und Funktion im Arbeitsalltag, denn manche Aufgaben muss man schlichtweg erledigen, ob sie einem nun Spaß machen oder nicht. In einer solchen Situation hilft der Hinweis, dass man auch hierfür bezahlt wird (extrinsischer Anreiz).

Wollen Führungskräfte langfristig motivierend wirken, sollten sie einen Mix aus beiden Konzepten wählen, denn Motivation ist auch immer etwas Individuelles. Was manchem zur Erfüllung dient, langweilt einen anderen.

Querverweise

Bedürfnispyramide (S. 136)

Es wird diskutiert, inwieweit die oberen Ebenen der Maslow'schen „Bedürfnispyramide“, insbesondere die Selbstverwirklichung, eine Grundvoraussetzung für das Erleben von Flow bildet. Die ausgeübte Handlung muss hiernach als Teil eigener Selbstverwirklichung wahrgenommen werden, um in einem Flow zu münden.

Zwei-Faktoren-Modell (S. 144)

Im Übertrag auf Herzbergs „Zwei-Faktoren-Modell“ bietet sich die Möglichkeit, „Motivatoren“ als intrinsische Handlungsanreize zu begreifen. Hierzu passt auch, dass der Einsatz von „Motivatoren“ langfristig zu einer Erhöhung der Arbeitszufriedenheit beiträgt.

Flow-Konzept (S. 157)

Flow-Erlebnisse stellen sich nach den Ergebnissen Cikszentmihalyis nur bei der Ausübung intrinsisch motivierter Handlungen ein. Sie sind sozusagen die positive Konsequenz intrinsischen Handelns.

Führung (ab S. 248)

Die Modelle bieten gerade in ihrer Nebeneinanderstellung eine gute Reibungsfläche für Führungskräfte. In der Auseinandersetzung mit beiden Konzepten können dem eigenen Führungsstil zu Grunde liegende Glaubenssätze überprüft und diskutiert werden. Deshalb kann die Diskussion der Modelle zu einem sehr interessanten Punkt in einer Führungskräfteentwicklung werden.

Weiterführende Literatur

- DECI, E. L. (1985). Intrinsic Motivation and Self-Determination in Human Behavior. Kluwer Academic Publishers.
- DECI, E. L.; VROOM, V. H. (HRSG.) (1989). Management and Motivation. Penguin Business.
- DECI, E. L.; FLASTE, R. (1996). Why we do what we do: understanding self-motivation. Reprint, Penguin Books.
- RHEINBERG, F. (2004). Motivation. 5. Auflage. Stuttgart: Kohlhammer.
- REISS, S. (2005). Extrinsic and Intrinsic Motivation at 30: unresolved scientific issues. In: The Behaviour Analyst. No 1, 28, S. 1-14.
- SPRENGER, REINHARD K. (1997). Mythos Motivation. Wege aus einer Sackgasse. 12. Auflage. Frankfurt a.M.: Campus.
- STÖßEL, D. (Erscheinungsjahr unbekannt). Verdrängt die extrinsische die intrinsische Motivation? Eine empirische Untersuchung anhand von Unternehmen am Neuen Markt. Hamburg: Diplomica.

Flow-Konzept

Ziel

Das „Flow-Konzept" bildet einen Zustand ab, den wir während einer intrinsisch motivierten Handlung erleben. Die Teilnehmer können durch die idealtypische Darstellung des Konzepts viele Rückschlüsse auf die Gestaltung ihres eigenen Alltags ziehen. Führungskräfte erhalten Hinweise auf die Optimierung von Arbeitsprozessen und den Einsatz von Mitarbeitern, denn das Konzept stellt einen Zusammenhang zwischen den Fähigkeiten des Mitarbeiters und der Herausforderung durch seine Aufgaben her.

Kontext

- Führung
- Mitarbeitermotivation
- Zielvereinbarung
- Team
- Selbstmotivation

Theorie

Das „Flow-Konzept" der Motivation basiert auf den Annahmen intrinsischer Motivation. Es geht auf die empirischen Arbeiten des gebürtigen Ungarn, der heute in den USA lebt und forscht, Mihalyi Czikszentmihalyi (ausgesprochen: tschik-sent-mi-ha-ie) zurück. Seit Mitte der 90er Jahre fand er heraus, dass Menschen am glücklichsten bei der Arbeit sind, wenn sie sich in einem so genannten „Flow-Erleben" befinden.

Die Idee des Flow beinhaltet ein Einssein mit sich, dem Erfüllen der aktuellen Aufgabe. Zeit und Raum als maßgebende Dimensionen verlieren ihre Bedeutung für den Moment. Czikszentmihalyi selbst beschreibt Flow als *„being completely involved in an activity for its own sake. The ego falls away. Time flies. Every action, movement, and thought follows inevitably from the previous one, like playing jazz. Your whole being is involved, and you're using your skills to the utmost."*

Im Flow kommen Aufmerksamkeit, Motivation und die aktuelle Aufgabe so zusammen, dass sie in einen Status produktiver Harmonie münden. Der Mitarbeiter verspürt eine sehr hohe Arbeitszufriedenheit.

Czikszentmihalyi definiert Flow-Situationen folgendermaßen, wobei nicht alle Bestandteile gegeben sein müssen:
- Man ist der Aktivität gewachsen.
- Man ist fähig, sich auf sein Tun zu konzentrieren.
- Die Aktivität hat deutliche Ziele.
- Die Aktivität hat unmittelbare Rückmeldung.
- Man hat das Gefühl von Kontrolle über seine Aktivität.
- Die Sorgen um sich selbst verschwinden.
- Das Gefühl für Zeitabläufe ist verändert.
- Die Tätigkeit hat ihre Zielsetzung bei sich selbst, sie ist autotelisch.

Der Begriff „autotelisch" stellt in Csikszentmihalyis Theorie einen Schlüsselbegriff dar. Er setzt sich aus den griechischen Wörtern „auto" („selbst") und „telos" („Ziel") zusammen und bedeutet so viel wie Selbstzweck. Grundsätzlich bedeutet es, dass die Zielsetzung in einer Handlung selbst liegt.

Das Flow-Erleben

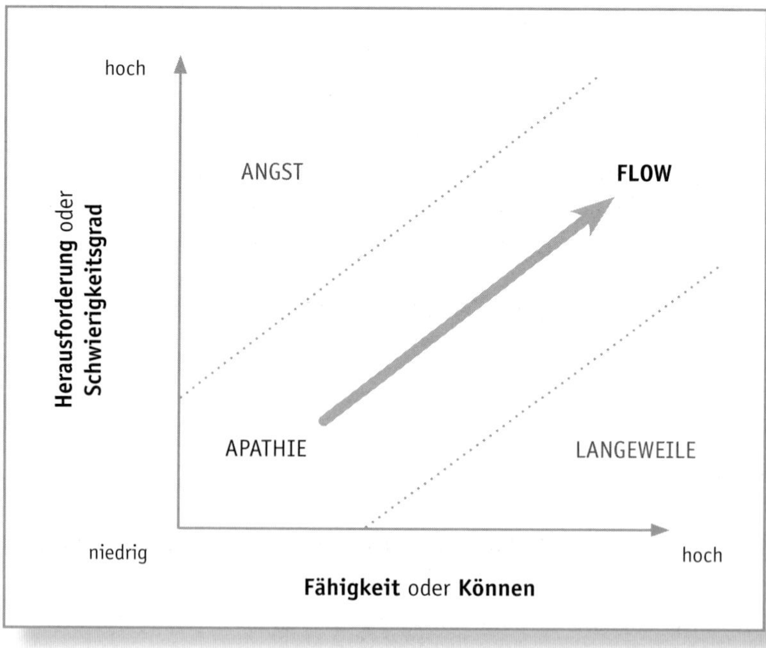

In Czikszentmihalyis Studien antworteten 15% der Befragten, sie hätten noch nie ein Flow-Erlebnis gehabt, wohingegen weitere 15% aussagten, täglich oder mehrmals am Tag ein Flow-Erleben zu verspüren.

Beflügelt wird das Flow-Erleben durch eine ausgefeilte Balance zwischen Herausforderung durch die Aufgabe und den Fähigkeiten des Ausführenden. Ist die Aufgabe zu schwer oder zu einfach, wird sich kein Flow-Erlebnis einstellen. Ebenfalls notwendig zur Herstellung des Flows ist eine gewisse Fähigkeit zu konzentrierter Aufmerksamkeit. So belegen Forschungen, dass Übungen in Meditation, Yoga oder Kampfsportarten die Fähigkeit zum Flow erhöhen.

Einführung

Anwendung

Nach Visualisierung des Konzeptes können Sie nach den persönlichen Erfahrungen der Teilnehmer mit dem Flow-Erleben fragen: *„Wann haben Sie selbst schon einmal ein Flow-Erlebnis gehabt? Unter welchen Bedingungen? Was bringt Sie in den Flow?"* Hierbei kann man auch Erfahrungen aus dem Freizeitbereich mit einfließen lassen, denn bei der Beschäftigung mit dem eigenen Hobby hatte in der Regel jeder Teilnehmer schon einmal ein Flow-Erlebnis.

Sammeln Sie die verschiedenen Flow-Beispiele der Teilnehmer am Flip-Chart. Sie können dazu genutzt werden, Czikszentmihalyis Konzept an den eigenen Erfahrungen zu überprüfen.

- „Wenn Sie an Ihr Flow-Erlebnis zurückdenken: Wie schwierig war die Aufgabe, die Sie zu bewältigen hatten?"
- „Und wie gut waren Sie in der Ausübung der Tätigkeit?"
- „Welche Vorerfahrung brachten Sie mit?"
- „Wie viel Vorwissen hatten Sie?"

Vertiefende Übung

„Den Flow fördern": Mitarbeitermotivation für Führungskräfte
(Gruppenübung mit Führungskräften)

Präsentieren Sie das „Flow-Konzept" und sammeln Sie mit den Führungskräften entlang der Achsen Beispiele aus deren Alltag. Sie gehen den Fragen nach: *„Welche Rahmenbedingungen verstecken sich hinter den beiden Achsen Fähigkeit des Mitarbeiters und Schwierigkeit der Aufgabe in unserem Führungsalltag? Was sind herausfordernde Aufgaben in unserem Unternehmen, welche Fähigkeiten unserer Mitarbeiter sind besonders gefordert?“*

Anschließend überlegen die Führungskräfte, inwieweit sich bei der Bearbeitung der oben gesammelten Tätigkeiten und Aufgaben ein Flow-Erlebnis einstellt.

Nachfolgende Fragen lauten:
- „Was bringt mich persönlich am Arbeitsplatz in den Flow?“
- „Wie kann ich als Führungskraft Rahmenbedingungen nach dem ‚Flow-Konzept‘ schaffen?“
- „Welche Bedingungen brauche ich/brauchen wir unbedingt?“
- „Welche sind (auch) möglich?“

Technische Hinweise

- „Den Flow fördern“: Flip-Chart mit vorbereitetem Koordinatensystem.

Kommentar

Das „Flow-Konzept“ beschreibt individuelles Erleben, das sich bei jedem Einzelnen in unterschiedlicher Form und bei der Ausübung unterschiedlicher Aufgaben einstellt. Daher ist es besonders wichtig, sich bei der Vorstellung des Konzeptes mit jeder Form der Bewertung zurückzuhalten. Ansonsten können Teilnehmer bei der Reflexion der eigenen Arbeitssituation schnell auf den Gedanken kommen, sie hätten ihren Beruf verfehlt, wenn sie bisher noch kein oder nur wenig Flow-Erlebnisse hatten.

Querverweis

Extrinsische und intrinsische Motivation (S. 150)

Das „Flow-Konzept“ steht in direktem Zusammenhang mit intrinsischer Motivation. Eine intrinsisch motivierte Handlung stellt nach Czikszentmihalyis Ergebnissen die Voraussetzung für das Erleben eines Flows dar.

Weiterführende Literatur

- CZIKSZENTMIHALYI, M. (2005). Das Flow-Erlebnis. Jenseits von Angst und Langeweile: im Tun aufgehen. 7. Auflage. Stuttgart: Klett-Cotta.
- CZIKSZENTMIHALYI, M.; CZIKSZENTMIHALYI, I. S.(1995). Die außergewöhnliche Erfahrung im Alltag. Die Psychologie des Flow-Erlebnisses. 2. Auflage. Stuttgart: Klett-Cotta.
- CZIKSZENTMIHALYI, M. (2003). Good Business: Leadership, Flow, and the Making of Meaning. New York: Viking.
- KLEIN, S. (2003). Die Glücksformel. Oder wie die guten Gefühle entstehen. Reinbek: Rowohlt.

Hintergrund

Zum Abschluss einige Hintergrundinformationen zu den wichtigsten Urhebern der Theorien

▶ Mihaly Czikszentmihalyi (1935)

Psychologe und heute Professor für Psychologie an der Drucker School of Management at Claremont Graduate University in Kalifornien. Czikszentmihalyi wuchs in Ungarn auf und emigrierte als Jugendlicher in die USA. Zurzeit ist er Direktor des Quality of Life Research Center (QLRC). Das QLRC befasst sich mit der so genannten positiven Psychologie, ihr Forschungsgebiet sind die menschlichen Stärken wie Optimismus, Kreativität, intrinsische Motivation und Verantwortungsbewusstsein.

▶ Edward L. Deci (Geburtsjahr unbekannt)

Zeitgenössischer US-amerikanischer Professor für Klinische und Soziale Psychologie an der University of Rochester. Decis Schwerpunkt bildet die Motivationsforschung. Er ist Mitbegründer der Selbstbestimmungstheorie der Motivation und Leiter des „Human Motivation Program" der University of Rochester. Deci selbst beschreibt Selbstbestimmung als „to be self-determined is to endorse one`s actions at the highest level of reflection. When self-determined, people experience a sense of freedom, to do what is interesting, personally important and vitalizing."

▶ Heinz Heckhauen (1926 – 1988)

Deutscher Psychologe mit dem Forschungsschwerpunkt der Handlungsmotivation. Auf Heckhausens Arbeit geht das Rubikon-Modell der Handlungsphasen zurück. Er war Mitbegründer des Max-Planck-Instituts für Psychologische Forschung in München und übernahm dessen Leitung 1982.

▶ Frederick I. Herzberg (1923 – 2000)

US-amerikanischer Professor der Arbeitswissenschaften und klinischer Psychologe. Begründer der Zwei-Faktoren-Theorie der menschlichen Bedürfnisse, in der ein Zusammenhang zwischen der Bedürfnisbefriedigung am Arbeitsplatz und der individuellen Arbeitszufriedenheit hergestellt wird. Bekannt ist die Theorie ebenfalls unter den Begriffen „Motivator-Hygiene-Theorie“ oder „Herzberg-Theorie“. Bemerkenswert ist, dass er zur Stützung seiner theoretischen Annahmen Angehörige verschiedener Berufsgruppen in den USA und Europa befragte: US-amerikanische Vorarbeiter, berufstätige Frauen, Agrarökonomen, Manager kurz vor der Pensionierung, Krankenhausverwaltungspersonal, Werkmeister, Krankenschwestern, Lebensmittelhändler, Polizisten, Ingenieure, Wissenschaftler, weibliche Programmierer, Haushälterinnen, Buchhalter, finnische Vorarbeiter, ungarische Techniker ... Als Militärberater untersuchte er in den 1960er Jahren die Bedürfnisse von Offizieren. 1964 erhielt er die „Fulbright“-Mitgliedschaft in Finnland und leitete Studien in mehr als 20 Ländern.

▶ Julius Kuhl (1947)

Seit 1986 Professor für Differentielle Psychologie und Persönlichkeitsforschung an der Universität Osnabrück. Neben der Handlungskontrolltheorie geht das Konzept der Lage- und Handlungsorientierung auf seine Forschungsarbeit zurück.

▶ Kurt Lewin (1890 – 1947)

Lewin gilt als einer der einflussreichsten Pioniere der Sozialpsychologie und prominentester Vertreter der Gestalttheorie. Er studierte an den Universitäten Freiburg, München, Berlin und lehrte anschließend am Psychologischen Institut der Universität Berlin. Nach seiner Emigration in die USA hielt er eine Professur an der Stanford Universität in Kalifornien. Bedeutende Erkenntnisse lieferte Lewin durch eine Reihe von klassischen Experimenten zur Allgemeinen und Sozialpsychologie, zum Beispiel über die Auswirkungen verschiedener Führungsstile auf Gruppen und eine Reihe von bahnbrechenden Arbeiten in Entwicklungs- und Erziehungspsychologie.

▶ Abraham Harold Maslow (1908 – 1970)

Amerikanischer Psychologe. Maslow hielt Professuren für Psychologie an der Columbia University in New York und der Brandeis University in Boston. Seine ersten Untersuchungen mit Rhesusaffen fußten in behaviouristischen Annahmen und Konzepten, die in den 1940er Jahren weit verbreitet waren und dem Zeitgeist entsprachen.

Seine Entdeckung der Hierarchie von Bedürfnissen führte ihn seit den 1950er Jahren in eine neue Forschungs- und vor allem Denkrichtung: die Humanistische Psychologie. Einer ihrer wichtigsten Vertreter ist *Carl Rogers* (1902-1987). Rogers entwickelte einen eigenen Therapieansatz, der der Idee folgt, der Mensch sei von Natur aus gut und besäße die innere Tendenz, nach Autonomie und Selbstverwirklichung zu streben. Die Aufgabe des Gesprächspsychotherapeuten besteht darin, die postulierten Selbstheilungs- und Reifungskräfte des Klienten im Sinne einer konstruktiven Persönlichkeitsentwicklung zu stärken. Diese Grundannahmen Rogers sind wichtige Eckpfeiler der Humanistischen Psychologie, deren wichtigster Verfechter später Maslow wurde.

Maslows bereits 1954 veröffentlichtes Modell der Hierarchie der Bedürfnisse verdeutlicht vor allem die hervorgehobene Stellung und Bedeutung der Selbstverwirklichung für die Entwicklung des Individuums. Die Auseinandersetzung mit den Aspekten der menschlichen Selbstverwirklichung blieb für ihn auch in weiteren Forschungen zentrales Thema.

Maslows Bedürfnispyramide in der Originalfassung

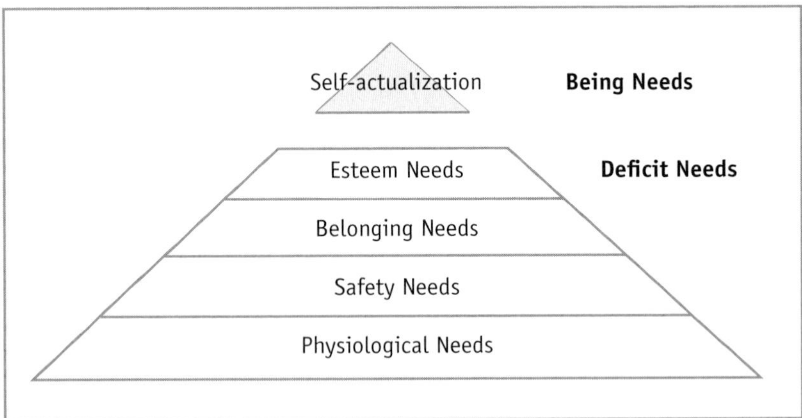

▶ Henry A. Murray (1893 – 1988)

Der US-Amerikaner Henry A. Murray studierte zunächst Medizin und Biologie. Später wandte Murray sich der psychologischen Forschung zu und wurde unter anderem Leiter der Harvard Psychological Clinic, von der aus er auch an der Harvard University lehrte. Einer seiner Forschungsschwerpunkte war die menschliche Motivation, der er sich in seinem Standardwerk „Explorations in Personality" von 1938 widmet. Hier beschreibt und entwickelt er den unter anderem auf ihn zurückgehenden psychologischen Test TAT, den Thematic Apperception Test. Hierbei werden Motive mithilfe von dargebotenen Bildern ermittelt. Als ein Ergebnis seiner Forschungen hat Murray eine umfassende Liste universell nachweisbarer Bedürfnisse aufgestellt, die auch heute noch die Grundlage für motivationstheoretische Überlegungen bildet.

▶ Steven Reiss (Geburtsjahr unbekannt)

Zeitgenössischer US-amerikanischer Verhaltenspsychologe und Professor für Psychologie und Psychiatrie an der Ohio State University, USA. In jahrelangen Untersuchungen mit weltweit über 10.000 Versuchspersonen fand er heraus, dass es im Wesentlichen 16 „Lebensmotive" sind, die unser Leben bestimmen.

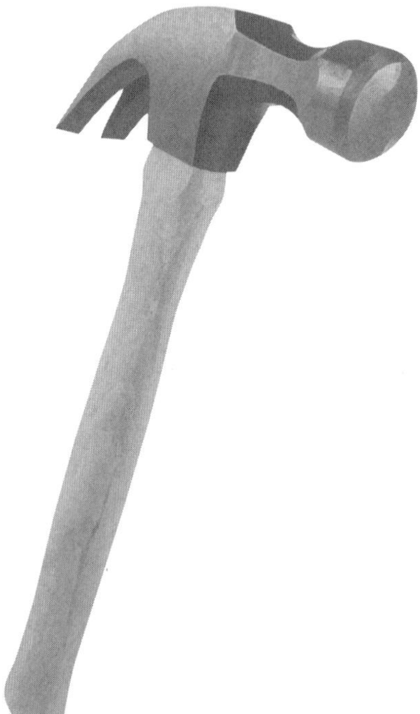

Vier

Stress

Die Modelle im Überblick:

Der Begriff Stress leitet sich aus dem Englischen Begriff für Druck, Kraft her. In der Geologie bezeichnet er tektonische Vorgänge, bei denen einseitiger Druck ausgeübt wird. In der Werkstoffkunde ist der Begriff Stress für unter Druck stehendes Material gebräuchlich. In der Biologie dient der Begriff zur Beschreibung einer Anpassungsleistung des Organismus auf äußere Anforderungen.

In der Psychologie wird der Begriff Stress zur Bezeichnung von psychischen Spannungs- und Erregungszuständen verwandt.

Im Berufsleben steigen die Anforderungen an den Einzelnen zunehmend. Zeitnot, Hektik und Erfolgsdruck gehören für viele Menschen mittlerweile zum Alltag. Die dabei entstehende tägliche Anspannung und Belastung führt allerdings häufig zu körperlichen Beschwerden und einem langfristigen Abfall der Leistungsfähigkeit. Dauerhafter Stress kann die Gesundheit und Lebensqualität erheblich beeinträchtigen.

Sich der wesentlichen Entstehungsprozesse bewusst zu werden und somit eine Basis zur individuellen Stressregulierung zu entdecken, trägt dabei in der Regel schon zu einer Stressreduzierung bei.

In dem folgenden Kapitel sollen daher zwei wesentliche Theorien der Stressentstehung vorgestellt werden. Während die *„Stresstheorie nach Hans Selyes"* vor allem grundsätzliche körperliche und biologische Prozesse in den Blick nimmt, beschreibt das *„Stressmodell nach Richard Lazarus"* die kognitiven Prozesse, die mit einer Stressreaktion einhergehen. Sie bauen inhaltlich und zeitlich aufeinander auf und werden daher nacheinander dargestellt.

Im Anschluss findet sich der Abschnitt *„Stressbewältigung"*, in dem wir übergreifend Ableitungen und konkrete Maßnahmen aus den vorangehenden Theorien anbieten, die im Trainingsalltag als Strategien zur Stressbewältigung zum Einsatz kommen können.

Zitate

Zum Einstieg, zur Diskussion oder zur Auflockerung

Du weißt nicht mehr, wie Blumen duften, kennst nur die Arbeit und das Schuften ... so gehen sie hin die schönsten Jahre, am Ende liegst Du auf der Bahre und hinter dir da grinst der Tod: Kaputtgerackert – Vollidiot!! (Joachim Ringelnatz)

Die Kunst des Ausruhens ist ein Teil der Kunst des Arbeitens. (John Steinbeck)

„Die Leute", sagte der kleine Prinz, „schieben sich in die Schnellzüge, aber sie wissen gar nicht, wohin sie fahren wollen. Nachher regen sie sich auf und drehen sich im Kreis ..." Und fügte hinzu: „Das ist nicht der Mühe wert ..." (Antoine de Saint-Exupéry)

Es gibt Wichtigeres im Leben, als beständig dessen Geschwindigkeit zu erhöhen. (Mahatma Gandhi)

Wer eilt, erreicht als Erster das Grab. (spanisches Sprichwort)

Glaube, dass das Leben lebenswert ist, und dein Glaube wird dir helfen, daraus eine Tatsache zu machen. (William James)

Es genügt schon lange nicht mehr, mit der Zeit zu gehen. Man muss mit ihr joggen. (Bernhard Wicki)

Zeitmanagement ist Unsinn. Sie können die Zeit nicht managen – nur Ihr Verhalten. (Michael Kastner)

Das Umgekehrte von „stressed" ist „desserts". (Sir Peter Ustinov)

Durch Veränderung des Standpunktes gewinnt man viel an Perspektive. (unbekannt)

Wir leben in einer Zeit vollkommener Mittel und verworrener Ziele. (Albert Einstein)

Stresstheorie nach Selye

Ziel

Die „Stresstheorie nach Selye" verdeutlicht anschaulich die biologischen Ursachen von Stress und die mit einer Stressreaktion einhergehenden Mechanismen. Sie betont den Nutzen, den diese menschheitsgeschichtlich überlebenswichtigen körperlichen Reaktionen in Gefahrensituationen haben können.

Kontext

- Lernen
- Selbststeuerung
- Konflikt
- Führen

Theorie

Seit 1936 forschte der Mediziner Hans Selye in Kanada an den biochemischen Mechanismen der Stressreaktion. Seine wegweisenden Erkenntnisse veröffentlichte er in mehr als 25 Büchern und gilt als „Vater der Stressforschung". Sein transaktionales[1] „Stressmodell" besagt, dass das menschliche Stressempfinden eine Anpassungsreaktion des Körpers auf ein Ereignis darstellt. Diese Reaktion verläuft in drei Phasen:

1. Alarmreaktion
2. Widerstandsphase
3. Erschöpfungsphase

[1] Zur Erläuterung des Begriffs „transaktional" siehe den Abschnitt „Transaktionsanalyse" im Kapitel Kommunikation, Seite 50

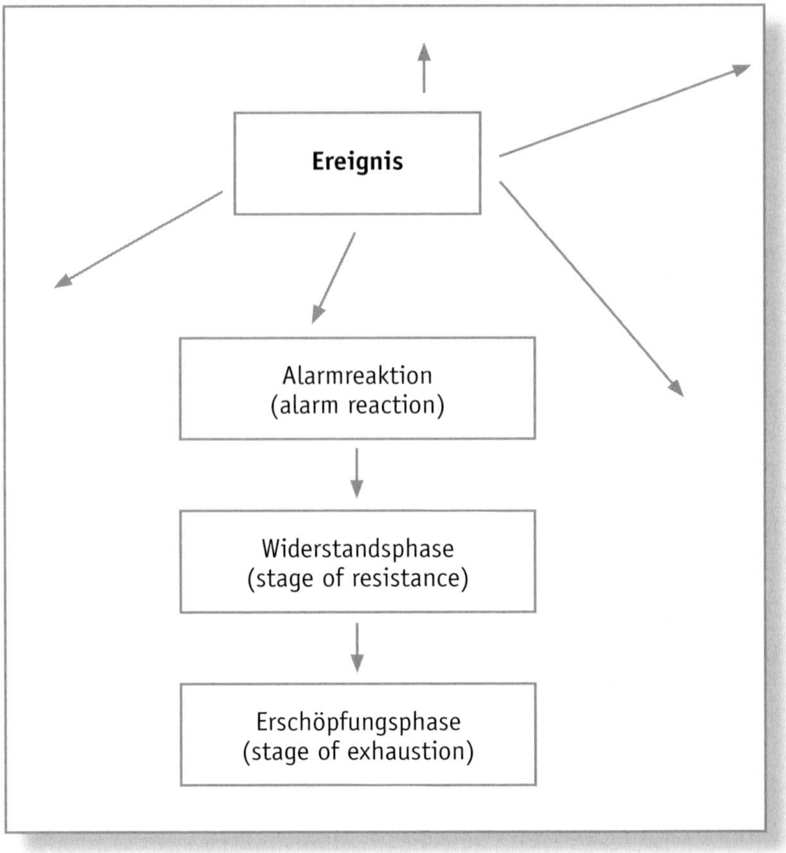

Drei Phasen einer Anpassungsreaktion

1. Alarmreaktion

Durch ein auslösendes Ereignis erhält das Gehirn über verschiedene Wahrnehmungskanäle den Hinweis, dass nun ein besonderes Leistungspotenzial benötigt wird, um mit der Situation zurechtzukommen. Der Körper gerät in eine Art Schockzustand und löst verschiedene biochemische Prozesse aus. Durch die Aktivierung des Sympathikus (Teil des autonomen Nervensystems, der besonders die Eingeweide versorgt) und eine vermehrte Hormonausschüttung können sich in dieser Phase folgende körperliche Reaktionen einstellen:

Aktivierung des Sympathikus

- Verengung der Blutgefäße
- Gänsehaut durch Verengung der Hautgefäße

- Verlangsamte Magen-Darm-Tätigkeit
- Pupillenerweiterung
- Bronchialerweiterung

Ausschüttung der Hormone: Noradrenalin und Adrenalin
- Erhöhte Muskeldurchblutung
- Verengung von inneren Organen
- Blutdruckerhöhung
- Erhöhte Sauerstoffversorgung

Diese Mechanismen befähigen den Körper zu schnellen Reaktionen, versetzen ihn also in Alarmbereitschaft. In diesem Zustand ist der Körper zu wahren Höchstleistungen fähig. Alle lebenswichtigen Funktionen, die Sauerstoffversorgung und die gute Durchblutung wichtiger Muskelgruppen werden erhöht. Gleichzeitig vermindert der Körper Prozesse, die für die Alarmsituation weniger wichtig sind, wie die Magen-Darm-Tätigkeit und die Durchblutung innerer Organe. So ist gewährleistet, dass die zur Verfügung stehenden Energiereserven sparsam genutzt werden und so zum Beispiel bei einem Flucht- oder Angriffsversuch optimal genutzt werden können.

2. Widerstandsphase

In dieser Phase erreicht die Anpassungsleistung des Körpers ihr Optimum. Bei länger andauernden Stressreaktionen kommt es zu einer Gegensteuerung mithilfe des Parasympathikus. Die aktivierende Wirkung des Sympathikus wird dadurch abgeschwächt. Die Hormonausschüttung bleibt jedoch konstant hoch.

3. Erschöpfungsphase

In der Erschöpfungsphase kommt es zu Energiebereitstellungsproblemen. Dadurch können die ausgleichenden Prozesse von Erregung und Gegensteuerung der Widerstandsphase nicht mehr optimal wirken. Dieser Erschöpfungszustand zieht meist weitreichende Folgen nach sich, beispielsweise folgende:
- Schwächung der Immunabwehr
- Gewichtsverlust
- Psychosomatische Störungen
- Herz- und Nierenkrankheiten
- Entzündungen
- Allergien

Hans Selye war es, der als Erster darauf aufmerksam machte, dass Stressreaktionen nicht ausschließlich negativ zu sehen sind. In seinem Stresskonzept weist er auf zwei Arten von Stress hin, den Eustress (von griech.: eu = gut) und den Distress (von lat.: dis = schlecht).

- *Eustress* ist die positive, angenehme Form von Stress. Dieser spornt den menschlichen Körper zu Höchstleistungen an und erleichtert damit Erfolgserlebnisse. Beim Eustress ist biochemisch gesehen Noradrenalin der Hauptakteur, was sich positiv auf die Ausschüttung von Glückshormonen wie Endorphine und Serotonine auswirkt.

- *Distress* ist die negativ empfundene Form von Stress, die den Körper langfristig in eine Dauerbereitschaft zu Kampf oder Flucht versetzt. Die dauernde Ausschüttung von Adrenalin und Noradrenalin sowie weiterer Hormone und Botenstoffe führt mittelfristig zu Erkrankungen, Überforderung und Leistungsabfall.

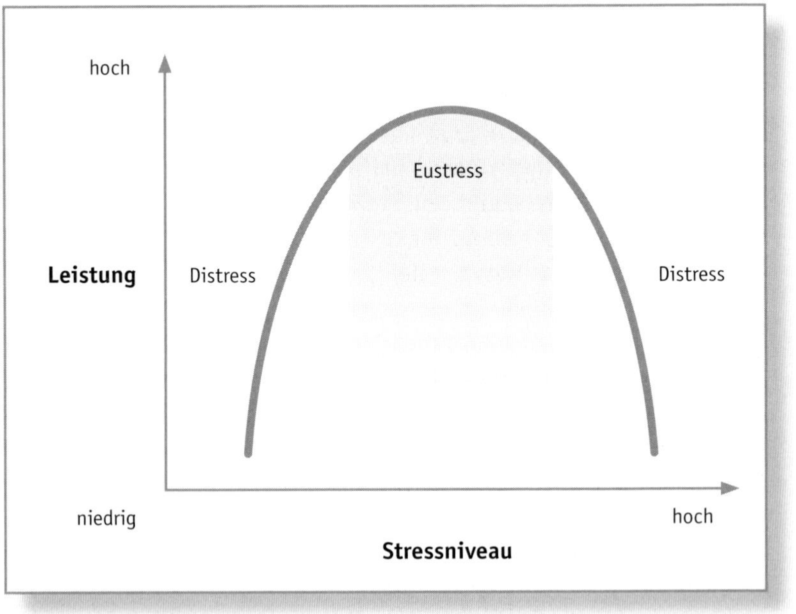

Distress und Eustress

Die Grafik veranschaulicht zudem, dass negativer Stress nicht ausschließlich durch eine Überforderung ausgelöst wird. Vielmehr kann auch eine zu monotone, wenig herausfordernde Arbeit belastend wirken und zu den oben beschriebenen körperlichen Symptomen führen. Die optimale und gesunde Leistungsfähigkeit liegt bei einem mittleren Stressniveau. Dass dieses nicht absolut ist, sondern von Person zu Person variiert, wird besonders durch das „Stressmodell" von Lazarus (s. Seite 178) in diesem Kapitel verdeutlicht.

Einführung

Anwendung

Zur Einführung dieses Modells empfiehlt sich eine Diskussion zum Nutzen von Stressreaktionen. Beispiele von Extremsituationen helfen an dieser Stelle zu verdeutlichen, warum es so wichtig ist, dass es diese körperlichen Reaktionen gibt und dass sie in der Regel ganz automatisch und ohne willentliche Kontrolle ablaufen.

Beispiel 1: Unfallsituation

In einer potenziellen Unfallsituation gelingt es uns in der Regel, innerhalb von Millisekunden zu reagieren. Jeder Muskel unseres Körpers ist angespannt, die Durchblutung läuft auf Hochtouren und unser Verstand ist hellwach. In diesem Zusammenhang kommt es sogar häufig zu einer Art „Zeitlupeneffekt". Das heißt, der Betroffene nimmt plötzlich jedes Detail in einem angenehmen Tempo wahr. Nicht wenige Unfälle sind durch diese Mechanismen noch in letzter Sekunde verhindert worden. Die meisten Teilnehmer haben schon einmal eine solche Situation erlebt, es wird viele Beispielszenen aus dem Plenum geben.

Beispiel 2: Prüfungssituationen

Fragen Sie die Teilnehmer nach einer vergangenen und sehr wichtigen Prüfungssituation. Oder beginnen Sie vielleicht sogar mit einer Situation aus Ihren eigenen Erfahrungen. Auch bei diesem Beispiel wird deutlich, wie der Körper uns zu Höchstleistungen bringen kann. In den meisten Fällen ist die Aufmerksamkeit höher, das heißt, man nimmt die Umgebung viel stärker wahr. Häufig kann man sich auch noch an ganz konkrete Sätze der Prüfer erinnern. Der Prüfling selbst ist hochkonzentriert und hinterher oft selbst überrascht, wie gut er sich geschlagen hat. Sollten aus dem Plenum nur „negative" Situationen kommen, können Sie daran aufarbeiten, dass Stress in einem gewissen Level bleiben muss, da es sonst zu Leistungseinbußen kommt.

Vertiefende Übung

„Der Reaktion auf der Spur" (Einzelübung und Plenumsarbeit)

Je nachdem, in welchem Kontext das Thema „Stress" eingeführt wird, eignen sich hier verschiedene Möglichkeiten, um den körperlichen Reaktionen genauer auf den Grund zu gehen. Ihnen allen ist gemeinsam, dass die Teilnehmer eine „aufregende" Aufgabe bekommen, die sie alleine oder in Gruppenarbeit zu erledigen haben. Im Anschluss an die Aufgabe kommt es zu einer Auswertung im Plenum. Dort halten Sie auf einem Flip-Chart alle körperlichen Reaktionen fest, welche die Teilnehmer während dieser Aufgabe oder auch schon in Erwartung der Aufgabe verspürt haben. Damit erhält man eine interessante Auflistung von körperlichen Begleiterscheinungen von Stresssituationen. Anschließend kann man dann vertiefend behandeln, auf was sich diese Reaktionen zurückführen lassen.

▶ **Beispiel Rhetorik**

Bitten Sie einige oder alle Teilnehmer nacheinander aufzustehen, nach vorne zu kommen und eine spontane Kurzrede zu einem vorgegebenen Thema zu halten.

▶ **Beispiel Selbstsicherheit**

Beauftragen Sie die Teilnehmer, Fragen zum Thema: *„Was ich schon immer von Männern/Frauen wissen wollte"* zu entwickeln. Sammeln Sie die Fragen an einer Pinwand und bitten Sie die Teilnehmer, sich zwei herauszunehmen, die sie besonders interessieren. Daraufhin werden die Teilnehmer gebeten, mit einem Passanten oder einer Passantin z.B. auf der Straße ein Interview anhand der gewählten Fragen zu führen.

▶ **Beispiel Zeitmanagement**

Geben Sie den Teilnehmern eine anspruchsvolle Aufgabe vor und setzen Sie zur Bearbeitung ein enges Zeitlimit. Je nach Gruppengröße und Zeitumfang können das Bastelaufgaben, Rechenaufgaben, Rätsel oder alles zusammen sein. Eine Bildung von Gruppen erhöht hierbei meist den Wettbewerbsfaktor und die Spannung.

Technische Hinweise

- „Selbstsicherheit": Pinwände, Moderationskarten, Papier, Stifte.
- „Zeitmanagement": Vorbereitete Aufgabe, Papier, Stifte.

Querverweis

Stressmodell nach Lazarus (S. 178)

Selye beschreibt die biologischen Vorgänge und Prozesse im menschlichen Körper sehr ausführlich. Doch Selye lässt offen, welche Reize genau es sind, die Stressreaktionen auslösen; und weshalb ein und derselbe Reiz für den einen eine große Belastung darstellt, für den anderen aber nicht. Auf diese Fragen gibt hingegen das „Stressmodell" von Lazarus eine Antwort.

Weiterführende Literatur

- BRAND, M.; MARKOWITSCH, H. J.; PRITZEL, M. (2003). Gehirn und Verhalten. Ein Grundkurs der physiologischen Psychologie. Heidelberg: Spektrum Akademischer Verlag.
- LINNEWEH, K. (2002). Stresskompetenz. Weinheim: Beltz.
- SELYE, H. (1953). Einführung in die Lehre von Adaptationssyndromen. Stuttgart: Thieme.
- SELYE, H. (1982). Stress. Bewältigung und Lebensgewinn. München: Piper.
- SELYE, H. (1984). Stress, mein Leben. Erinnerungen eines Forschers. Frankfurt am Main: Fischer Taschenbuch.

Stressmodell nach Lazarus

Ziel

Mithilfe des „Stressmodells nach Lazarus" lassen sich komplexe Stressempfindungen und Entstehungsprozesse erklären. Das Modell verdeutlicht typische Abläufe der Stressreaktion und ermöglicht so die Erarbeitung von Bewältigungsstrategien. Es unterstreicht die Tatsache, dass individuelle Faktoren unser Stressempfinden beeinflussen.

Kontext

- Motivation
- Lernen
- Selbststeuerung
- Konflikt
- Führen
- Change-Management

Theorie

Seit 1952 erforschte der amerikanische Psychologe Richard Lazarus Bedingungen und die Beschaffenheit von Stressreaktionen. Die Stressforschung war zu jener Zeit ein recht verbreitetes Thema; sie beschäftigte sich vor allem mit dem widersprüchlichen Verhalten von Soldaten in Kampfeinsätzen während des Zweiten Weltkriegs. Wichtige Fragen basierten auf noch nicht verblassten Kriegserfahrungen:

- Warum waren Soldaten im Kampfeinsatz unter bestimmten Umständen nicht mehr in der Lage, ihre Waffen abzufeuern?
- Warum hatten Soldaten ernsthafte Beeinträchtigungen lebenswichtiger Fertigkeiten, wie der Wahrnehmung und Motorik?
- Warum ergaben sich einige unnötig dem Feind?
- Warum entwickelten einige von ihnen neurotische oder sogar psychotische Symptome?

Erst nach Mitte der 60er Jahre begann die Stressforschung sich allmählich auf Stresssituationen des zivilen Lebens zu konzentrieren. Lazarus ging dabei den Fragen nach:

- Welche Bedingungen lösen welche Arten von Stressreaktionen aus?
- Welche Bewältigungsstrategien wurden verwendet?
- Welche dieser Strategien sind besonders effektiv?

Seine Arbeit mündete 1972 in die Veröffentlichung eines Erklärungsmodells, dem transaktionalen[2] „Stressmodell nach Lazarus".

Dieses Modell grenzt sich von der Vielzahl anderer Erklärungsmodelle dadurch ab, dass es den komplexen Wechselwirkungsprozess zwischen objektiven Umweltreizen und der handelnden Person beschreibt, daher auch der Begriff transaktional. Grundlegend für das Ausmaß der Stressreaktion ist dabei die Beantwortung der Frage, ob das Individuum glaubt, eine Situation bewältigen zu können oder ob es annimmt, dass die Situation die eigenen Kräfte und Fähigkeiten übersteigt. Verschiedene Persönlichkeitsfaktoren wie ein stabiles Selbstbild und eine hohe Überzeugung, die Umwelt beeinflussen zu können, sind daher entscheidende Größen bei der Entstehung des Stressempfindens. Bedeutsam für den Stressgehalt einer Situation sind also nicht die objektiven Merkmale dieser Situation, sondern die Gedanken, Empfindungen und Überlegungen der davon betroffenen Person. Ein Reiz ist nicht deshalb stressend, weil er eine bestimmte Intensität übersteigt, sondern er wird erst durch die subjektiven Wahrnehmungen und Bewertungen dessen, der ihn erlebt, zu einem Stressreiz.

Menschheitsgeschichtlich betrachtet, dienen Stressreaktionen der Sicherung unseres Überlebens. Daher erklären sich die Vorgänge während einer Stressreaktion auch aus sehr alten Überlebenssituationen, denen wir im Berufsalltag nur noch selten ausgesetzt sind. So greift der neue Kollege nicht mit einer Waffe in der Hand an, um meine Beute zu rauben, sondern mit Worten, um uns von einer neuen Idee zu überzeugen.

---

[2] Für eine ausführliche Erläuterung des Begriffs „transaktional" siehe den Abschnitt „Transaktionsanalyse" im Kapitel Kommunikation, Seite 50

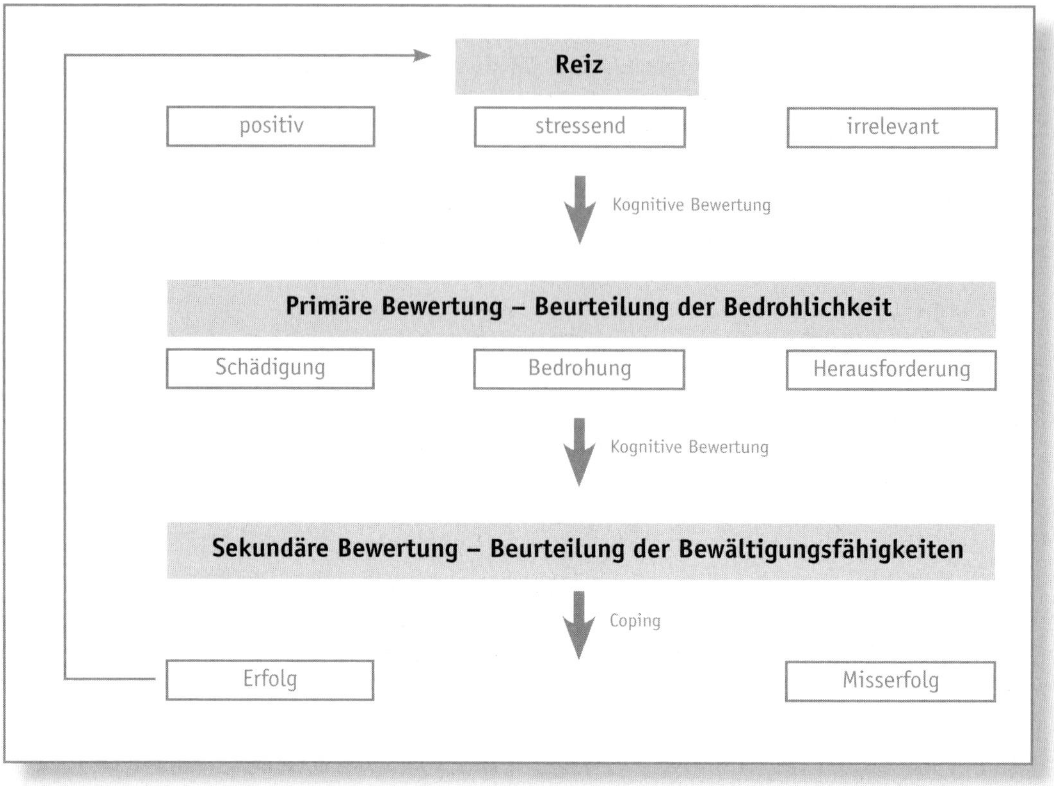

Stressmodell nach Lazarus

Die subjektive Bewertung der objektiven Reize erfolgt automatisch, ohne unser bewusstes Dazutun. Sie verläuft nach Lazarus in drei Stufen:

Primäre Bewertung

In der Phase der Primärbewertung wird ein unangenehmer Umweltreiz wahrgenommen und hinsichtlich seiner Gefährlichkeit beurteilt. Je nach Einschätzung kann der gleiche Reiz als schädigend, bedrohend oder, im positiven Sinne, als herausfordernd gesehen werden.

Beispiel: Ein Steinzeitjäger trifft, während er alleine auf Nahrungssuche ist, auf ein Mammut. Da er das Mammut auf kurzer Entfernung erspäht und er alleine unterwegs ist, nimmt er die Situation als Bedrohung wahr. Ein anderer Jäger ist kürzlich von einem Mammut getötet worden.

Sekundäre Bewertung

Bei der Sekundärbewertung werden die zur Verfügung stehenden Ressourcen und die eigenen Fähigkeiten daraufhin bewertet, wie sie zur Bewältigung der Situation genutzt werden können. Kommt die Person zu dem Schluss, dass sie alle nötigen Fähigkeiten besitzt, die Situation zu meistern, wird das Stressniveau sehr gering ausfallen. Fehlen aber entscheidende Ressourcen, steigt das Stressniveau an und die Person erwartet eine negative Konsequenz. In Abhängigkeit von den Kennzeichen der Situation und den gesehenen Bewältigungsmöglichkeiten beschließt die handelnde Person eine so genannte Coping-Strategie. Coping[3] ist dabei der entscheidende Regulationsmechanismus und beinhaltet verschiedene Verhaltensalternativen. Diese können sehr unterschiedlich aussehen und reichen von aktiven Maßnahmen zur Situationsveränderung bis zu Verleugnungsstrategien. Über Erfolgs- und Misserfolgserlebnisse lernt der Mensch diese Strategien selektiv einzusetzen. Die Strategien, die besonders erfolgreich für Stressbewältigung waren, werden auch in Zukunft wieder eingesetzt. Strategien, die den Stress erhöht haben oder ihn nicht bewältigen konnten, werden nicht mehr angewandt.

Beispiel: Unser Steinzeitjäger hat Pfeil und Bogen dabei, die er seit 10 Jahren fast täglich benutzt. Er ist geübt und hat positive Vorerfahrungen, denn er hat bereits ein Mammut auf kurze Distanz mit Pfeil und Bogen erlegt. Er nutzt seine Jagdinstrumente und greift das Tier an.

Neubewertung

Hier werden die äußeren und inneren Bedingungen noch einmal reflektiert. Die ursprüngliche Situation wird noch einmal bewertet und die Bewältigungsstrategie evaluiert. Das Ergebnis dieser Neubewertung fließt dann in die Wahrnehmung kommender Situationen ein.

Beispiel: Der Steinzeitjäger hat das Mammut erlegt. Er geht zufrieden zu seiner Sippe und wird auch beim nächsten Zusammentreffen mit einem Mammut Pfeil und Bogen einsetzen.

---

[3] Coping: engl. für bewältigen

Anwendung

Einführung

Sehr spannend ist der Einstieg mit einer Diskussionsrunde zum Thema: was ist Stress überhaupt? Hier stellt sich in der Regel heraus, dass unter Stress viele verschiedene Aspekte verstanden werden. Es empfiehlt sich dazu eine Sammlung am Flip-Chart oder der Pinwand. Alternativ können die Teilnehmer auch zunächst eine eigene Sammlung in Form einer Kleingruppenarbeit vornehmen. Hierbei sollten die Teilnehmer reflektieren, was für sie Stress bedeutet und welche typischen Reaktionen auf solche Stresssituationen folgen. Dabei wird schon in den Kleingruppendiskussionen deutlich, dass jeder Teilnehmer andere „Stressoren" als belastend empfindet und auch die Reaktionen auf diese Reize sehr unterschiedlich ausfallen können.

Vertiefende Übung

„Selbsttest Stress" (Einzelübung)

Bereiten Sie eine Liste mit typischen Stressoren wie Zeitdruck, hohe Verantwortung, Ärger mit Kollegen, unklare Aufgabenstellung usw. vor. Die Liste sollte möglichst vielseitig sein und verschiedene Stressauslöser berücksichtigen. Lassen Sie im Anschluss an die Liste zwei, drei Zeilen frei, so dass fehlende Stressoren ergänzt werden können. Alternativ können Sie diese Auslöser auch mit den Teilnehmern sammeln und an der Pinwand festhalten. Nun bitten Sie die Teilnehmer, in Einzelarbeit für jeden Stressor zwei Werte zu vergeben. Einmal, wie häufig er auftritt und zum anderen, als wie belastend er empfunden wird. Dabei kann eine Skala von 0-3 vergeben werden. 0 steht für: „tritt nie auf und ist nicht belastend"; 3 steht für: „tritt sehr häufig auf und ist stark belastend". Aus der Multiplikation der beiden Werte entsteht dann ein Wert für die spezifische Stressbelastung.

Mögliche Stressoren	**Häufigkeit x Bewertung = Belastung**								
	nie	**manch-mal**	**häufig**	**sehr oft**	**nicht störend**	**kaum störend**	**ziemlich störend**	**stark störend**	**Ergebnis**
	0	**1**	**2**	**3**	**0**	**1**	**2**	**3**	
Zeitnot, Hetze			**2**				**2**		**4**
Ungenaue, widersprüchliche Anweisungen				**3**				**3**	**9**
Hohe Verantwortung		**1**					**2**		**2**
Konkurrenzdruck		**1**			**0**				**0**
Konflikte mit Kollegen		**1**						**3**	**3**
Telefonklingeln und andere Störungen				**3**			**2**		**6**
...		**1**			**0**				**0**
								Summe	**24**

Eine Beispieltabelle für den Selbsttest

Anschließend kann im Plenum diskutiert werden, warum Stressoren für manche wenig belastend sind und für andere sehr. Damit hat man in der Regel eine schöne Überleitung zur Einschätzung der eigenen Bewältigungskompetenzen, da diese Einschätzung die entscheidende Stellschraube für das Stressempfinden ist.

Weitergehend kann auch eine Gruppenarbeit zur Stressbewältigung angeschlossen werden. Anhand der rechten Spalte lassen sich nämlich die größten Stressfaktoren identifizieren. Die drei stärksten Stressoren können dann in Gruppen besprochen und Bewältigungsmöglichkeiten erarbeitet werden.

Technische Hinweise

- „Einführung“: Flip-Chart oder Pinwand.
- „Selbsttest“: Liste mit Stressoren vorbereiten.

Kommentar

Teilnehmer eines Stressbewältigungsseminars wünschen sich in der Regel, dass sie ihre Stresssituation schnell angehen können und einige Techniken lernen, mit denen sie in Zukunft ihren Alltag besser bewältigen können. Aus unserer Erfahrung ist es aber für den langfristigen Erfolg des Seminars wichtig, sich zunächst Zeit für ein wenig Ursachenforschung zu nehmen und die Teilnehmer zu einer Analyse der eigenen Stressreaktion zu bewegen.

Querverweise

Konflikt (ab S. 64)

Das Lazarus-Modell setzt bei der Bewertung einer Situation nach ihrem individuell eingeschätzten Bedrohungspotenzial an. Im Alltag kann dies bedeuten, dass manche Mitarbeiter Konflikte wahrnehmen, die andere gar nicht sehen, oder aber deren Bedrohungspotenzial unterschiedlich einschätzen. Bei der Klärung von Konflikten sollte also die unterschiedliche Wahrnehmung der Konfliktbeteiligten herausgearbeitet werden, denn sie erklärt oftmals die unterschiedlichen Reaktionsweisen der Beteiligten. Nehme ich eine Situation, also einen Reiz, als schädigend wahr, werde ich gestresster reagieren, als wenn ich ihn als Herausforderung bewerten würde.

Führung (ab S. 248)

Lazarus „Stressmodell" trifft wichtige Aussagen über das Verhalten von Menschen in Veränderungssituationen: Sie werden individuell verschieden reagieren. Einflussfaktoren sind Vorerfahrungen, negative wie positive, und auch die Einschätzung der eigenen Bewältigungskompetenz: Welche Fähigkeiten stehen mir zur Verfügung, um mit der neuen Situation zurechtzukommen? Bei der Steuerung eines Veränderungsprozesses sollten Führungskräfte und Projektleiter diese Komponenten berücksichtigen. Mitarbeiter werden in Belastungssituationen sehr unterschiedlich reagieren, was auch bedeuten wird, dass sie unterschiedliche Unterstützungen von Seiten der Führungskraft oder der Projektleitung benötigen werden.

Weiterführende Literatur

- BADURA, B. (2000). Fehlzeiten-Report 1999. Psychische Belastung am Arbeitsplatz. Berlin: Springer.
- BENZ, D. (2002). Motivation und Befinden bei betrieblichen Veränderungen. Beltz PVU.
- KALUZA, G. (2004). Stressbewältigung – Trainingsmanual zur psychologischen Gesundheitsförderung. Berlin: Springer.
- LAZARUS, R.S. (1966). Psychological stress and the coping process. McGraw-Hill Series in Psychology. New York: McGraw-Hill Book Company.
- LITZKE, S.; SCHUH, H. (2004). Stress, Mobbing und Burn-out am Arbeitsplatz. Berlin: Springer.
- PRITZEL, M.; BRAND, M.; MARKOWITSCH, H. J. (2003).Gehirn und Verhalten. Ein Grundkurs in der physiologischen Psychologie. Spektrum akademischer Verlag.
- SCHÜTZWALD, A. (unbekannt). Die kognitive Emotionstheorie von Richard S. Lazarus. Uni Bielefeld: www.uni-bielefeld.de/psychologie
- ULICH, E.; WÜLSER, M. (2005). Gesundheitsmanagement in Unternehmen. Arbeitspsychologische Perspektiven. Wiesbaden: Gabler.

Stressbewältigung

Ziel Ziel der „Stressbewältigung" ist eine bewusste Auseinandersetzung mit den eigenen Stressoren. Die Erarbeitung von Bewältigungsstrategien und die bewusste Nutzung von Ressourcen ermöglicht den Teilnehmern ein angemessenes Stress-Level, und damit eine optimale Leistungsfähigkeit, zu erreichen.

Kontext

- Motivation
- Lernen
- Selbststeuerung
- Konflikt

Theorie Die Feststellungen, die mit dem transaktionalen[4] „Stressmodell nach Lazarus" einhergehen, bilden den Ausgangspunkt für Stressbewältigungstechniken. Lazarus unterscheidet mögliche Stressbewältigungsstrategien zum einen in problem-fokussiertes Coping und zum anderen in emotions-fokussiertes Coping bzw. kognitive Strategien. Während Erstere tatsächliche Verhaltensweisen darstellen, die auf eine Änderung der Situation, in der das Individuum agiert, abzielen, bestehen Letztere in einer Neubewertung der aktuellen Reizgegebenheiten mit dem Ziel, den unangenehmen Effekt eines stressauslösenden Ereignisses zu vermindern, ohne dieses selbst direkt zu beeinflussen. Ereignisse und Reize, die eine Stressreaktion hervorrufen, werden als „Stressoren" bezeichnet.

Die bewusste Wahl von geeigneten Stressbewältigungsstrategien setzt eine Analyse der eigenen Situation voraus. Dabei ist es beson-

[4] Für eine ausführliche Erläuterung des Begriffs „transaktional" siehe den Abschnitt „Transaktionsanalyse" im Kapitel Kommunikation, Seite 50.

ders wichtig, sich der belastenden Stressoren bewusst zu werden und die individuellen Stressreaktionen zu reflektieren. Denn ein Großteil des Stresserlebens resultiert aus dem Gefühl, dass einem alles über den Kopf wächst. Es fehlt einem an Zeit und Muße, die eigene Situation einmal genauer zu betrachten und geeignete Strategien für die individuelle Stressbewältigung auszuwählen. Auch wenn die Ursachen vielfältig erscheinen, lassen sich Stressoren doch Kategorien zuordnen. Der Psychologe Philip G. Zimbardo schlägt folgende Einteilung vor:

Physikalische Stressoren

Unter diese Kategorie fallen objektive Umweltreize wie Hitze, Kälte, Lärm, Umweltbelastung, schlechtes Licht oder eine unvorteilhafte Arbeitsplatzgestaltung.

Psychische Stressoren

Unter dem Begriff „psychische Stressoren" werden Versagensängste, Zeitnot, Termindruck, Über- bzw. Unterforderung zusammengefasst.

Soziale Stressoren

Unter sozialen Stressoren versteht man jegliche Belastung, die aus einer Störung des Zusammenlebens mit unseren Mitmenschen entsteht. Hierzu gehören Konflikte am Arbeitsplatz, in der Familie oder mit Freunden, Mobbing, Rollenkonflikte oder der Verlust von Angehörigen.

Nach dem „Stressmodell" von Lazarus ist die Einschätzung der eigenen Fähigkeiten entscheidend für das Ausmaß der Stressreaktion. Verschiedene Studien der Arbeitswissenschaften und der Umweltpsychologie weisen auf drei zusätzliche Faktoren hin, welche die Stressreaktion beeinflussen. Demnach sind *Intensität, Dauer* und *Vorhersagbarkeit* des Reizes wichtige Einflussfaktoren für das Stresserleben. Unter Intensität versteht man das Ausmaß des Reizes. Das Stimmengewirr und Telefonklingeln in einem Großraumbüro ist demnach um einiges stressender als der Geräuschpegel in einem Einzelbüro. Flugzeuglärm ist in der Regel lauter als Autolärm. Aber auch sehr leise und damit wenig intensive Reize können Stress auslösen, wenn nur die Dauer entsprechend lang ist. Man denke dabei zum Beispiel an einen stetig tropfenden Wasserhahn. Die Vorhersagbarkeit eines Reizes hat direkt etwas mit unseren Bewältigungsstrategien zu tun. Wenn wir wissen, was uns erwartet, können wir uns geeignete Maßnahmen zur Bewältigung der Situation zurechtlegen; das Stressniveau bleibt somit niedriger.

Beispiel: In einer wichtigen Sitzung Ihrer Firma werden Sie von Ihrem Vorgesetzten gebeten, ganz spontan etwas über die neuesten Entwicklungen in Ihrer Abteilung zu erzählen. Sie haben nichts von dieser Aufforderung geahnt und die Aufregung ist damit um einiges größer, als wenn Sie eine kurze Präsentation hätten vorbereiten können und einen Notizzettel in der Hand hielten.

Diese drei Faktoren in Zusammenhang mit der Einschätzung, die Situation nicht bewältigen zu können, führen zur Stressreaktion. Dabei kann das Stressniveau solche Ausmaße erreichen, dass es zu einem deutlichen Leistungsabfall führt, welcher in einem Teufelskreis endet. Denn bleibt die Belastung auf hohem Niveau, kann es auf Grund weiterer Fehler zu vermehrten Misserfolgserlebnissen kommen, die wiederum das erlebte Stressniveau anheben. Betroffene trauen sich sukzessive immer weniger zu und finden durch eine erhöhte Fehlerrate auch immer mehr Bestätigung für dieses negative Erleben.

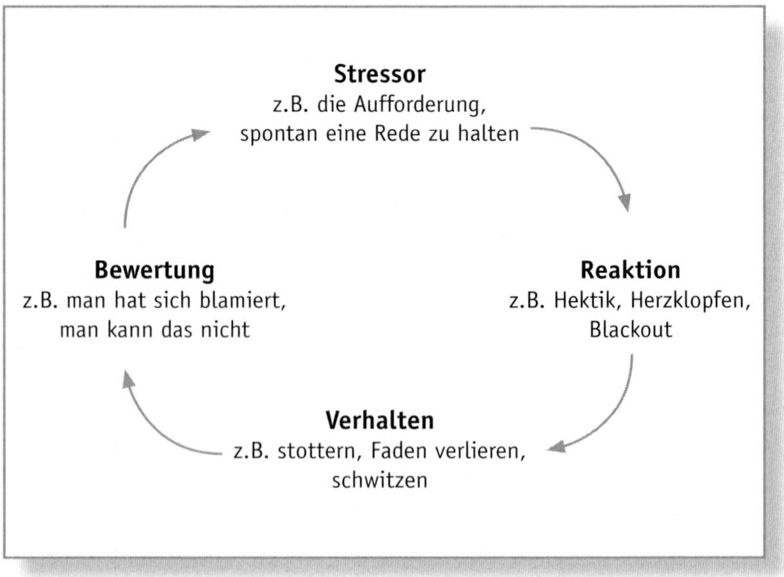

Der Teufelskreis der Stressreaktion

Ein gewisses Maß an Anforderung ist jedoch auch leistungsförderlich. Stress ist also nicht in jedem Fall negativ. Hans Selye (s. Seite 171) unterscheidet in seiner „Stresstheorie" zwei Arten von Stress, Eustress (griech.: eu= gut) und Distress (lat.: dis=schlecht).

Ziel der „Stressbewältigung" sollte es daher nicht sein, den Stress ganz zu eliminieren, sondern vielmehr, durch die Anwendung verschiedener Strategien, das Stressniveau in einen angenehmen Bereich zu verlagern (Eustress). Häufig bringt die Analyse der eigenen Stresssituation schon eine Entlastung, da man nun konkrete Ansatzpunkte sieht, an denen man mit einer der folgenden Bewältigungsstrategien ansetzen kann. Der Teufelskreis der Stressreaktion zeigt weitere vier Ansatzpunkte für eine gelungene Stressbewältigung auf.

Zunächst können die Maßnahmen direkt an dem *Stressor* selbst ansetzen. Dazu gehören alle Strategien, die sich auf eine Veränderung des als negativ erlebten Reizes beziehen. So kann man überraschendem und damit stressigem Termindruck durch eine gute Zeitplanung begegnen. Der Lärmpegel eines Großraumbüros lässt sich z.B. durch die Anschaffung leiser Drucker und einer Telefonanlage erzielen, die Anrufer mit Lichtsignal ankündigt. Allzu spontane Kollegen kann man in einem Gespräch um etwas mehr Vorlauf- und Vorbereitungszeit bitten.

Bewältigungsstrategien, die an der eigenen *Reaktion* ansetzen, zielen darauf ab, dass Erregungsniveau abzusenken und so eine angemessene Handlung zu ermöglichen. Hierzu kann es Sinn machen, sich typischer Reaktionen bewusst zu werden und nach Alternativmöglichkeiten zu suchen. Anstatt wie sonst in einer mündlichen Prüfung in Panik zu verfallen, weil man eine Frage nicht beantworten kann, könnte man in künftigen Prüfungen seine Nervosität ansprechen und bitten, noch einmal zu erläutern, worauf die Frage abzielt.

Strategien, die auf eine *Verhaltensänderung* abzielen, sind in der Regel eher längerfristig angelegt. Hier versucht man typische Verhaltensweisen, die zu Stress geführt haben, abzulegen und neue Verhaltensalternativen auszuprobieren. Stressoren sind häufig deshalb so belastend, weil die Betroffenen zu wenig Erfahrung mit ihnen haben. Aus Angst vor Misserfolg oder auf Grund eines negativen Erlebnisses werden die Auslöser dann gemieden. Können die Betroffenen dann aber der Situation einmal nicht ausweichen (Prüfungen müssen manchmal sein, der Chef verlangt den Vortrag), ist Stress vorprogrammiert. Der Ansatzpunkt an dieser Stelle lautet demnach: Übung! Dabei sollte man darauf achten, dass man mit kleineren, leichten Aufgaben beginnt und sich hiermit selbst Erfolgserlebnisse schafft. So kann man Prüfungen zunächst mit einem Bekannten durchspielen oder die nächste Geburtstagsansprache im Familienkreis übernehmen. Überfordert man sich in dieser Phase, kann es schnell wieder zu einer sehr negativen Bewertung kommen und der Teufelskreis verstärkt sich.

Die *Bewertungsphase* ist entscheidend dafür, wie stressend nachfolgende ähnliche Situationen wirken. In dieser Phase sollten Betroffene darauf achten, dass sie nicht zu kritisch mit sich selbst umgehen, sondern vielmehr aktiv nach Dingen suchen, die ihnen in dieser Situation gut gelungen sind. Daraus entstehen wertvolle Hinweise darauf, welche Strategien hilfreich waren und wie man in Zukunft mit der Situation umgehen könnte. Machen Sie den Teilnehmern auch bewusst, dass der Mensch unvollkommene Situationen häufig zu kritisch sieht. In der Bewertungsphase kann es daher sehr befreiend wirken, wenn es einem gelingt, sich von dem Anspruch zu lösen, immer alles 100%ig machen zu wollen. Das so in Maßen gehaltene Stressniveau wird Teilnehmern in der nächsten Situation daher wahrscheinlich bei der Lösung behilflich sein. Die eigenen Leistungserwartungen werden erfüllt.

Hieraus abgeleitet, lassen sich vier Strategien festhalten, die mit den Teilnehmern besprochen und ausprobiert werden können.

Zeitmanagement

Hierunter fallen alle Arbeitstechniken, die einem den bewussten Umgang mit der Zeit erleichtern und den Tag somit effizienter gestalten. Dazu gehört das Setzen von Prioritäten, das Schreiben von To-do-Listen, das Delegieren und Einrichten einer störungsfreien Zeit, in der besonders wichtige Aufgaben erledigt werden können. Durch effektives Zeitmanagement können besonders Stressoren wie Termindruck oder Zeitnot angegangen werden.

Reizmanagement

Ziel dieser Strategie ist, nach eingehender Analyse der Stressauslöser aktiv nach Möglichkeiten zu suchen, diese auszuschalten oder zu kanalisieren. Mögliche Strategien können sein: das Stummschalten des Telefons, Rufumleitung oder Anschalten des Anrufbeantworters in Zeiten, in denen besondere Konzentration gefordert ist. Auch das Vereinbaren von störungsfreien Zeiten im Büro oder der effektive Umgang mit der E-Mail-Flut können hilfreich sein.

Erregungsmanagement

Hiermit versucht man, die vegetative Reaktion auf Stressoren zu mindern. Hilfreich ist dabei alles, was ruhiger macht und für Entspannung sorgt. Die Strategien sind dabei sehr vielfältig. In manchen Fällen reicht schon eine kurze Atemübung, um der steigenden Anspannung zu begegnen. Regelmäßige Übungen wie Yoga, autogenes Training, progressive Muskelentspannung und Fantasiereisen helfen zudem, zukünftigen Stressreaktionen vorzubeugen. Wenn wir uns vergegenwärtigen, dass Stressreaktionen ursprünglich dem Überleben dienten und daher in Gefahrensituationen alle Energiereserven mobilisiert werden, um eine erfolgreiche Flucht oder einen erfolgreichen Angriff zu ermöglichen, so wird deutlich, dass wir auf hohem Stressniveau bei sitzender Tätigkeit zu wenig Möglichkeit haben, Energieüberschüsse abzuarbeiten. Regelmäßige Bewegung hilft, die überschüssige Energie abzubauen und dem Körper so Ruhephasen zu ermöglichen. Oft reicht es schon, auf den Fahrstuhl zu verzichten. Aber auch ausgedehnte Spaziergänge oder Joggingtouren können wahre Wunder wirken.

Belästigungsmanagement

Diese Strategie setzt an der subjektiven Bewertung des Stressors an. Gelingt es uns in einer Situation etwas Positives zu sehen und diese als Herausforderung zu nutzen, lässt sich das Stressniveau stark senken. Zudem ist es hilfreich, sich selbst als Gestalter der Situation zu sehen und nicht als Spielball der Umstände. Welche Einstellung wir zur auslösenden Situation einnehmen können, beeinflusst entscheidend unser Stresserleben.

Einführung

Anwendung

Vor der Vorstellung von Stressbewältigungsstrategien sollten die Teilnehmer die Grundlagen der Stressentstehung (nach Selye und/ oder Lazarus) erlernt haben. Dadurch erhalten sie eine hilfreiche Systematik für die ganz persönliche Stressbewältigung. Wir haben die Erfahrung gemacht, dass der Teufelskreis der Stressreaktion einen guten roten Faden für das Thema Stressbewältigung bietet. Dazu können Sie den Kreislauf an einer Pinwand vorstellen und die Teilnehmer anschließend bitten, die verschiedenen Bewältigungsstrategien um diesen Teufelskreis herum anzuordnen. Um die Strategien zu erarbeiten, bietet sich eine Gruppenarbeit an. Jede Kleingruppe bearbeitet dazu einen Punkt des Teufelskreises. Der Arbeitsauftrag lautet: *„Erarbeiten Sie Strategien die am Punkt ‚Stressor' oder ‚Reaktion' ansetzen und geeignet sind, den Teufelskreis zu durchbrechen."* Die anschließende Zusammenschau der Gruppenergebnisse liefert in der Regel schon ein sehr differenziertes Bild über die verschiedenen Bewältigungsmöglichkeiten. Im Anschluss daran können dann ausgewählte Strategien genauer besprochen und ausprobiert werden.

Vertiefende Übung

Unsere Erfahrung zeigt, dass Teilnehmer ihrer Stressreaktion häufig sehr hilflos gegenüberstehen. Sie erhoffen sich daher einige Techniken, die sie direkt anwenden können. Dieses Bedürfnis ist sehr verständlich und sollte daher nun auch an dieser Stelle bedient werden. Grundlegende Techniken des Zeitmanagements werden dabei sehr gerne angenommen. Aber auch Methoden, die am Belästigungs- bzw. am Erregungsmanagement ansetzen, sind hilfreich und sollen daher hier behandelt werden.

„Reframing" (Plenumsarbeit)

Zeichnen Sie auf ein Flip-Chart zwei halbvolle Wassergläser und fragen Sie die Teilnehmer nun, was sie sehen. Während die einen zwei halbvolle Gläser sehen, werden andere zwei halbleere Gläser sehen. Anschließend zeichnen Sie zwei Rahmen um die Gläser und erläutern, dass der Rahmen, den wir setzen, ganz entscheidend dafür ist, wie wir die Situation bewerten. Dieses Prinzip ist auch vergleichbar mit der berühmten „rosa Brille". Nun kann eine Diskussion mit den Teilnehmern folgen, was dieses Prinzip mit der Stressreaktion zu tun hat. Wenn deutlich wurde, dass die Bewertung der Situation entscheidend für das Ausmaß der Stressreaktion ist, kann gemeinsam überlegt werden, wie man diese Erkenntnis für zukünftige Stresssituationen nutzen kann. Arbeiten Sie heraus, dass jede Situation ihre positiven Seiten hat und versuchen Sie anschließend, gemeinsam mit den Teilnehmern ein paar Beispiele zu bearbeiten. Klassische positive Aspekte vieler Stresssituationen sind: Man kann dazulernen, man kann sich beweisen, man kann wertvolle, einmalige Erfahrungen sammeln.

„Erregungsmanagement" (Plenumsarbeit)

Stellen Sie exemplarisch verschiedene Entspannungstechniken vor und probieren Sie diese mit den Teilnehmern aus. Dabei sollten zwei unterschiedliche Techniken ausprobiert werden. So ist die Wahrscheinlichkeit, dass für jeden Teilnehmer etwas dabei ist, höher. Die Auswahl ist vielseitig:

- Yoga
- Autogenes Training
- Progressive Muskelentspannung nach Jacobsen
- Atemtechniken
- Fantasiereisen

Viele Krankenkassen bieten CDs an, auf denen die verschiedenen Techniken erläutert werden. Diese können also direkt eingesetzt werden und sind eine schöne Empfehlung für die Teilnehmer zum selbstständigen Weiterführen der Übungen, auch nach dem Seminar.

Technische Hinweise

- „Refraiming": Flip-Chart.
- „Erregungsmanagement": Evtl. vorbereiteter Text einer Fantasiereise; Requisiten, um entspannende Raumatmosphäre herzustellen.

Kommentar

Viele Menschen glauben, dass Stress auf äußere Dinge zurückzuführen ist. Als Hauptursache werden Termindruck, ein voller Zeitplan und viele von außen einströmende Anforderungen gesehen. Erarbeitet man jedoch mit den Teilnehmern die Tatsache, dass Stress durch die eigene Beurteilung der objektiven Stressoren entsteht, wird ihnen häufig bewusst, dass sie selbst sehr viel tun können, um künftigen Stress zu vermeiden. Sie können ihre Einstellung zu bestimmten Dingen ändern, sie können Einfluss auf die Situation nehmen oder durch das Angehen verschiedener Herausforderungen langfristig ihre Selbstwirksamkeit und Kompetenz erhöhen. Allein diese Erkenntnis befreit die Teilnehmer in der Regel von dem unangenehmen Gefühl, Spielball der Umstände zu sein und macht die verschiedenen Einflussmöglichkeiten deutlich.

Weiterführende Literatur

- BIENER, K. (1993). Stress, Epidemiologie und Prävention. Bern: Verlag Hans Huber.
- BLECH, J.: Macht Stress doof ?, Die Zeit Nr. 34, 16. August 1996
- BRANDT, H., GROSE, S. (2004) Weniger Stress durch Autogenes Training, Audio-CD mit Begleitheft, Einfache Formeln und Übungen zur Entspannung für Gesundheit, Wellness, Chillout. Verlag Henrik Brandt.
- MÜLLER, E. (2002). Wenn der Wind über Traumwiesen weht. Die schönsten Fantasiereisen, Märchen und Meditationen. Frankfurt: Fischer.
- NITSCH, J.R. (1981): Stress, Theorien, Untersuchungen, Maßnahmen. Bern: Verlag Hans Huber.
- PRÜNTE, T. (2003). Der Anti-Stress-Vertrag: Ihr Weg zu mehr Gelassenheit und Lebensfreude. Wien: Ueberreuter.
- SAPOLSKY, R.M. (1990). Stress in freier Natur. In: Spektrum der Wissenschaft 3, S. 114-121.
- SEIWERT, LOTHAR J. (2001). 30 Minuten für deine Work-Life-Balance. Offenbach: Gabal.
- ZIMBARDO, P. G. (1995). Psychologie. Berlin: Springer.

Hintergrund

Zum Abschluss einige Hintergrundinformationen zu den wichtigsten Urhebern der Theorien

▶ Hans Selye (1907 – 1982)

Selye, ein gebürtiger Ungar, studierte Medizin und emigrierte 1931 in die USA und später nach Kanada, wo er in Montreal Biochemie unterrichtete. 1936 definierte er in seiner ersten wissenschaftlichen Arbeit „Stress" und begründete die Lehre vom Adaptationssyndrom für stressbedingte Reaktionen des Körpers. Daraufhin wurde er zum Begründer der modernen Stressforschung. Im Laufe seiner Karriere schrieb er mehr als 25 Bücher zum Thema Stress. 1979 gründete Hans Selye zusammen mit Alvin Toffler das Canadian Institute of Stress.

▶ Richard Lazarus (1922 – 2002)

Studierte Psychologie und Soziologie. Der gebürtige New Yorker Lazarus forschte in den 50ern zunächst zum Thema Stressreaktionen. Entgegen den in dieser Zeit vorherrschenden Annahmen des Behaviorismus, der sich auf die Erforschung beobachtbaren Verhaltens konzentrierte, belegten Lazarus' Forschungen, dass Stressreaktionen auch auf innerpsychische Aspekte zurückzuführen sind, die von Mensch zu Mensch ganz individuell ausgeprägt sein können. So trug er Mitte der 60er Jahre maßgeblich zur so genannten „kognitiven Wende" bei und avancierte zu einer ihrer Hauptfiguren. Die kognitive Wende beschreibt den Übergang vom Behaviorismus zur Psychologie der Informationsverarbeitung. Lazarus selbst ging in seiner Forschungsarbeit noch einen Schritt weiter, indem er seine Ergebnisse aus der Stressforschung zur kognitiven Emotionspsychologie ausbaute, die er in den 80er Jahren veröffentlichte. Er lehrte und forschte an der Berkeley Universität in Kalifornien.

▶ Der Begriff Stress

Der Begriff Stress avancierte zu einem der Schlagwörter des 20. Jahrhunderts. Dennoch sind die theoretischen Erklärungsansätze und Verwendungsweisen des Begriffes Stress uneinheitlich und es finden sich verschiedene Definitionen nebeneinander.

In der Psychologie bezeichnet Stress psychische Spannungs- und Erregungszustände. Psychische Stresssymptome sind nach Jürgen R. Nitsch bestimmte Veränderungen von Wohlbefinden und kognitiven Funktionsabläufen, welche sowohl organisch als auch psychisch sein können. Klaus Hurrelmann schreibt dazu, dass sich die entwicklungs-psychologische Forschung stark an dem „Belastungs-Bewältigungs-Paradigma" der „Stresstheorie" orientiert. Dort wird von einer hohen Wahrscheinlichkeit ausgegangen, dass das Auftreten von psychischen Auffälligkeiten und Erkrankungen eher zu beobachten ist, wenn belastungsverstärkende gegenüber belastungsabschirmenden Faktoren überwiegen. Wenn also eine starke Bewältigungsanforderung entsteht, so ist die Wahrscheinlichkeit, psychisch zu erkranken, sehr groß.

Zur Definition des Begriffes Stress führt Nitsch aus, dass es reiz-, reaktions-, zustands-, und beziehungsorientierte Definitionen gibt, und es wird von „psychischem" (symptomatischen), von „subjektivem" (bewusst erlebt), von „psychologischem" und „psychogenem" Stress gesprochen. Ebenso wird die geistige (Über-)Beanspruchung als „kognitiver" oder „mentaler" Stress bezeichnet. Die Beziehung des Begriffes „Stress" zu anderen Begriffen der Psychologie ist ebenfalls noch nicht hinreichend geklärt. So wird er häufig gleichgesetzt mit den Begriffen „Emotion", „Frustration", „Angst" und „Konflikt".

▶ Neuere Entwicklungen der Stressforschung

Neuere Entwicklungen der Stressforschung betreffen integrative Bemühungen, zum Beispiel den Stellenwert des Stresskonzepts im Rahmen der Gesundheitspsychologie (Zimbardo 1992), die Rückbesinnung auf die emotionspsychologischen Grundlagen der Stressforschung und die Einstufung des Konzepts als Teil einer umfassenden Emotionspsychologie (Lazarus 1991).

Neueste Untersuchungen von Robert M. Sapolsky, einem amerikanischen Wissenschaftler, gehen davon aus, dass Stresshormone Teile des menschlichen Gehirns schrumpfen lassen. Besonders traumatische Erlebnisse, wie zum Beispiel Vergewaltigung oder Todesangst, führen im Körper zu einer langfristigen Ausschüttung von Stresshormonen, welche dann das Gehirn schädigen, und zu einer Zerstörung von Nervenzellen im Hippokampus führen können. Der Hippokampus ist maßgeblich zuständig für das Lernen und das Gedächtnis. Isabella Heuser vom Mannheimer Zentralinstitut für seelische Gesundheit fand heraus, dass nicht nur Menschen mit derartigen traumatischen Erlebnissen, sondern auch Hochleistungssportler von Stresshormonen bedroht werden. Durch die körperliche Belastung reagiert ihr Hormonhaushalt überempfindlich, wodurch sie mehr Cortisol ausschütten als andere. Die Folge ist, dass das Hirn schneller altert und das Langzeitgedächtnis deutlich schlechter als bei anderen arbeitet (Die Zeit Nr.34/96).

Auch die Schlussfolgerungen Selyes werden durch neuere Forschungsergebnisse relativiert. Kein Versuch konnte zeigen, dass auf einen Stressreiz hin bei verschiedenen Menschen tatsächlich die gleichen Reaktionen ablaufen. Der Göttinger Hirnforscher Prof. Dr. Gerald Hüther beschreibt zum Beispiel die herausragende Fähigkeit des Menschen, auf einen Gefahrenreiz hin neue Lösungen und neue Nervenvernetzungen zu entwickeln. Auf Grund eben dieser Fähigkeit habe sich die Spezies Mensch trotz großer Veränderungen der Lebensbedingungen entwickeln und ausbreiten können. Jeder neu bewältigte Stressreiz, so Hüther, führt zu neuen Verschaltungen in unseren Hirnzellen, das heißt, die Bewältigung einer Bedrohung bewirkt Bahnungsprozesse im Gehirn.

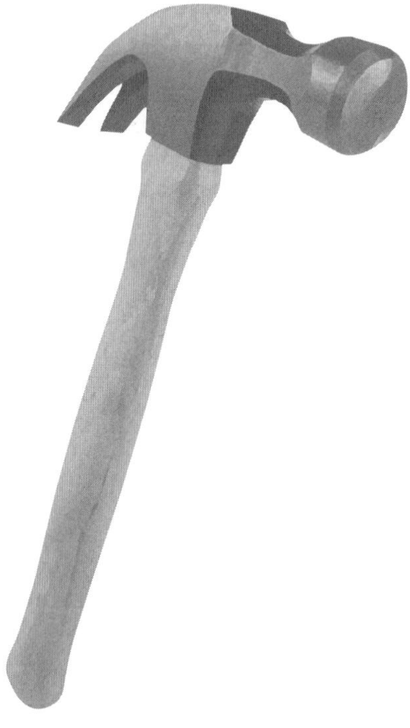

Fünf

Selbststeuerung

Die Modelle im Überblick:

Das Phänomen der Selbststeuerung wird heute sowohl in der Pädagogik als auch in der Psychologie und in den Ingenieurwissenschaften erforscht. Hierunter versteht man den Prozess der Einflussnahme eines Lernenden auf seinen Lernprozess. Die psychologische Forschung konzentriert sich dabei auf Fragen der Lernmotivation und der Steuerungsfähigkeit des Lernprozesses durch den Lernenden – in Abhängigkeit von den Faktoren Überwachung, Regulation und Bewertung.

Die Fähigkeit zur Selbststeuerung trägt wesentlich zum Lernerfolg des Einzelnen bei. Daher haben wir dem Thema ein ganzes Kapitel gewidmet. Man kann die Theorien des Kapitels mit den Teilnehmern für sich genommen bearbeiten, man kann aber auch einzelne Aspekte lernunterstützend innerhalb anderer Themenkomplexe einsetzen. Das Thema ist äußerst vielfältig und so haben wir auch ganz unterschiedliche Modelle und Theorien aufbereitet, die verschiedenste Aspekte des Lernens beleuchten.

Grundsätzlich sind es aber zwei Ziele, die sich bei der Auseinandersetzung mit der Selbststeuerungsfähigkeit für den Lernenden ergeben:

- die Erhöhung der Fähigkeit, sich selbst zu beobachten
- die Optimierung der Selbstbewertung

Besonders aufschlussreich kann die Auseinandersetzung mit der Selbststeuerung im Zusammenhang mit Veränderungsprozessen sein. Denn unter der Bedingung eines umfangreichen Veränderungsprozesses, etwa bei Einführung einer neuen Produktlinie, einer neuen Software oder eines neuen Arbeitsprozesses im Team ist gerade die Selbststeuerungsfähigkeit des Einzelnen gefragt. So eignen sich die nun vorgestellten Theorien und Modelle insbesondere, um bei Teilnehmern Selbstreflexionsprozesse anzuregen und gemeinsam Wege der Veränderung zu erarbeiten.

Wir eröffnen das Kapitel mit dem Modell des *„JoHari-Fensters"* nach den amerikanischen Sozialpsychologen Joseph Luft und Harry Ingham. Das „JoHari-Fenster" setzt sich insbesondere mit den Prozessen der Fremd- und Selbstwahrnehmung zur Verfeinerung der Selbstbeobachtung auseinander. Das Modell zeigt dabei sehr anschaulich, weshalb es trotz innerer Widerstände wichtig sein kann, sich in Selbstreflexionsprozesse zu begeben und wie diese genau aussehen können.

Die *„Dissonanztheorie"* nach Leon Festinger verdeutlicht, dass neue Einsichten, die beispielsweise durch Veränderungsprozesse entstehen, zunächst verarbeitet werden wollen und in das bereits vorhandene gedankliche System des Menschen integriert werden müssen. Sie erklärt auch das Zustandekommen von Widerständen.

So ist die Dissonanzreduktion ein grundsätzlicher psychologischer Mechanismus, dessen Kenntnis Erklärungshilfen für ansonsten irrationale Verhaltensweisen in Veränderungsprozessen bieten kann.

Auf der Ebene der Einstellungen gibt die gut erforschte *„Attributionstheorie"* nach Fritz Heider interessante Hinweise, inwiefern bestimmte Grundeinstellungen des Menschen lernfördernd oder -hindernd sein können.

Dagegen ist Stephen R. Coveys *„Opfer-Gestalter-Modell"* nicht empirisch überprüft, es repräsentiert eher eine Haltung des Lernenden. Wir haben es dennoch in das Kapitel aufgenommen, da es eine vielseitig einsetzbare Arbeits- und Diskussionsgrundlage darstellt.

Abschließend liefern wir im Abschnitt *„Lernen und Gedächtnis"* die aktuellen Erkenntnisse unterschiedlicher Forschungen der Lernpsychologie. Das Wissen um die physiologischen Abläufe im Gehirn in klassischen Lernsituationen kann dabei auch auf Lernprozesse im Unternehmensalltag übertragen werden.

Zitate

Zum Einstieg, zur Diskussion oder zur Auflockerung

Was ist das Schwerste im Leben: Sich selbst erkennen! Was das Leichteste: Andere tadeln. (Bias)

Warum können wir uns an die kleinste Einzelheit eines Erlebnisses erinnern, aber nicht daran, wie oft wir es ein und derselben Person erzählt haben? (Francois Duc de la Rochefoucauld)

Eine schlechte Angewohnheit kann man nicht einfach aus dem Fenster werfen. Man muss sie die Treppe hinunterprügeln, Stufe für Stufe. (Mark Twain)

Was stört mich mein Geschwätz von gestern, wenn ich heute klüger bin ... (Konrad Adenauer)

Wenn wir Ratschläge wie Schläge geben, werden sie selten befolgt. (Alfred Rademacher)

Deine Einstellung musst du ändern, nicht deinen Aufenthaltsort. (Seneca)

Wende Dein Gesicht der Sonne zu, dann lässt Du die Schatten hinter Dir. (afrikanisches Sprichwort)

Nicht wollen ist der Grund, nicht können nur der Vorwand. (Seneca)

Es gibt nur ein Leben für jeden von uns: unser eigenes. (Euripides)

Lernen ist wie Rudern gegen den Strom; sobald man aufhört, treibt man zurück. (Lao-Tse)

Die Erfahrungen sind die Samenkörner, aus denen die Klugheit emporwächst. (Konrad Adenauer)

In der Politik ist es wie im täglichen Leben: Man kann eine Krankheit nicht dadurch heilen, dass man das Fieberthermometer versteckt.
(Yves Montand)

Mensch, erkenne Dich selbst, dann weißt Du alles.
(Thales von Milet)

Auf das menschliche Gedächtnis ist kein Verlass. Leider auch nicht auf die Vergesslichkeit. (Stanislaw Jerzy Lec)

Wenn du immer wieder das tust, was Du immer schon getan hast, dann wirst Du immer wieder das bekommen, was Du immer schon bekommen hast. Wenn Du etwas anderes haben willst, musst Du etwas anderes tun! Und wenn das, was Du tust, Dch nicht weiterbringt, dann tu etwas völlig anderes – statt mehr vom gleichen Falschen! (Paul Watzlawick)

Das JoHari-Fenster

Ziel

Das „JoHari-Fenster" repräsentiert den Selbstwahrnehmungsprozess des Menschen im Verhältnis zu seiner sozialen Umwelt. Es stellt dabei insbesondere die Bedeutung von Feedback- und Selbstreflexionsprozessen für das Gelingen von Veränderungen im Verhalten heraus.

Kontext

- Feedback
- Selbst- und Fremdbild
- Lernen
- Selbststeuerung
- Teamentwicklung
- Führung

Theorie

Das „JoHari-Fenster" ist ein psychologisches Modell, das die Veränderung der Selbstwahrnehmung im Verlauf eines Selbstreflexionsprozesses darstellt. Entwickelt wurde es 1955 von den amerikanischen Sozialpsychologen Joseph Luft und Harry Ingham.

Im Rahmen einer Selbstreflexion denkt der Betroffene sehr intensiv über sich, seine Verhaltensweisen und Einstellungen nach und versucht, sich seiner Außenwirkung bewusst zu werden. Dieser Prozess kann durch gezieltes Feedback unterstützt werden. Im Verlauf eines Gruppenprozesses bekommen Teilnehmer Rückmeldung von anderen Gruppenmitgliedern über ihr Verhalten. So erfahren sie mehr über sich und das Bild, das andere von ihnen haben. Durch das anschließende Zusammenfügen von Fremdbild und Selbstbild gelangen beide Gesprächsteilnehmer zu einem präziseren Gesamtbild. Das Abgleichen des eigenen Selbstbildes mit der Wahrnehmung anderer kann sowohl in beruflichen als auch privaten Kontexten sehr aufschlussreich sein. Das „JoHari-Fenster" veranschaulicht, dass es im Leben eines jeden Menschen Bereiche gibt, die ihm selbst nicht bewusst sind, die andere Personen aber sehr wohl wahrnehmen. Durch den Austausch dieser beiden Wahrnehmungsperspektiven können wir zu einer genaueren und vollständigeren Selbstwahrnehmung gelangen.

Folgt man den Aussagen des „JoHari-Fensters", lässt sich menschliches Verhalten in Bereiche unterteilen, die dem Betroffenen bekannt sind und Bereiche, die auch anderen bekannt sind. Ordnet man diese zwei Dimensionen in einem Koordinatensystem an, ergibt sich ein Vier-Felder-Schema. Dieses bietet eine interessante Orientierungshilfe bei der Besprechung von Reflexionsprozessen.

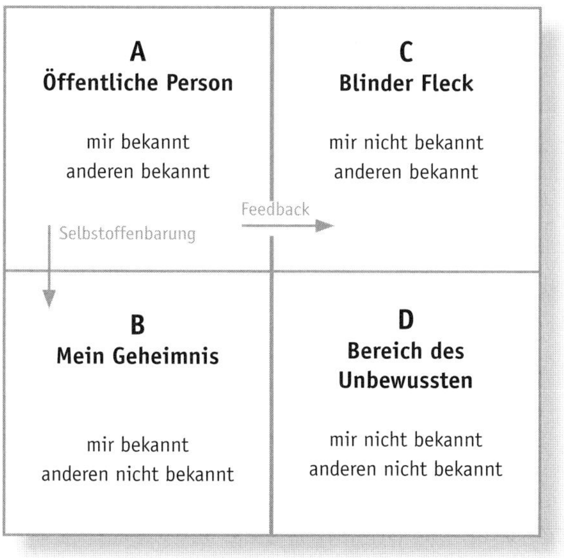

Das 4-Felder-Schema des JoHari-Fensters

Die vier Bereiche lassen sich folgendermaßen interpretieren:

Öffentliche Person (A)

▶ *Dieses Verhalten ist uns und anderen bekannt.*

Wir können die Wirkung unseres Verhaltens abschätzen und fühlen uns sicher. Andere kennen unser Verhalten und haben dadurch eine gute Einstellungs- und Orientierungshilfe. Wenn wir unbekannte Personen kennen lernen, ist der Bereich der öffentlichen Person nicht sehr groß, da es noch nicht viel Gelegenheit gab, Informationen auszutauschen. Mit der Zeit lernen wir die fremde Person jedoch besser kennen und geben nach und nach mehr Informationen über uns preis.

Beispiel: Wenn man am Arbeitsplatz einen neuen Kollegen trifft, wird man sich zunächst einmal namentlich vorstellen und vielleicht kurz berichten, welche Aufgaben man in der Abteilung übernimmt. Im Laufe der Zeit wird der Kollege durch die Zusammenarbeit weitere Informationen erhalten. So wird er z.B. erfahren, ob man eher Kaffee- oder Teetrinker, Katzenliebhaber oder Hundefreund ist, aber auch welche Arbeitsweisen einem gut liegen. Welche Informationen man über sich preisgibt kann man zu einem großen Teil steuern. Wenn man beispielsweise nicht möchte, dass die Kollegen erfahren, dass man in der Freizeit einem verrückten Hobby nachgeht, kann man das ebenso gut für sich behalten.

Mein Geheimnis (B)

▶ *Dieses Verhalten ist nur uns selbst bekannt.*

Hier geht es um einen Bereich unseres Verhaltens, den wir vor anderen verbergen. Dafür kann es unterschiedliche Gründe geben. So kann es sein, dass wir negative Konsequenzen befürchten oder einfach aus Prinzip bestimmte Dinge nicht an die Öffentlichkeit lassen wollen. Das hat zur Folge, dass unsere Mitmenschen häufig große Teilbereiche unseres Lebens nicht kennen. Wenn wir uns jedoch dazu entschließen, einige Bereiche zu offenbaren, können wir testen, ob unser Verhalten tatsächlich negativ auf andere wirkt. Nur, wenn wir uns öffnen, können wir die geahnte Wirkung gegen die reale eintauschen. Häufig ist das verborgene Verhalten in der Wirkung auf andere sogar positiv und erzeugt Sympathien.

Beispiel: Auch langjährige Kollegen wissen nicht alles voneinander. So erzählen Kollegen nicht unbedingt, dass sie gerne in den Bergen Urlaub machen und regelmäßig im Winter Ski fahren. Zum einen, weil sie vielleicht der Ansicht sind, dass das zu privat sei, vielleicht aber auch, weil sie befürchten, dass man ihnen nahe legen würde, das Skifahren wegen des hohen Verletzungsrisikos aufzugeben. Entschließt sich eine Person jedoch dazu, einen Teil von sich zu offenbaren, wird ihr Feld der öffentlichen Person größer und das der Geheimnisse kleiner.

Blinder Fleck (C)

▶ *Dieses Verhalten ist nur anderen bekannt.*

Andere beobachten einen Teil unseres Verhaltens, den wir nicht kennen, der uns nicht bewusst ist. So lange uns niemand darauf hinweist, bleibt uns dieser Teil auch verborgen. Deshalb ist es wichtig, dass man sich von anderen Rückmeldung über die eigene Wirkung einholt. Nur durch Feedback-Prozesse wird der blinde Fleck kleiner.

Beispiel: Einem Kunden fällt auf, dass der Berater wenig Augenkontakt hält. Den Kunden stört dieses Verhalten sehr, weil er sich nicht angesprochen fühlt und das Gefühl hat, der Berater habe etwas zu verbergen. Da die beiden sich lediglich geschäftlich kennen und auch noch nicht lange im Gespräch sind, schweigt der Kunde über dieses Verhalten und zieht für sich seine Konsequenzen. Dem Berater entgeht somit ein wertvolles Feedback, da ihm sein Verhalten wahrscheinlich nicht bewusst ist und er sich nur fragt, warum es nicht zum Vertragsabschluss gekommen ist.

Bereich des Unbewussten (D)

▶ *Dieses Verhalten kennen weder wir noch andere.*

Viele Anteile unseres Verhaltens sind uns unbewusst und werden es auch bleiben. Auch andere kennen diese Anteile nicht. Wir wissen nicht, warum wir uns so und nicht anders verhalten und andere wissen es ebenfalls nicht. An viele Elemente dieses Bereiches, wie etwa verborgene Ängste oder Wünsche, gelangen wir häufig erst im Rahmen einer Psychotherapie. In unbekannten und herausfordernden Situationen kann es dazu kommen, dass wir Fähigkeiten, von denen wir nicht ahnten, dass sie in uns steckten, nutzen, um besser mit der Sachlage umgehen zu können.

Beispiel: Der „Sprung ins kalte Wasser" kann dazu führen, dass man über sich hinauswächst. Wenn zum Beispiel ein Kollege einige Tage vor der geplanten Projektpräsentation krankheitsbedingt ausfällt, kann man gezwungen sein, für ihn einzuspringen. Und auch wenn man es nie von sich gedacht hätte, kann die Präsentation sehr gut verlaufen. Im Anschluss an dieses Ereignis haben alle Beteiligten, einschließlich einem selbst, neue Fähigkeiten entdeckt, die vorher unbekannt waren.

Bleibt man bei diesem Modell, dann lässt sich die Situation zu Beginn eines Selbstreflexionsprozesses, etwa zu Beginn eines Trainings, so darstellen, dass der Bereich der Öffentlichen Person (A) sehr gering ist und der Bereich des Blinden Flecks (C) und des Geheimnisses (B) dominieren.

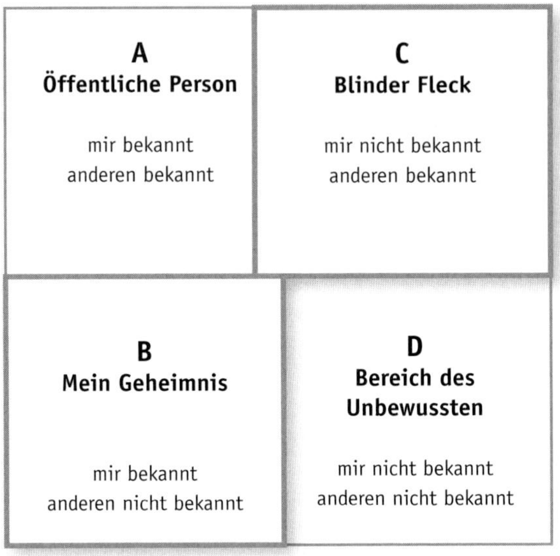

Vor einer Selbstreflexion

Das Ziel einer Selbstreflexion ist jedoch, eigene Verhaltensweisen und die Wirkung auf andere besser einschätzen zu können. Dies kann nur geschehen, wenn man den Bereich der Geheimnisse (B) und des Blinden Flecks (C) verkleinert und damit den Bereich der Öffentlichen Person (A) vergrößert. Den Geheimen Bereich (B) kann man durch mehr Selbstoffenbarung verkleinern. Dadurch lässt sich die Wirkung bisher nicht gezeigter Verhaltensweisen testen und das Umfeld kann sich ein genaueres Bild machen. Dieses wiederum führt zu einem verbesserten und genaueren Feedback, das dazu führt, den Bereich des Blinden Flecks (C) zu verkleinern.

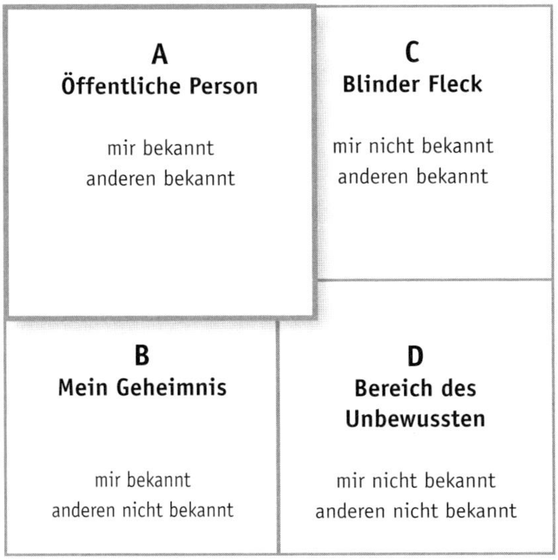

Nach einer Selbstreflexion

Einführung

Anwendung

„Feedback-Regeln“ (Arbeit im Plenum)

Nach Erläuterung des „JoHari-Fensters“ können Sie mit den Teilnehmern die wichtigsten Feedback-Regeln erarbeiten. Um den Bereich des Blinden Flecks zu verkleinern, sollte ein Feedback so gestaltet werden, dass der Feedback-Nehmer ein möglichst genaues Fremdbild erfährt, woraus er Konsequenzen für sich ziehen kann. Aus diese Grundhaltung heraus ergeben sich für den Feedback-Geber und -Nehmer folgende Regeln:

Regeln für den Feedback-Geber:

- So konkret und genau wie möglich und in engem zeitlichen Bezug das störende Verhalten beschreiben
- Verhalten nicht moralisch bewerten
- Mit etwas Positivem beginnen
- Nur in der Ich-Form sprechen („Ich-Botschaft“)
- Nicht verallgemeinern
- Feedback als Angebot und nicht als Maßregelung mit Änderungszwang sehen
- Klar trennen zwischen objektiven, beweisbaren Tatsachen und eigenen Interpretationen

- Nur Verhalten beschreiben, dass veränderbar ist, also keine Hinweise auf eventuelle körperliche Einschränkungen (z.B. Lispeln)
- Wünsche für alternatives Verhalten äußern

Regeln für den Feedback-Nehmer:
- Zunächst zuhören und den Feedback-Geber aussprechen lassen
- Nicht verteidigen oder rechtfertigen
- Nicht die Schuld auf Dritte schieben
- Verständnis sichern und nachfragen
- Eigene Einschätzung und Sichtweise erläutern
- Mögliche künftige Verhaltensweisen ansprechen

Die Regeln können entweder im Plenum diskutiert und von Ihnen am Flip-Chart vorgestellt oder in Gruppenarbeiten erarbeitet werden. Es sollten dabei getrennte Regeln für Feedback-Geber und -Nehmer entstehen.

Vertiefende Übung

„Wie sag ich's meinem Nachbarn?" (Partnerarbeit)

Die Erarbeitung der Feedback-Regeln sollte möglichst in einen praktischen Übungsteil münden, in dem die Teilnehmer erfahren, wie gut ein richtiges Feedback ankommt, aber auch, wie schwierig eine „korrekte" Formulierung ist. Dazu kann die Gruppe in Paararbeit, je ein Feedback-Geber und ein Feedback-Nehmer, schwierige Themen zusammen bearbeiten. Die Themen können zuvor auf Kärtchen vorbereitet werden. Da die Personen konkret bleiben sollen, ist es hilfreich, eine kurze Situation zu skizzieren, die dem Feedback vorausgegangen ist.

Folgende Beispiele können Sie dazu als Anregung nutzen. Die Aufgabe der Teilnehmer ist es dann, aus dem geschilderten Hintergrund eine konstruktive Feedback-Situation und eine geeignete Formulierung zu entwickeln.

Der arrogante Kollege

„Seit einiger Zeit ärgern Sie sich über Ihren Kollegen Herrn Peters. Sie finden seine Äußerungen ziemlich arrogant und fühlen sich häufig übergangen. In Meetings lässt er Sie nicht ausreden und verhält sich anderen Kollegen gegenüber sehr unsensibel. Sie würden sich eine bessere Zusammenarbeit wünschen, in der er seine Kompetenzen besser einbringen würde, ohne sich ständig darstellen zu müssen."

Die faule Kollegin

„Sie haben den Eindruck, dass sich Ihre Kollegin Frau Härtl auf Ihre Kosten in Ihrem Job ausruht. Sie beobachten das Verhalten jetzt schon längere Zeit und haben bemerkt, dass E-Mails, die eigentlich in Ihr Gebiet fallen, im gemeinsamen Postfach liegen bleiben, bis Sie sich darum kümmern. Zudem bearbeiten Sie in derselben Zeit fast doppelt so viele Anträge wie Ihre Kollegin. Sie sind sehr enttäuscht über diese Haltung und möchten das nun mitteilen."

Der ungepflegte Mitarbeiter

„Ein Kunde hat sich bei Ihnen beschwert, dass Ihr Mitarbeiter sehr ungepflegt zu einem Termin erschienen sei. Auf genaueres Nachfragen hin stellte sich heraus, dass der Kunde sich wohl hauptsächlich an der unpassenden Kleidung gestoßen hat. Sie konnten den Kunden besänftigen, indem Sie versprachen, mit dem Mitarbeiter zu sprechen und dafür zu sorgen, dass dies ein einmaliges Ereignis bleiben wird."

Rollenbeschreibungen

Jeder Teilnehmer bekommt nun eine Situation, aus der er als Feedback-Geber eine Formulierung entwickeln soll. Die erarbeitete Formulierung wird daraufhin an dem Übungspartner ausprobiert.

Dieser versucht, das Feedback professionell anzunehmen und bei Verständnisschwierigkeiten nachzufragen. Anschließend verlassen beide Partner die Beispielsituation und der Feedback-Nehmer gibt dem Feedback-Geber eine Rückmeldung, wie das Feedback angekommen ist. Dabei sollte er auch beschreiben, welche Formulierungen bei ihm welche Gefühle und Reaktionen hervorgerufen haben. Gemeinsam suchen die Partner dann nach Verbesserungsmöglichkeiten für das Feedback. So gerüstet zieht der Feedback-Geber weiter, sucht sich einen neuen Gesprächspartner und erprobt seine „überarbeitete" Formulierung noch einmal an einer anderen Person. Anschließend erhält der Feedback-Geber auch von dieser eine Rückmeldung, wie das Feedback angekommen ist.

Dann kommt es zum Rollentausch und die „Zuhörer" bekommen die Möglichkeit, sich anhand ihrer Beispielsituation nach demselben Prinzip im Feedback geben zu üben.

Bei der Auswertung im Plenum berichten die Teilnehmer häufig erstaunt, wie gut so ein unangenehmes Thema ankommen kann. Eine weitere Erkenntnis ist, dass es auf ein gut vorgebrachtes Feedback nur selten Gegenwehr gibt. Da es sich häufig um ein persönliches Befinden oder Anliegen des Feedback-Gebers handelt, kann der Feedback-Nehmer dieses besser akzeptieren. Damit ist ein Gesprächseinstieg gelungen, der das konstruktive Arbeiten an Veränderungen ermöglicht.

Technische Hinweise

- „Wie sag ich´s dem Nachbarn?": Vorbereitete Moderationskarten mit Rollen- und Situationsbeschreibungen.

Kommentar

In der Regel löst die Vorstellung und Erarbeitung von Feedback-Regeln große Diskussionen aus. Häufig wird den Teilnehmern bewusst, dass ein Großteil der „Rückmeldungen", die sie erhalten oder selbst geben, nicht in die Kategorie „Feedback" fällt. Besonders schwer fällt es häufig, sich von dem Anspruch zu lösen, den anderen ändern zu wollen. *„Aber dafür sage ich es ihm doch schließlich"*, sind regelmäßige Beiträge von Teilnehmern. Zudem wird deutlich, dass ein Großteil der Formulierungen, die täglich als „Feedback" genutzt werden, hochgradig spekulativ sind und wir uns gerne Hypothesen zurechtlegen, warum jemand wohl so handelt und auf welche Eigenschaften das zurückzuführen ist. Mithilfe des „JoHari-Fensters" wird jedoch deutlich, dass diese Rückmeldungen ungerechtfertigt sind, will man es nicht auf eine Provokation anlegen. Unsere Erfahrung hat gezeigt, dass es wichtig ist, diese Diskussionen aufzunehmen und die Teilnehmer über bisheriges „Feedback-Verhalten" reflektieren zu lassen.

Querverweis

Konfliktdynamik (S. 67)

Im Modell der „Konfliktdynamik" nach Glasl findet in der Betrachtung des Handelnden im Kommunikationsprozess ebenfalls eine Trennung nach Innen- und Außenwelt statt, wobei die Aspekte und Vorgänge der Innenwelt jene der Außenwelt beeinflussen. Die Feedback-Regeln, als abgeleitetes Kommunikationsinstrument aus dem „JoHari-Fenster" verwandt, können dementsprechend auch gut zur Deeskalation im Prozess der „Konfliktdynamik" eingesetzt werden.

Weiterführende Literatur

- FENGLER, J. (2004). Feedback geben. Strategien und Übungen. Weinheim: Beltz.
- GSELL, S. (2002). Selbstbild – Fremdbild. Regensburg: Walhalla u. Praetoria Verlag.
- LUFT, J. (1971). Einführung in die Gruppendynamik. Stuttgart: Klett.
- LUFT, J.; INGHAM, H. (1955). The JoHari Window, a graphic model for interpersonal relations. Western Training Laboratory in Group Development, August 1955; University of California at Los Angeles, Extension Office.

Dissonanztheorie

Ziel

Kognitive Dissonanz ist die treibende Kraft für Veränderungen. Mit der „Dissonanztheorie" lassen sich Einstellungs- und Verhaltensänderungen und Lernprozesse erklären.

Kontext

- Motivation
- Lernen
- Selbststeuerung
- Konflikt

Theorie

Nach der Theorie der kognitiven Dissonanz von Leon Festinger entstehen unangenehme psychologische Spannungen immer dann, wenn sich Kognitionen nicht miteinander vereinbaren lassen und das kognitive System in ein Ungleichgewicht gerät. In der Psychologie bezeichnet der Begriff Kognition die geistigen Prozesse einer Person wie Gedanken, Meinungen, Einstellungen, Wünsche oder Absichten. Zu einem Ungleichgewicht kommt es immer dann, wenn zwei dieser Elemente nicht miteinander oder mit gezeigtem Verhalten übereinstimmen.

Kognitive Dissonanz

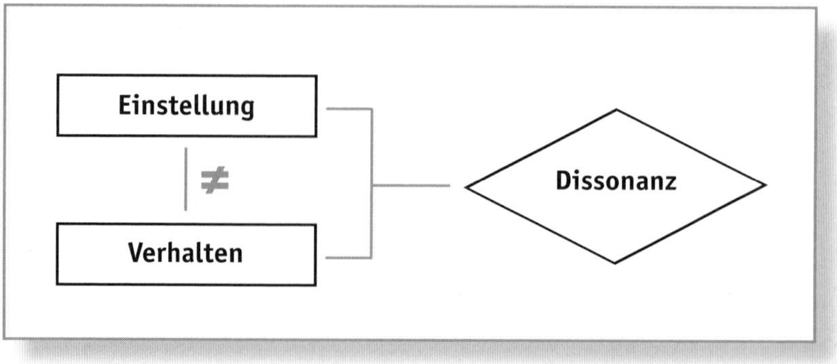

Nach Festinger wird diese kognitive Dissonanz als unangenehm empfunden. Es entsteht der Wunsch, solche negativen Spannungen möglichst schnell abzubauen. Dazu können die folgenden Strategien angewandt werden:

- Die eigene Überzeugung ändern
- Das eigene Verhalten ändern
- Das eigene Verhalten neu einschätzen
- Neue Kognitionen (Wahrnehmungen) hinzunehmen

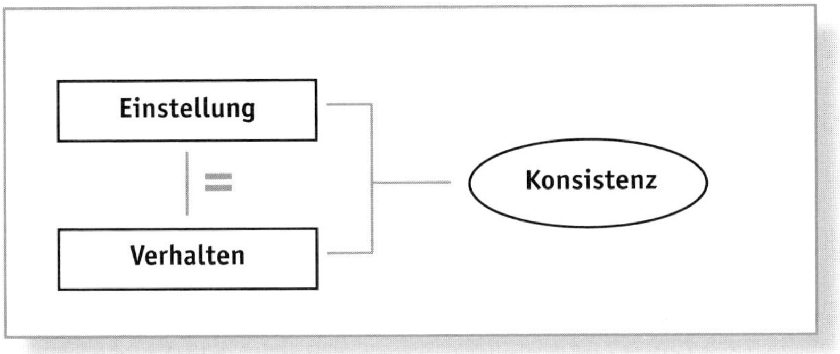

Hier stimmen Kognition und Verhalten überein

Wenn zum Beispiel eine Person raucht und gleichzeitig weiß, dass Rauchen Lungenkrebs verursacht, kommt es zu einer kognitiven Dissonanz, weil die Verhaltensweise nicht im Einklang mit dem Wissen steht. Um dieses Ungleichgewicht zu beheben, kann die Person nun entweder ihre Überzeugung ändern („*Die Beweise, dass Rauchen zu Lungenkrebs führt, überzeugen mich nicht.*"), ihr Verhalten ändern („*Ab heute höre ich mit dem Rauchen auf.*"), ihr Verhalten neu einschätzen („*Ich bin ohnehin kein besonders starker Raucher.*") oder neue Kognitionen hinzunehmen („*Ich rauche nur noch Zigaretten mit niedrigen Teerwerten.*").

Der Mechanismus der Dissonanzreduktion greift automatisch. Das Trainingsziel bei Einführung der Theorie ist daher, sich solcher Dissonanzreduktionen und der Konsequenzen für das eigene Verhalten sowie für die eigene Wahrnehmung bewusst zu werden. Denn der Wunsch des Menschen nach einer Übereinstimmung von Kognitionen hat weitreichende Folgen für die Art, (passende oder nicht passende) Informationen wahrzunehmen und zu verarbeiten. Daher sollte Dissonanz immer dann ein Thema sein, wenn es um Urteilsbildung oder Entscheidungsfindung geht.

Einige Themen, die mit dieser Theorie bearbeitet werden können, sind:

Mitarbeiterbeurteilungen

Personalfachleute, die den Mechanismus der Dissonanzreduktion nicht kennen, gelangen bei Bewerbungs- oder Mitarbeitergesprächen schon nach wenigen Minuten zu einer Entscheidung. Dadurch kann es dazu kommen, dass das restliche Gespräch nur noch dazu geführt wird, diesen eigenen ersten Eindruck zu bestätigen. Die Fragen werden entsprechend formuliert und Antworten werden nur noch selektiv wahrgenommen und verarbeitet.

In der Folge werden eingestellte Mitarbeiter, die sich nachträglich als ungeeignet erweisen, noch lange durch eine „rosa" Brille betrachtet, da man sich ansonsten eingestehen müsste, dass die getroffene Entscheidung mit der jetzigen Meinung nicht mehr übereinstimmt.

Selbstreflexion und Entwicklungsprozesse

Wenn Teilnehmer in Seminaren neue Informationen (Kognitionen) erhalten, müssen diese zunächst in die vorhandene Gedankenwelt integriert werden. Dabei kann es zu „inneren Widerständen" kommen. Beispiel: Eine Führungskraft war bisher sehr stolz auf ihr gutes Bauchgefühl bei der Beurteilung von Mitarbeitern. In einem Seminar zum professionellen Führen von Bewerbungsgesprächen erfährt sie nun von der „Dissonanztheorie" und muss für sich den Schluss ziehen, dass ihr gutes Bauchgefühl diagnostisch sehr fragwürdig ist. Es erfordert einige Reflexionskompetenz und Veränderungsbereitschaft der Führungskraft, dieses neue Wissen tatsächlich in die eigene Gedankenstruktur zu integrieren. Vor diesem Hintergrund sind es große Worte, wenn Konrad Adenauer sagt: *„Was stört mich mein Geschwätz von gestern, wenn ich heute klüger bin."*

Veränderungs- und Lernmotivation

Wenn zwei kognitive Elemente nicht miteinander vereinbar sind, kommt es zu einem Spannungsgefühl, das der Mensch möglichst schnell beseitigen möchte. Dieses unangenehme Gefühl kann daher der Motor für Lernen sein. Beispiel: Eine Sekretärin orientiert sich beruflich neu, gibt ihre Stelle in einem großen Unternehmen auf und beginnt in einem kleineren mittelständischen Betrieb. Während sie bei ihrer vorherigen Stelle die persönliche Assistenz des Abteilungsleiters war, ist sie in dem kleinen Unternehmen nun das Herz der Firma und Ansprechpartnerin für alle Mitarbeiter. So ein Wechsel kann dazu führen, dass bestimmte Arbeitstechniken und Vorgehensweisen, die sie bisher sehr geschätzt hat, nun nicht mehr funktionieren. Ihre bevorzugte Arbeitsweise kann also zu Zeitproblemen, oder aber auch zu Fehlern führen. Der Wunsch, eine gute und effiziente Mitarbeiterin zu sein, stimmt dann nicht mehr mit den wahrgenommenen Arbeitsergebnissen überein. Eine mögliche Reaktion dieser Sekretärin kann es sein, sich für ein Seminar „Büroorganisation in kleinen und mittelständischen Unternehmen" anzumelden.

Einstellungsänderung

In verschiedenen Dissonanz-Experimenten zur Einstellungsänderung hat sich gezeigt, dass sich Überzeugungen am ehesten ändern, wenn der Grund für die dissonante Handlung besonders gering ist. Beispiel: Wenn ein eigentlich umweltbewusster Mitarbeiter in einem Atomkraftwerk arbeitet, kann er sein dissonantes Verhalten (die Arbeit in dem Werk) damit begründen, dass er den Job zum Geldverdienen braucht. Wenn dieselbe Person jedoch aufgefordert würde, in der Fußgängerzone ehrenamtlich Flugblätter zu Gunsten der Atomenergie zu verteilen, gäbe es keine Möglichkeit mehr, dieses Verhalten sich selbst gegenüber zu rechtfertigen. Das Verhalten würde nicht mit der inneren Einstellung übereinstimmen, weil eine „kognitive Dissonanz" entsteht. Wenn dieses Verhalten nun schon passiert ist und es sich auch nicht wieder rückgängig machen lässt, ist die Wahrscheinlichkeit sehr groß, dass die Person ihre Einstellung zum Thema ändern wird, um die Dissonanz aufzulösen. So könnte der Mitarbeiter sich zum Beispiel denken: Alternative Energien sind nicht für jeden erschwinglich, daher ist Atomenergie nötig. (Eine Kurzbeschreibung eines Experiments zum Thema Einstellungsänderung und „Dissonanztheorie" befindet sich im Abschnitt „Kommentar", Seite 219).

Anwendung

Einführung

„Eigene Dissonanzen bewusst machen“ (Plenumsarbeit)

Zur Einführung der Theorie empfehlen sich einige einleitende Fragen, wie:

- „Was haben Sie schon mal getan (tun müssen), das nicht Ihren persönlichen Werten entsprach?“
- „Wird beruflich etwas von Ihnen verlangt, das Sie privat nie gutheißen würden?“
- „Welche Gefühle erzeugt diese Diskrepanz bei Ihnen?“
- „Wie gehen Sie damit um?“

Sich der eigenen Dissonanzen bewusst zu werden, benötigt manchmal etwas Zeit. Es macht daher Sinn, diesen Dingen mit einigen Leitfragen in einer Gruppenarbeit nachzugehen. Beispiele für Dissonanzen gibt es sicherlich unzählige. Da wäre etwa die Führungskraft, die auf Grund von Unternehmensleitzielen zu einer bestimmten Vorgehensweise gegenüber den Mitarbeitern gezwungen ist, obwohl sie persönlich die Sache ganz anders angehen würde. Oder der umweltbewusste Mitarbeiter eines Automobilwerks, der sein Auto aus Überzeugung so oft wie möglich stehen lässt. Durch den Austausch gelangen die Teilnehmer schneller an eigene Spannungsfelder. In der Diskussion können dann die verschiedenen Strategien der Dissonanzreduktion erläutert und dem theoretischen Raster der vier Strategien (die eigene Überzeugung ändern, das eigene Verhalten ändern, das eigene Verhalten neu einschätzen, neue Kognitionen hinzunehmen) zugeordnet werden.

Vertiefende Übung

„Dissonanz und Einstellung“ (Plenumsarbeit)

In einer tiefer gehenden Diskussion kann die Bedeutung der „Dissonanztheorie“ für die Einstellungsänderung beleuchtet werden. Hierbei können Sie gemeinsam mit den Teilnehmern überlegen, wie man im privaten oder beruflichen Bereich am ehesten eine Einstellungsänderung bei seinen Mitmenschen bewirken kann.

Dabei hat sich in Untersuchungen gezeigt, dass Versuchspersonen ihre Einstellung besonders schnell ändern, wenn sie eine dissonante Handlung ausführen. Wenn man also einen Mitarbeiter bittet, in der Firma Unterschriften für den geplanten Kantinenumbau zu sammeln, kann man damit bewirken, dass der Mitarbeiter diesem Umbau ebenfalls zustimmt, auch wenn er zuvor anderer Meinung war. Dabei ist es allerdings wichtig, dass der Mitarbeiter das Gefühl hat, das Projekt freiwillig zu unterstützen. Sonst könnte er seine Verhaltensweise mit der „Anordnung von oben" begründen und die Dissonanz wäre aufgelöst, ohne dass es zu einer Einstellungsänderung kommen muss. Dieselbe Taktik kann man auch anwenden, um unzuverlässige Teammitglieder wieder ins Boot zu holen. So kann man beispielsweise ein Teammitglied bitten, die Verantwortung und Organisation für ein Teilprojekt zu übernehmen.

Technische Hinweise

▶ „Dissonanz und Einstellung": Keine.

Kommentar

Um Ihren Teilnehmern ein plastisches Bild von der erstaunlichen Wirkung von Einstellungsänderungen zu vermitteln, lohnt sich ein kurzer Ausflug in das 1959 von Leon Festinger und James M. Carlsmith durchgeführte Experiment: Die Versuchsteilnehmer nahmen damals an einem sehr langweiligen und zeitaufwändigen Experiment teil. Anschließend wurde ihnen aufgetragen, den noch wartenden Personen zu erzählen, dass es sich um ein wirklich interessantes Experiment handele. Für diese Aussage bekam die Hälfte der Probanden $1 Belohnung, die anderen $ 20. Nachher wurden alle befragt, wie sie das Experiment fanden.

Das Ergebnis überraschte: Die Teilnehmer, die nur $1 Entlohnung für ihre Falschaussage erhielten, dass das Experiment interessant sei, gaben bei der anschließenden Befragung an, das Experiment tatsächlich interessant empfunden zu haben. Die Personen, die hingegen mit $ 20 bezahlt wurden, erzählten den Wartenden zwar auftragsgemäß dieselbe Lüge, bewerteten bei der Befragung das Experiment aber als langweilig und uninteressant.

Diese Ergebnisse können mithilfe der kognitiven „Dissonanztheorie" gut erklärt werden: Die unangemessen geringe Entlohnung von $ 1 für eine Falschaussage erzeugt kognitive Dissonanz, da das Verhalten der eigenen Einstellung widerspricht und nicht auf äußere Faktoren (Belohnung) zurückgeführt werden kann. Dies führt in der Konsequenz dazu, dass die Einstellung nachträglich an das Verhalten angepasst werden muss, um die innere Konsistenz wiederherzustellen. Dagegen führen die gut entlohnten Versuchsteilnehmer ihr Verhalten auf die angemessen hohe Bezahlung zurück. Es bestand nicht die Notwendigkeit, die eigene Einstellung zu verändern.

Querverweis

Rollen und Erwartungen

Nicht immer stimmen die Rollen, die wir einnehmen müssen und die Erwartungen, die an uns gestellt werden mit unseren persönlichen Werten überein. In solchen Fällen kommt es dann häufig zu einem Unwohlsein der Betroffenen. Dieses unangenehme Gefühl lässt sich unter anderem durch die Dissonanzen und die damit verbundenen negativen Spannungen erklären.

Weiterführende Literatur

- BECKMANN, J. (1984). Kognitive Dissonanz: eine handlungstheoretische Perspektive. Berlin: Springer-Verlag.
- FESTINGER, L. (1954). A theory of cognitive dissonance. Stanford, CA: Stanford University Press.
- FESTINGER, L. (1978). Theorie der Kognitiven Dissonanz. Bern: Huber-Verlag.
- WISWEDE, G. (2000). Einführung in die Wirtschaftspsychologie. 3., überarb. u. erw. Aufl. Stuttgart: UTB.

Attributionstheorie

Ziel

Welche Handlungsalternativen wir wählen, hängt entscheidend davon ab, welche Ursachen wir für eine bestimmte Situation sehen. Sich der Mechanismen von Ursachenzuschreibung bewusst zu werden, ermöglicht es, eigene Denkmuster zu hinterfragen und Konsequenzen für das eigene Verhalten zu ziehen.

Kontext

- Motivation
- Lernen
- Selbstwahrnehmung

Theorie

Die „Attributionstheorie" geht auf den österreichischen Psychologen Fritz Heider zurück und umfasst ein großes Bündel von Annahmen und Erkenntnissen darüber, wie wir Ereignisse und Situationen erklären, beziehungsweise welche Ursache wir ihnen zuschreiben.

Der Mensch ist darauf angewiesen, den täglichen Ereignissen eine Bedeutung zuzuschreiben, denn das bloße Registrieren ließe sie unzusammenhängend und sinnlos an uns vorüberziehen. Wir wüssten nicht, wie wir auf sie reagieren sollten. Folgendes Beispiel soll die Bedeutung der Ursachenzuschreibung verdeutlichen. Nehmen wir einmal an, Sie würden in der Straßenbahn angerempelt. Dann kann die Situation als aggressive Handlung interpretiert werden, wenn Sie der Person die Absicht unterstellen, Sie ärgern oder schädigen zu wollen. Als Reaktion darauf werden Sie vielleicht andere Fahrgäste Hilfe suchend ansehen, die Person zur Rede stellen oder versuchen, der Situation aus dem Wege zu gehen. Gehen Sie jedoch davon aus, dass die betreffende Person gestolpert ist, werden Sie sie eventuell anlächeln und fragen, ob sie sich verletzt habe. Welche Ursache einer Situation zugeschrieben wird, hat direkte

Auswirkungen auf unsere Handlungen. Für den Trainingskontext interessant ist, dass jeder Mensch diese Ursachensuche betreibt, die zu Grunde liegenden Prozesse aber fast immer unbewusst bleiben. Durch das Bewusstmachen der ablaufenden Mechanismen hat jedoch jeder Teilnehmer die Möglichkeit, eigene Ursachenzuschreibungen zu hinterfragen und die Auswirkungen auf sein Handeln zu überprüfen.

Heider geht davon aus, dass es generell vier Dimensionen gibt, nach denen sich Ursachenzuschreibungen klassifizieren lassen.

1. **Personenabhängigkeit** (internal – external)

Auf dieser Dimension entscheiden wir, ob ein Ereignis auf ein Merkmal meiner Person zurückzuführen ist oder ob andere Personen oder „äußere" Umstände das Ereignis verursacht haben. So kann ein gutes Abschneiden in einer Prüfung von der eigenen besonderen Begabung (internal) oder von der Leichtigkeit der Aufgabe (external) abhängig sein.

2. **Stabilität über die Zeit** (stabil – variabel)

Ursachen lassen sich zudem danach unterscheiden, wie zeitlich stabil sie sind. So wird die Begabung einer Person oder der Schwierigkeitsgrad einer Aufgabe als zeitlich stabil gesehen, wohingegen Anstrengungen oder Tagesform als zeitlich variabel gelten.

3. **Kontrollierbarkeit** (hoch – niedrig)

Diese Dimension betrifft das Ausmaß der Kontrollierbarkeit einer Ursache. So ist die Anstrengung von einem selbst kontrollierbar. Wie schwer die ausgewählten Aufgaben sind, liegt jedoch im Ermessen des Prüfers und ist damit für die betroffene Person nicht kontrollierbar.

4. **Globalität** (global – spezifisch)

Diese Dimension beschreibt, inwieweit eine Ursache in einer Vielzahl weiterer Situationen als wirksam angesehen wird (global) oder nur in diesem oder ähnlichen Kontexten (spezifisch). So wird von „allgemeiner" Begabung und Intelligenz angenommen, dass sie in vielen Situationen hilfreich sei. Dagegen sind mathematische Kenntnisse oder eine musikalische Begabung nur in ausgewählten Kontexten hilfreich.

Nun könnte der Eindruck entstehen, Ursachenzuschreibungen seien etwas Logisches und eine Zusammenschau der relevanten Faktoren ließe uns stets zu einem richtigen Ergebnis kommen. Die tägliche Erfahrung zeigt jedoch, dass Ursachenzuschreibungen nicht immer richtig sein müssen. Nicht selten erleben wir Fälle, in denen Personen die mangelnde Begabung für ihr Scheitern verantwortlich machen, obwohl alle Außenstehenden die unglücklichen Umstände als Ursache sehen.

Für unzutreffende Attributionen gibt es zahlreiche Gründe. Die drei wichtigsten Gründe stellen wir Ihnen nun vor.

Unzutreffende Informationen

Stellen Sie sich einmal vor, Sie hätten einen Chef, aus dessen Anweisungen Sie nicht schlau würden. Sie können sich im Gespräch prima mit ihm unterhalten. Wenn Sie jedoch zurück an Ihrem Arbeitsplatz sind, fragen Sie sich immer wieder, was Sie nun eigentlich tun sollen.

Sie können theoretisch vier verschiedene Ursachen für dieses Problem sehen:

1. Sie hatten einen schlechten Tag und waren bei dem Gespräch unkonzentriert (internal – zeitlich variabel)
2. Ihr Chef hatte einen schlechten Tag und hat sich unverständlich ausgedrückt (external – zeitlich variabel)
3. Sie sind nicht intelligent genug, um Ihrem Chef gedanklich folgen zu können (internal – zeitlich stabil)
4. Ihr Chef ist zerstreut und kann sich schlecht strukturiert ausdrücken (external – zeitlich stabil)

Gehen wir nun ganz systematisch vor und klären eine mögliche Ursache nach der anderen ab: Da Sie immer wieder an Ihrem Schreibtisch sitzen und über dieses Problem nachgrübeln, scheiden die zeitlich variablen Gründe 1.) und 2.) aus. Um zu entscheiden, ob es nun eher an Ihnen liegt oder an Ihrem Chef, ziehen Sie ein paar Kollegen ins Vertrauen und fragen diese, ob es ihnen vielleicht genauso geht wie Ihnen. Die Kollegen beteuern nun eventuell, dass sie in der Beziehung keinerlei Probleme hätten und die Anweisungen immer eindeutig und verständlich fänden. Die für Sie folgerichtige Schlussfolgerung wäre also, dass es wohl an Ihrer fehlenden

Fähigkeit liegt, Ihren Chef zu verstehen. Die Ursache wäre also internal begründet. So weit sind Ihre Schlussfolgerungen auch richtig. Dieses Beispiel verdeutlicht überdies, wie systematisch wir gewöhnlich bei der Ursachenfindung vorgehen. Was aber, wenn Ihre Kollegen Sie angeschwindelt haben, weil sie nicht zugeben wollten, dass sie Ihren Chef auch nicht verstehen? Dann haben Sie Ihre Entscheidung auf eine unzutreffende Informationsbasis gestellt und sich damit eine falsche Ursachenerklärung geliefert.

Unzutreffende Überzeugungen bezüglich der eigenen Person

Ein weiterer Faktor, der zu falschen Ursachenzuschreibungen führen kann, sind unzutreffende Überzeugungen bezüglich der eigenen Person. Dazu gehören Überzeugungen zu eigenen intellektuellen Fähigkeiten, zum eigenen Aussehen oder zu sozialen Fähigkeiten.

Nehmen wir einmal an, Sie hätten einen neuen Job angetreten. Am ersten Tag im neuen Unternehmen erzählen Ihnen Ihre Kollegen, wie gerne Sie mit Ihrem zukünftigen Chef zusammenarbeiten würden und dass das Umgangsverhältnis ganz toll wäre. Sie freuen sich schon darauf, diesen Chef kennen zu lernen und sind daher ganz überrascht, als dieser sichtlich übel gelaunt in Ihr Büro kommt, Sie mit den Worten *„Ach Sie sind der/die Neue, hallo"* begrüßt und Ihnen einen Packen Kopierarbeit auf den Tisch wirft. Nun gibt es, da Sie wissen, dass die Kollegen ganz begeistert von Ihrem Chef sind, nur zwei mögliche Interpretationen:

1. Es war ein blöder Zufall, dass Ihrem Chef etwas über die Leber gelaufen ist, gerade bevor er Sie nett willkommen heißen wollte.
2. Sie haben dieses Verhalten durch irgendetwas ausgelöst. Vielleicht haben Sie sich vorher schon gewundert, dass bei so vielen Bewerbern ausgerechnet Sie diesen Job bekommen hatten. Vielleicht hat Ihr Chef Ihre Bewerbung gelesen und hätte lieber jemand anderen eingestellt.

Wichtig ist hierbei, dass beide Erklärungen theoretisch möglich sind. Je nachdem, wie Sie Ihre eigenen Fähigkeiten einschätzen oder welche Grundannahmen Sie über sich selbst haben, werden Sie jedoch die eine Erklärung der anderen vorziehen. Wenn Sie also eine hohe Meinung von Ihren Fähigkeiten haben, macht es für Sie Sinn dem Zufall die „Schuld" für diesen Vorfall zu geben. Sind Sie eher weniger von sich überzeugt, werden Sie bei sich die

Verantwortung suchen. Unzutreffend wird die Einschätzung stets dann, wenn das Selbstbild stark von den tatsächlichen Fähigkeiten abweicht. Das gilt für eine Überschätzung genauso, wie auch für eine chronische Unterschätzung der eigenen Fähigkeiten.

Erklärungsstile

Unter Erklärungsstilen versteht man die gefestigte Bereitschaft, Ereignisse auf ganz spezielle Ursachen zurückzuführen. Besonders bekannt geworden ist dabei der „pessimistische" oder „depressive" Erklärungsstil. Dieser kennzeichnet sich durch die Bereitschaft, negative Begebenheiten auf internale, stabile und globale Ursachen zurückzuführen. „Dass ich auf meine Bewerbung eine Absage erhalten habe, liegt daran, dass ich (internal), bei allem was ich tue (global), mich immer (stabil) total blöd anstelle!"

Dieser Erklärungsstil wird deshalb „pessimistisch" genannt, weil er dazu führt, dass man das Eintreffen negativer Ereignisse auch zukünftig erwartet. Der pessimistische Erklärungsstil kann schwerwiegende Auswirkungen auf das Verhalten und Wohlbefinden der Betroffenen haben. Denn erstens bleiben Sie in Ihrer Wahrnehmung alleine für das negative Ereignis verantwortlich, zweitens wird die Ursache als stabil eingeschätzt, das heißt, es kann mit weiteren „Bewerbungsabsagen" gerechnet werden. Drittens scheint die Ursache global, die negativen Fähigkeiten werden sich auch in anderen Kontexten negativ auswirken.

Diese Grundhaltung ist die Basis vieler sich selbst erfüllenden Prophezeiungen. Genau diese fatale Haltung veranlasst Bewerber dazu, in einem Bewerbungsanschreiben Formulierungen zu benutzen wie: *„Ich weiß, dass ich nicht 100%ig auf die Stellenbeschreibung passe, würde mich aber freuen, wenn Sie mich eventuell doch berücksichtigen könnten."*

Einführung

Anwendung

„Ursachensuche" (Plenums- oder Gruppenarbeit)

Beschreiben Sie zum Einstieg eine Situation, in der Ursachensuche betrieben werden muss. Dabei können Sie sich von den oben beschriebenen Beispielen inspirieren lassen und aktuelle Problemstellungen der Teilnehmer einbeziehen. Brechen Sie Ihre Erzählung an der Stelle ab, an der die Attribution einsetzen würde und fragen Sie die Teilnehmer, welche möglichen Interpretationen es gibt. Die ausgearbeiteten Möglichkeiten halten Sie auf Flip-Chart fest. Suchen Sie sich anschließend zwei Interpretationen heraus und erarbeiten Sie den Unterschied. Schnell werden die Unterschiede zwischen internal und external deutlich, so dass Sie anschließend die Terminologie einführen können.

In einer Variante dieser Einführung gehen die Teilnehmer nach der Schilderung der Situation in die Gruppenarbeit und sollen überlegen, welche Ursachen es für diese Situation gibt, mit welchen Strategien sie diese überprüfen würden und warum sie die eine Ursache für wahrscheinlicher halten als die andere. In der anschließenden Auswertung der Gruppenarbeit wird deutlich, dass der Mensch sehr strukturiert bei der Ursachenanalyse vorgeht und mit immer ähnlichen Fragen die Sache eingrenzen würde. (*„Ist das immer so? Ist das auch bei anderen so?“*) Anschließend können Sie die Grundlagen der Theorie vorstellen und mögliche Strategien diskutieren.

Vertiefende Übung

„Weitreichende Konsequenzen“ (Plenumsarbeit)

Bereiten Sie auf einer Pinwand ein Koordinatensystem vor und beschriften Sie auf der Längs- und Querachse die Dimensionen „Personenabhängigkeit“ und „Globalität“. So entstehen vier Kombinationsmöglichkeiten, die anschließend gemeinsam mit den Teilnehmern genauer diskutiert werden können. Nehmen Sie das unter Einführung besprochene Beispiel oder einen Vorschlag der Teilnehmer, und notieren Sie erste Gedanken, die jemand hat, der beispielsweise external und spezifisch attribuiert.

Anschließend können Sie gemeinsam mit den Teilnehmern diskutieren, welche Auswirkungen eine solche Attribution auf die Gefühlslage und das Verhalten des Betroffenen hat. Ähnlich gehen Sie mit allen vier Feldern des Schemas um. Die Übung erlaubt ein intensives Durchdringen der Theorie und verlangt eine hohe Transferleistung von den Teilnehmern. Durch die Bearbeitung eines konkreten Beispiels fällt dies in der Regel leichter. Außerdem können Parallelen zum eigenen Attributionsverhalten gezogen werden.

Personenabhängigkeit	Globalität: spezifisch	Globalität: global
external	*„Blöder Zufall!"* *„So ein Pech!"* + Selbstwert bleibt erhalten, da andere verantwortlich – Keine Veränderungsmotivation – Keine Selbstreflexion – Lernen wird verhindert	*„Das Schicksal meint es nicht gut mit mir!"* + Bequem, ich kann zwar nichts verändern, bin aber auch nicht verantwortlich – Gefühl der Hilflosigkeit – Opfergefahr – Spielball der Umstände
internal	*„Kann passieren; beim nächsten Mal mache ich es besser!"* *„Ich hatte einen schlechten Tag!"* + Lernen ist möglich + Nicht selbstwertbedrohlich, da einmalig – Man muss nicht unbedingt daraus lernen	*„Ich bin eine totale Niete!"* *„Ich bin zu blöd für diese Welt!"* + Hohe Lerneinsicht + Hohe Selbstreflexion – Selbstwertbedrohlich – Gefahr der Depression

Koordinatensystem zur Übung „Weitreichende Konsequenzen"

Technische Hinweise

- „Weitreichende Konsequenzen": Pinwand mit vorbereitetem Koordinatensystem.

Querverweise

Dissonanztheorie (S. 214)

Das Thema Attribution spielt in Bezug auf die Dissonanzreduktion eine entscheidende Rolle. Je nachdem, wie ich Ursachen zuschreibe, lassen sich Dissonanzen auflösen und Verhalten oder Ansichten rechtfertigen.

Opfer-Gestalter-Modell (S. 229)

Die Beurteilungsdimension Personenabhängigkeit weist starke Bezüge zum „Opfer-Gestalter-Modell" auf. Nur wenn ich der Ansicht bin, selbst für den Verlauf der Dinge verantwortlich zu sein, kann ich die Rolle des Gestalters einnehmen. Das Opfer dagegen verharrt passiv in der jeweiligen Situation und macht die Rahmenbedingungen für die Ereignisse verantwortlich. In der kombinierten Behandlung dieser beiden Ansätze kann thematisiert werden, warum es sehr bequem ist, die äußeren Umstände für ein Missgeschick verantwortlich zu machen. Die Konsequenz daraus ist allerdings, dass ich keinen Einfluss auf die Veränderung habe und es daher auch Sinn macht, nach eigenen Anteilen und Möglichkeiten zu suchen.

Literatur

- HEIDER, F. (1958). The psychology of interpersonal relations. New York: Wiley.
- deutsch: ebend. (1977). Psychologie der interpersonalen Beziehungen. Stuttgart: Klett.
- MEYER, W.-U.; SCHMALT, H.-D. (1978). Die Attributionstheorie. In FREY, D. (Hg.) Kognitive Theorien der Sozialpsychologie (S.98-136). Bern: Huber.
- MEYER, W.-U. (2000). Gelernte Hilflosigkeit: Grundlagen und Anwendungen in Schule und Unterricht. Bern: Huber.
- RUDOLPH, U. (2003). Motivationspsychologie. Weinheim: Beltz PVU.

Opfer-Gestalter-Modell

Ziel

Das „Opfer-Gestalter-Modell“ bietet Hinweise für konstruktives Verhalten in Veränderungssituationen. Teilnehmer erweitern ihren Handlungsspielraum und konzentrieren sich bei der Bewältigung herausfordernder Situationen auf die eigenen Ressourcen. Die Fähigkeit zum Perspektivenwechsel wird angeregt.

Kontext

- Steuerung von Veränderungsprozessen
- Gesprächsführung
- Selbstmotivation
- Führung
- Kommunikation
- Konflikt
- Mitarbeitermotivation

Theorie

Das „Opfer-Gestalter-Modell“ geht auf die Arbeiten des zeitgenössischen amerikanischen Wirtschaftswissenschaftlers und Managementberaters Stephen R. Covey zurück. Das Prinzip wurzelt in der Annahme, dass alle Ereignisse, die um uns herum geschehen und einen Einfluss auf unser Leben nehmen, in zwei Bereiche einzuteilen sind: den Betroffenheits- und den Einflussbereich.

Betroffenheitsbereich

In diese Kategorie fallen Ereignisse, die einen direkten Einfluss auf das Leben eines Betroffenen haben, aber selbst nicht (direkt) vom Betroffenen beeinflussbar sind. Beispiele sind etwa:

- Erhöhung der Benzinpreise
- Regnerisches Wetter
- Vorstandsentscheidung über die Eröffnung eines neuen Standortes

Einflussbereich

Alle Verhaltensformen, die ein Betroffener vornehmen kann, indem er selbst handelt, andere zum Handeln bewegt oder eine Handlung bewusst unterlässt, repräsentieren seinen Einflussbereich. Beispiele:

- Krafftstoffsparende Fahrweise oder Einbau eines Gastanks bei Erhöhung der Benzinpreise
- Regenschirm und Mantel bei regnerischem Wetter nutzen
- Eigene Entscheidung treffen, ob man beim Aufbau des neuen Standortes dabei sein möchte oder am bisherigen Standort verbleibt; hierfür Argumente gegenüber dem Vorgesetzten sammeln

Folgt man dieser Grundannahme der Einteilung von Situationen nach Einfluss- und Betroffenheitsbereichen und verknüpft sie mit Wahrnehmungs- und Verhaltensprozessen, gelangt man zu zwei unterschiedlichen Handlungsprinzipien. Diese Prinzipien nehmen Einfluss auf das Verhalten von Mitarbeitern und Vorgesetzten in Veränderungssituationen, Konfliktsituationen aber auch auf die Gestaltung alltäglicher Arbeitsabläufe.

Opferprinzip

Bei Konzentration auf die Aspekte des Betroffenheitsbereichs nimmt der Betroffene besonders Umstände wahr, die er nicht ändern kann. *„Andere haben entschieden, nun muss ich es ausbaden“*, lautet ein typischer Satz. Eigene Handlungsspielräume werden vermindert wahrgenommen und eigene Handlungsimpulse daher weniger verfolgt. Bei vermehrter Fokussierung auf den Betroffenheitsbereich steigt die Passivität des Betroffenen. Weitere Beispielsätze des Opferprinzips sind: *„Da kann ich ja sowieso nichts machen.“* Oder: *„Da wird sich nie was ändern, das brauchen wir erst gar nicht versuchen.“*

Gestalterprinzip

Anders verhält es sich mit den Aspekten Wahrnehmung und Verhalten bei Betroffenen im Einflussbereich. Hier konzentriert sich die Wahrnehmung auf die zur Verfügung stehenden Handlungsspielräume innerhalb des Einflussbereichs. So entstehen Handlungsimpulse, die dem Betroffenen ermöglichen, auf eine sich verändernde Umwelt konstruktiv zu reagieren und einzuwirken. Diese Konzentration in Wahrnehmung und Verhalten auf die eigenen Möglichkeiten und Ressourcen führt nach Coveys Aussage zu einem sich selbst verstärkenden Prozess: Je mehr der Betroffene sich in seinem Handeln auf die Perspektive des eigenen Einflussbereiches fokussiert, desto akti-

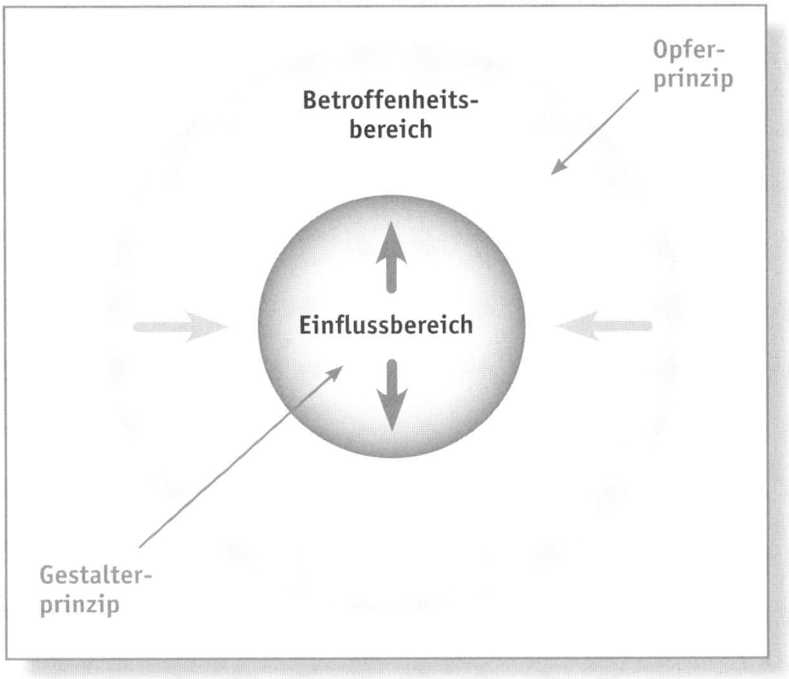

Opfer-Gestalter-Modell

ver und pro-aktiver gestaltet er seine Umwelt mit und desto stärker entwickelt sich auch sein tatsächlicher Einflussbereich.

Nach Coveys Aussage findet man bei Menschen, die dem Gestalterprinzip folgen, ein übergeordnetes Handlungsprinzip oder Vorgehen, das sich in drei Schritte gliedern lässt.

- **Love it:** Ein Mitarbeiter ist für ein Unternehmen oder eine Abteilung tätig, die er grundsätzlich befürwortet.

- **Change it:** Unterliegt der Mitarbeiter in der Erfüllung seiner Aufgaben starken negativen oder hinderlichen Einflüssen durch Kollegen oder den Vorgesetzten, versucht er, innerhalb des eigenen Einflussbereichs Verbesserungen durch Gespräche, ein verändertes Verhalten oder die Einbindung Dritter herbeizuführen.

- **Leave it:** Gelingt es dem Mitarbeiter langfristig nicht, Veränderungen zum Besseren innerhalb seines Einflussbereichs zu evozieren, ist er auch bereit, das Unternehmen oder die Abteilung wieder zu verlassen.

Anwendung

Einführung

Sie können das „Opfer-Gestalter-Modell" als eigenständiges Modell, etwa im Zeitmanagement, an jeder beliebigen Stelle des Seminars präsentieren. Es besteht aber auch die Möglichkeit, das Modell als Meta-Modell einzusetzen. In diesem Fall empfiehlt sich eine Einführung zu Anfang des Seminars.

Stellen Sie das Modell am Flip-Chart oder auf einer Folie vor. Nachdem Sie das generelle Verständnis der Teilnehmer eingeholt haben, können Sie mit den Teilnehmern verabreden, sich im weiteren Verlauf des Seminars ganz auf den Einflussbereich der Teilnehmer zu konzentrieren und den Betroffenheitsbereich als den Bereich, den die Teilnehmer sowieso nicht verändern können, außer Acht zu lassen. Der Vorteil dieses Vorgehens liegt in einer starken Konzentration der Teilnehmer auf die eigenen Handlungsspielräume. Lösungsideen, die im Seminar erarbeitet werden und den Einflussbereich der Teilnehmer berücksichtigen, sind in der Regel realistischer und überfordern die Teilnehmer seltener bei der Umsetzung im Nach-Seminar-Kontext.

Vertiefende Übung

„Mein Einflussbereich" (Einzel- oder Gruppenarbeit)

Bitten Sie die Teilnehmer, die eigenen täglichen Aufgaben jeweils dem Betroffenheits- und Einflussbereich zuzuordnen. Dies kann auf Basis einer Einzel-, Kleingruppen- oder Plenumsarbeit geschehen, je nachdem, ob die Teilnehmer einer Berufsgruppe innerhalb eines Unternehmens angehören oder aus unterschiedlichen Bereichen stammen. Unserer Erfahrung nach entsteht durch diese Übung bei Mitarbeitern aber auch bei Führungskräften ein realistischeres Bild ihres Arbeitsalltags.

Mögliche Fragen an die Teilnehmer lauten:

- „Welche Ihrer Aufgaben lassen sich Ihrem Einflussbereich zuordnen?"
- „Welche dem Betroffenheitsbereich?"
- „Wie viel Prozent des Geschehens an Ihrem Arbeitsplatz fällt unter Ihren Einflussbereich?"

- „Wie viel unter den Betroffenheitsbereich?"
- „Wie zufrieden sind Sie damit?"
- „Wenn Sie etwas ändern möchten, was genau wäre das?"

Technische Hinweise

- „Mein Einflussbereich": Je nach Setting Notizblätter oder Pinwand mit Moderationskarten.

Kommentar

Das „Opfer-Gestalter-Modell" geht auf die Ideen Stephen R. Coveys in seinem Buch „Die 7 Wege zur Effektivität. Prinzipien für persönlichen und beruflichen Erfolg" zurück. Covey lehrte über 20 Jahre Business Management. Seine Darstellungen beziehen sich auf Befragungen erfolgreicher Manager, sie sind allerdings nicht innerhalb empirischer Studien ermittelt worden. Wir haben das Modell dennoch in das Kapitel aufgenommen, da einige seiner Aussagen Erkenntnisse der Lösungs- und Ressourcenorientierung[1] im Seminarkontext handhabbar macht.

Teilnehmer nehmen das Modell in der Regel sehr gut an. Wichtig ist, bei der Einführung darauf zu achten, dass es bei der Unterteilung in die Bereiche Einfluss und Betroffenheit zu realistischen Einschätzungen seitens der Teilnehmer kommt.

Querverweise

Konflikt (ab S. 64)

Die Herstellung so genannter Win-win-Lösungen kann nur gelingen, wenn sich beide Verhandlungsseiten auf ihre Einflussbereiche konzentrieren und diese ausschöpfen wollen. Generell ist die Haltung des Gestalters während eines Konfliktes die konstruktivere, denn das Opfer nimmt seine Handlungsspielräume vermindert wahr und kann daher mit weniger alternativen Lösungsmöglichkeiten aufwarten.

---

[1] Basiert auf Erkenntnissen der Kurzzeittherapie nach Steve de Shazer und Insoo Kim Berg

Stress (ab S. 168)

Im Rahmen von Stressseminaren können die drei Grundprinzipien des Gestalters als hilfreiche Einstellung gegen Stressempfinden diskutiert werden. Einfluss zu haben, vermindert die Stressreaktion in der Regel sehr. Das Stressentstehungsmodell nach Lazarus geht schließlich davon aus, dass die Stressreaktion entscheidend von kognitiven Prozessen abhängig ist. Mit der Erkenntnis, dass es nicht die widrigen Umstände sind, die zu schaffen machen, sondern in der Regel die eigene Bewertung der Lage den Stress erzeugt, gelingt es, weitere Perspektiven der Stressbekämpfung aufzuzeigen. Der Teilnehmer ist dadurch nicht mehr Spielball der Umstände, sondern in der Lage sein Stressniveau selbst zu beeinflussen. Damit kann er vom Opfer zum Gestalter werden.

Führung (ab S. 248)

Moderne Führungsstile zielen darauf ab, Mitarbeiter stärker in den Verlauf eines Mitarbeitergesprächs einzubeziehen. Dies sieht oft eine Stärkung des „Gestalters" im Mitarbeiter vor.

Das „Opfer-Gestalter-Modell" kann aber auch zur Stärkung des mittleren Managements in der so genannten „Sandwich"-Position zwischen Top Management und Mitarbeitern herangezogen werden. Hier kann es den Führungskräften zu einer Stärkung des Selbstwertes dienen, indem sie sich die Möglichkeiten des eigenen Einflussbereiches vor Augen führen, der in der Selbstwahrnehmung im Verhältnis oft kleiner ausfällt.

Weiterführende Literatur

- COVEY, STEPHEN R. (2005). Die sieben Wege zur Effektivität. Prinzipien für persönlichen und beruflichen Erfolg. Erweiterte und überarbeitete Neuausgabe. Wiesbaden: Gabler.
- DIETRICH, A. (2001). Selbstorganisation. Wiesbaden: Deutscher Universitätsverlag.
- POHL, M.; FALLNER, H. (2004) Coaching mit System. Die Kunst nachhaltiger Beratung. 2. Auflage. Wiesbaden: VS Verlag.
- SCHREYÖGG, G.; SYDOW J. (Hrsg.) (2003). Strategische Prozesse und Pfade. Managementforschung 13. Wiesbaden: Gabler.

Lernen und Gedächtnis

Ziel

Sich bestimmter Speichermechanismen unseres Gedächtnisses bewusst zu werden, erleichtert es, Lernstoff anzugehen. Die Strategien werden gezielter. Lernen wird effizienter und nachhaltiger. Das Wissen über die Funktionsweise des Gedächtnisses hilft, eigene Veränderungswünsche besser in die Tat umzusetzen.

Kontext

- Lernen
- Change-Management
- Steuerung von Veränderungsprozessen
- Selbstmotivation

Theorie

Lebenslanges Lernen ist heutzutage aus dem Arbeitsleben nicht mehr wegzudenken. Im Laufe des Erwerbslebens muss sich jeder Arbeitnehmer immer wieder auf neue Situationen einstellen und dazulernen. Besonders bei der Arbeit mit Auszubildenden, Schülern oder Teilnehmern, die vor der Abschlussprüfung einer Qualifizierungsmaßnahme stehen, macht es Sinn, das Thema Lernen zu bearbeiten. Dabei ist es hilfreich, zunächst Grundlagen über das Funktionieren unseres Gedächtnisses zu vermitteln, um daran anschließend sinnvolle Lernstrategien zu erarbeiten.

Das „Multi-Speicher-Modell" wurde erstmals 1968 von den amerikanischen Psychologen Richard C. Atkinson und Richard M. Shiffrin in einem Aufsatz vorgestellt. Es bietet einen anschaulichen Rahmen, sich dem komplexen Thema „Gedächtnis" zu nähern. Atkinson und Shiffrin gehen davon aus, dass es drei unterschiedliche Speicher gibt, die für das Behalten von Informationen verantwortlich sind: Der „sensorische Speicher", das „Kurzeitgedächtnis" und das „Langzeitgedächtnis".

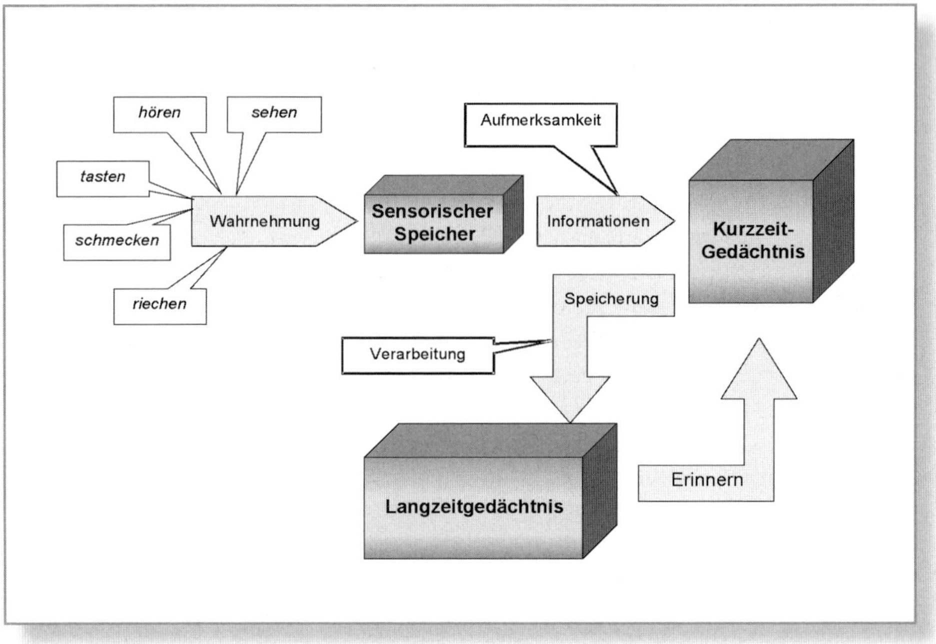

Das Multi-Speicher-Modell

Der sensorische Speicher oder das Ultrakurzzeitgedächtnis

Der sensorische Speicher oder, wie er auch genannt wird, das Ultrakurzzeitgedächtnis, nimmt von außen eintreffende Sinnesreize auf. Hier gehen Hör- und Seheindrücke ein, aber auch Geruchs-, Geschmacks- und Tasteindrücke werden verarbeitet. Die Sinnesreize bleiben in diesem Speicher etwa eine Sekunde präsent. Diese kurze Speicherung erfolgt, auch wenn der Stimulus selbst nur Millisekunden dauert. Verschiedene Untersuchungen weisen darauf hin, dass man sich diesen Prozess ähnlich wie ein nachhallendes Echo vorstellen kann. Die Reizdauer wird so künstlich verlängert, um dem Gehirn eine Verarbeitung zu ermöglichen.

Das Kurzzeitgedächtnis

Von dem sensorischen Speicher gelangen die Informationen anschließend ins Kurzzeitgedächtnis. Dazu müssen wir einem Reiz Aufmerksamkeit schenken, ihn bewusst wahrnehmen. Die Speicherzeit ist etwas länger als im sensorischen Speicher. Untersuchungen von Peterson & Peterson (1959) weisen darauf hin, dass das Kurzzeitgedächtnis Informationen für wenige Sekunden speichert. Dies scheint sehr kurz, wenn man bedenkt, dass es uns beispielsweise in den meisten Fällen gelingt, eine Telefonnummer nachzuschlagen, sie für eine Weile zu behalten und anschließend richtig zu wählen. Dies gelingt selbst dann, wenn sich Telefonbuch und Telefon weit voneinander entfernt befinden und man einen recht langen Weg zurücklegen muss, um die Nummer schließlich wählen zu können. Die besondere Strategie, die es uns ermöglicht, die Behaltensleistung des Kurzzeitgedächtnisses zu verlängern ist das „rehearsal". Damit ist das stumme, innerliche Wiederholen gemeint, dass es uns ermöglicht, Informationen über einen längeren Zeitraum abrufbar zu halten. Werden wir an diesem inneren Wiederholen gehindert, etwa, weil uns jemand eine Frage stellt, die wir beantworten müssen, geht die Information verloren. Es bleibt uns dann nichts anderes übrig, als das Telefonbuch erneut aufzuschlagen und die Nummer noch einmal nachzulesen.

Die Erinnerungsleistung verschlechtert sich zudem, wenn mehr als sieben Elemente behalten werden müssen. Dies scheint eine natürliche, also bei allen Menschen ähnliche, vorgegebene Behaltensgrenze zu sein. Zum Beispiel lässt sich die Zahl 0891945 wesentlich leichter merken als die folgende Zahl: 089194519892089. Personen, die ihnen diese Nummer ohne Weiteres wiederholen können, greifen neben dem rehearsal wahrscheinlich noch auf eine andere Strategie zurück: dem „chunking". Bei dieser Technik wird versucht, scheinbar sinnlose Zahlenfolgen zu zusammenhängenden Gruppen zu ordnen und so die Zahl der Einzel-Items zu verringern. So ist die Zahlenfolge 089 bereits vielen als Telefonvorwahl Münchens bekannt, die nachfolgenden Zahlen lassen sich nun als Datum des Kriegsendes (1945), Jahr des Mauerfalls (1989) und 100. Jahrestag des Mauerfalls (2089) speichern. So ist aus der 15-stelligen Zahl ein vierteiliges Informationspäckchen geworden.

Das Langzeitgedächtnis

Das Langzeitgedächtnis beinhaltet alle Informationen, die wir im Laufe unseres Lebens gelernt haben. Sein Speichervermögen scheint unbegrenzt, und einmal abgelegte Informationen können auch noch nach Jahren erinnert werden. Vom Langzeitgedächtnis wird angenommen, dass es sich eines semantischen Codes bedient: Nicht die Art und Weise, wie ein geschriebenes Wort aussieht, sondern welche Bedeutung und Funktion es hat, ist wesentlich bei der Abspeicherung.

Das „Netzwerkmodell" von Collins & Loftus (1975) stellt dar, wie man sich das Speichern im Langzeitgedächtnis vorstellen kann.

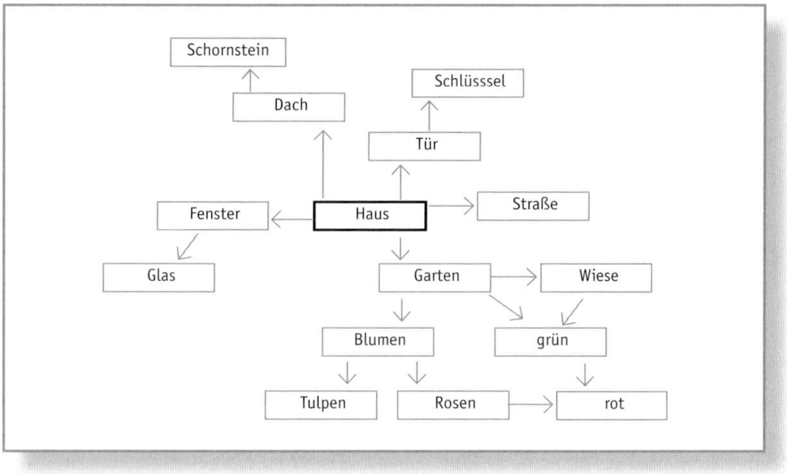

Beispiel des Netzwerkmodells von Collins & Loftus

Demnach werden Informationen der Bedeutung nach zu Gruppen zusammengefügt und in einer Art Netzwerk gespeichert. Informationen, die in der Bedeutung nahe zusammenliegen, werden auch zusammen gespeichert. Aus diesem Grund ist in der Abbildung der Pfad vom Haus zu Tulpe länger als die Verbindung von Haus und Garten.

Die abgespeicherten Netzwerke sind subjektiv und bei jedem Menschen unterschiedlich. Die Behaltensleistung hängt stark von Nähe und Distanz der im Netzwerk gespeicherten Informationen ab. Für die Erinnerungsleistung ist dieses Modell insofern bedeutsam, als dass es nahe legt, neue Informationen in bereits gefestigte Strukturen einzubetten, da, von diesen ausgehend, Neues leichter erinnert werden kann. Zudem fällt es einem oft leichter, sich Gruppen zu merken, die in ihrer Bedeutung zusammengehören. Möchte man etwa sein Englischvokabular schnell und sicher erweitern, ist es nach diesem Modell hilfreich, nach Kategorien zu lernen. (Bezeichnungen für Früchte, Tiernamen, Möbelstücke, städtische Gebäude)

Um die Behaltensleistung nachhaltig zu erhöhen, sollte man zudem darauf achten, dass möglichst viele Sinneskanäle und damit auch die rechte und linke Gehirnhälfte genutzt werden. Die Gehirnhälften arbeiten dabei funktional sehr unterschiedlich.

Linke Gehirnhälfte	Rechte Gehirnhälfte
▶ Logik	▶ Formen
▶ Analysen	▶ Farben
▶ Zahlen	▶ Bilder
▶ Sprache	▶ Vorstellungsvermögen
▶ Rechnen	▶ Räumliche Beziehungen
▶ Regeln	▶ Intuition
▶ Gesetze	▶ Neugier
▶ Linearität	▶ Musik
▶ Details	▶ Dimensionen

Unterschiedliche „Zuständigkeiten" der Gehirnhälften

Die Art der Anordnung und Auflistung dieser Tabelle entspricht eher der Arbeitsweise der linken Gehirnhälfte. Auch der klassische Lernstoff der Schule beansprucht vor allem die linke Gehirnhälfte. Hier werden Listen und Zahlen gelernt und logische Schlussfolgerungen verlangt. Die Herangehensweise an einen Lernstoff hat sich jedoch in den letzten Jahrzehnten stark verändert. Zunehmend werden Bilder, Gefühle, Gerüche und Farben bei der Aufbereitung der Inhalte berücksichtigt. Diese Herangehensweise ermöglicht es, den Stoff ganzheitlicher zu verarbeiten und somit intensiver abzuspeichern. Die emotionale Verarbeitung von Ereignissen und die Berücksichtigung vieler verschiedener Sinneskanäle können helfen, sich später detaillierter zu erinnern. Die folgenden Fragen können in der Regel sehr gut beantwortet werden. Das dies so ist, belegt die bedeutende Rolle der emotionalen Verarbeitung und des Lernens mit allen Sinnen.

- Erinnern Sie sich noch, was Sie am 11.09.2001 gemacht haben, als das World Trade Center Ziel eines Anschlags wurde?
- Vielleicht waren Sie nach langer Zeit einmal wieder in Ihrer alten Schule. Hat der Geruch der Turnhalle in Ihnen lebhafte Erinnerungen aus alten Tagen wachgerufen?

Aus der Gedächtnisforschung lassen sich verschiedene Lernstrategien und Techniken ableiten. Einige sind gerade für Trainingszwecke gut geeignet:

Geschichtenmethode

Mithilfe der Geschichtenmethode kann man Wortlisten lernen, bei denen die Reihenfolge keine besondere Rolle spielt. Die Wörter müssen dazu in eine möglichst interessante Geschichte eingeflochten werden und können so durch das Erinnern der Geschichte wieder abgerufen werden. Je abstruser die Geschichte ist, um so besser kann sie behalten werden.

Loci-Methode

Die Loci-Methode, abgeleitet vom lateinischen Wort „locus" (der Ort), ist eine Technik, wie man sich Wortlisten mit bestimmter Reihenfolge merken kann. Dazu werden Informationen, die man sich merken möchte mit bestimmten Orten verknüpft, die einem sehr vertraut sind. Das kann die eigene Wohnung oder der Weg zum Arbeitsplatz sein. In Gedanken platziert man dann entlang des Weges die zu merkenden Gegenstände in der Reihenfolge, in der man sie sich merken möchte und versucht sich möglichst bildlich vorzustellen, wie diese in der Umgebung aussehen. So lassen sich beispielsweise Einkaufs- oder Teilnehmerlisten lernen. Oder würden Sie im Supermarkt eine Tüte Mehl vergessen, die Sie zuvor in Gedanken liebevoll auf dem Postkasten vor Ihrer Haustür platziert hatten? Mit zunehmender Beherrschung der Methode können Sie die Zahl der Orte und Gegenstände erhöhen und sich so immer längere Listen merken. Untersuchungen haben ergeben, dass die Loci-Methode anderen Merkstrategien wie Auswendiglernen oder häufigem Wiederholen überlegen ist. Anstatt der üblichen 50% werden Informationen, die mithilfe der Loci-Methode gespeichert wurden, zu 80% erinnert.

Kategorien bilden

Viele Einzelinformationen werden dem Gedächtnis schnell zu viel. Daher ist es hilfreich, sich bei jeder neu eintreffenden Nachricht zu fragen, wie sie mit bereits bekannten Dingen zusammenhängt. So findet man relativ leicht eine gute Schublade im Gedächtnis, in die man die neue Information einsortieren kann. Das Abrufen wird auf diese Weise ebenfalls erleichtert, da man die Inhalte bedeutungsvoll gespeichert hat. Eine Möglichkeit, eine Informationsflut zu bewältigen, ist das Bilden von Oberbegriffen. So lassen sich zum Beispiel Vokabeln besser merken, wenn sie nach Themen geordnet gelernt werden (etwa Möbelstücke, Früchte oder Gebäudebezeichnungen). Aufgabenlisten können danach sortiert werden, welche Dinge an welchen Orten (lokal) oder Tagen (chronologisch) getan werden müssen. So werden in der Regel aus relativ unübersichtlichen Listen leichter zugängliche Aufstellungen.

Einführung

Anwendung

Zur Einführung des Netzwerkmodells des Langzeitgedächtnisses hat sich folgendes Vorgehen bewährt: Schreiben Sie einen beliebigen Begriff in die Mitte eines Flip-Charts und bitten Sie die Teilnehmer nach Art und Weise eines Brainstormings ganz spontan alle Begriffe zu nennen, die Sie mit diesem Wort verbinden. Dann ordnen Sie diese, je nach Stärke des Bezugs, mit unterschiedlichen Abständen auf dem Flip-Chart an. Diskutieren Sie anschließend, warum diese Wörter entstanden sind und ob den Teilnehmern aufgefallen ist, in welcher ungefähren Reihenfolge sie zugerufen wurden. In der Diskussion soll deutlich werden, dass wir wie in einem Suchprozess von einem Begriff zum nächsten gelangen. Was dort am Flip-Chart entstanden ist, entspricht einer Landkarte unseres Langzeitgedächtnisses.

Alternativ können Sie auch verschiedene Begriffe auf Moderationskarten vorbereiten und die Teilnehmer bitten, diese in Gruppenarbeiten selbst anzuordnen. Dabei müssen sie auch die Abstände der Karten zueinander selbst festlegen, was in der Regel zu interessanten Diskussionen führen wird. Der Aufbau des Netzwerkmodells wird bei dieser Alternative von den Teilnehmern selbst erarbeitet.

Vertiefende Übungen

Als vertiefende Übungen eignen sich besonders Aufgaben, welche die verschiedenen Arbeitsweisen unseres Gedächtnisses aufzeigen und den Nutzen von Mnemotechniken verdeutlichen. Mnemotechniken sind Gedächtnis- bzw. Merkhilfen jeder Art, zum Beispiel in Form von kleinen Merksätzen oder Reimen (Eselsbrücken), als Schema oder in grafischer Form. Der Gebrauch dieser meist einfachen Techniken versetzt einen Menschen in die Lage, die Gedächtnisleistung um ein Vielfaches zu steigern. Mnemotechniken sind ein Weg, Lerninhalte gehirngerecht zu verpacken, so dass sie später mit Leichtigkeit wieder abgerufen werden können.

„Wortsalat“ (Einzelübung im Plenum)

Das Bilden von Ober- und Unterbegriffen ist eine Technik, sich lange Wortlisten zu merken. Bitten Sie die Teilnehmer, Ihnen zunächst konzentriert zuzuhören und sich so viele Begriffe wie möglich zu merken. Anschließend lesen Sie folgende Liste vor:

Rot	Gurke	Gelb	Mais
Erbse	Veilchen	Elefant	Tulpe
Hund	Blau	Tomate	Schwarz
Nelke	Kaninchen	Rose	Käfer

Die Teilnehmer dürfen sich keine Notizen machen und sollen anschließend alle Begriffe, die erinnert werden, auf einem Blatt Papier niederschreiben. Werten Sie kurz aus, wie viele Begriffe in etwa geschafft wurden.

Danach lesen Sie eine zweite Liste nach folgendem Schema vor und verfahren wie zuvor:

Pfirsich	Geige	Bus	Rock
Apfel	Trompete	Motorrad	Hose
Banane	Klavier	Zug	Hemd
Zitrone	Pauke	Auto	T-Shirt

Die zweite Liste lässt sich, wenn Sie sie von oben nach unten lesen, direkt Oberbegriffen zuordnen, so dass die Teilnehmer wahrscheinlich mehr Begriffe behalten. Aus dieser Übung können Sie Lernstrategien für den Alltag ableiten. Den Schwierigkeitsgrad können Sie durch Verlängerung der Liste variieren. Da sich die oben beschriebenen Lerntechniken auf eine Erhöhung der Leistung des Langzeitgedächtnisses beziehen, müssen Sie sicherstellen, dass das Abrufen der Informationen nicht aus dem Kurzzeitgedächtnis geschieht. Geben Sie daher nach dem Vorlesen der Listen immer einige Sekunden Zeit, in denen die Teilnehmer die Inhalte gedanklich noch einmal durchgehen können. Geben Sie anschließend zur Ablenkung ein paar leichte Kopfrechenaufgaben vor und bitten Sie die Teilnehmer, die Ergebnisse auf einem Blatt zu notieren. Auch Fragen nach Geburtsort, Datum, Hauptstädten eignen sich, um Reste der Listen aus dem Kurzeitgedächtnis zu verbannen. Das, was die Teilnehmer im Anschluss an diese „Ablenkungsaufgaben" noch erinnern, stammt so garantiert aus dem Langzeitgedächtnis.

Die folgende Liste stellt den Ablauf der Übung noch einmal systematisch dar:

1. Liste 1 langsam vorlesen, anschließend etwa 15 Sekunden Verarbeitungszeit
2. Ablenkungsaufgaben
3. Liste 1 notieren lassen und auswerten
4. Liste 2 langsam vorlesen, anschließend 15 Sekunden Verarbeitungszeit
5. Ablenkungsaufgaben
6. Liste 2 notieren lassen und auswerten
7. Ableiten hilfreicher Strategien

Technische Hinweise

- „Wortsalat": Begriffslisten vorbereiten, Papier und Stifte verteilen.

Querverweis

Dissonanztheorie (S. 214)

Die „Dissonanztheorie" sagt aus, dass es zu kognitiven Spannungen kommt, wenn ein Mensch unstimmige Verhaltensweisen zeigt oder ein Verhalten nicht zu seinen Überzeugungen passt. Diese Spannungen können durch die Berücksichtigung ergänzender Informationen, die eine Einstellungs- oder Verhaltensänderung in Gang setzen, gelöst werden. Kognitive Dissonanzen können somit zu einem Motor für Lern- und Veränderungsmotivation werden.

Weiterführende Literatur

- ATKINSON, R. C.; SHIFFRIN, R. M. (1968). Human memory: A proposed system and its control processes. In: K.W. SPENCE, J.T. SPENCE (Hrsg.). The Psychology of Learning and Motivation: Advances in Research and Theory (Vol. 2, S. 89-195). New York: Academic Press.

- GRÜNING, C. (2005). Garantiert erfolgreich lernen. Wie Sie Ihre Lese- und Lernfähigkeit steigern. Grüning Hemmer Wüst Verlagsakademie GmbH.

- KARSTEN, G.; KUNZ, M. (2003). Erfolgs-Gedächtnis. München: Goldmann.

- MARKOWITSCH, H.-J. (2002). Dem Gedächtnis auf der Spur. Vom Erinnern und Vergessen. Darmstadt: Wissenschaftliche Buchgesellschaft.

- PETERSON, L.R.; PETERSON, M.J. (1959). Short-term retention of individiual verbal items. Journal of Experimental Psychology, 58, 193-198.

- ROTTLOFF, A. (2005). Gedächtnistraining, Ziele setzen, Lerntechniken anwenden, Merkfähigkeit steigern. Bindlach: Gondrom.

- VESTER, F. (1998). Denken, Lernen, Vergessen. Neuaufl. München: dtv.

Hintergrund

Zum Abschluss einige Hintergrund-informationen zu den wichtigsten Urhebern der Theorien

▶ Richard C. Atkinson (1929) und Richard M. Shiffrin (1942)

Richard Atkinson und Richard Shiffrin begegneten sich 1968 an der Stanford University, als Shiffrin nach seinem Bachelor in Mathematik in Yale hier seinen Master in Psychologie abschloss. Atkinson war zu diesem Zeitpunkt bereits Psychologe und sein Tutor an der Universität. Im selben Jahr veröffentlichten sie gemeinsam das „Multi-Speicher-Modell". Es war derart bahnbrechend, dass ihr Aufsatz zu einer der meist zitierten Publikationen der Psychologie avancierte. In den USA wird ihr Modell auch kurz das „Atkinson-Shiffrin model" genannt. Richard Atkinson ist mittlerweile Präsident Emeritus der University of California in San Diego, nachdem er hier viele Jahre eine Professur für Psychologie hielt. Richard Shiffrin ist heute Professor für Psychologie an der Indiana University in Bloomington. Insbesondere Shiffrin hat die Ideen des „Multi-Speicher-Modells" und der Gedächtnisforschung insgesamt in seiner späteren Arbeit weiter verfolgt und empirisch und theoretisch verfeinert.

▶ Stephen R. Covey (1932)

Studierte Wirtschaftswissenschaften in Harvard und hielt für 20 Jahre eine Professur für Business Management an der Brigham Young University. Der gebürtige US-Amerikaner ist Mitbegründer von Franklin Covey, einem weltweit tätigen Unternehmen für Managementberatung. Covey ist Autor von „The 7 Habits of highly effective People", einem Managementklassiker, der erstmals 1987 erschien.
Die sieben „Wege" Coveys lauten im Original:

- Habit 1: Be Proactive: Principles of Personal Vision
- Habit 2: Begin with the End in Mind: Principles of Personal Leadership
- Habit 3: Put First Things First: Principles of Personal Management
- Habit 4: Think Win/Win: Principles of Interpersonal Leadership

- Habit 5: Seek First to Understand, Then to be Understood
- Habit 6: Synergize Principles of Creative Communication
- Habit 7: Sharpen the Saw: Principles of Balanced Self-Renewal

Der jüngst hinzuformulierte achte Weg Coveys lautet:
- Habit 8: From Effectiveness to Greatness

- Leon Festinger (1919 – 1989)

Studierte Psychologie und promovierte bei Kurt Lewin. Der US-Amerikaner Festinger ist Begründer der Theorie der kognitiven Dissonanz, die er erstmals 1957 veröffentlichte. Festinger war Nachfolger Lewins als Programmdirektor des Zentrums für Gruppendynamik der Universität Michigan. Ab 1968 lehrte er als Professor für Psychologie an der Neuen Schule für Sozialforschung in New York City.

- Fritz Heider (1896 – 1988)

In Österreich aufgewachsener Psychologe und später Medientheoretiker, Begründer der „Attributionstheorie". Nach seinem Doktor in Psychologie, den er an der Universität Graz erlangte, arbeitete Heider zunächst in Deutschland, um dann Mitte der 20er in die USA zu emigrieren. Nach verschiedenen Forschungsstationen übernahm er 1947 einen Lehrstuhl für Psychologie an der Universität von Kansas. Sein Hauptwerk ist „The Psychology of interpersonal Relations" von 1958, in dem er seine Erkenntnisse in Form der „Attributionstheorie" darlegt. Seine Aussagen sind von so grundlegender Bedeutung, dass sie zur Basis zahlreicher weiterer Forschungen wurden. Ihre theoretische Weiterentwicklung erfuhr die „Attributionstheorie" unter anderem durch die Forschungen Bernard Weiners, der 1986 die Theorie der Kausalattribution vorlegte.

- Joseph Luft und Harry Ingham (Geburtsdaten unbekannt)

Die amerikanischen Sozialpsychologen Joseph Luft und Harry Ingham von der University of California, Los Angeles, veröffentlichten 1955 ein grafisches Modell, welches Prozesse von Fremd- und Selbstwahrnehmung abbildet: das aus ihren Vornamen zusammengesetzte „JoHari-Fenster". Es gehört in den USA auch heute noch zum Grundlagenkanon der Kommunikation. Joseph Luft entwickelte die Gedanken des „JoHari-Fensters" 1971 innerhalb seiner allgemeinen Theorie der Gruppendynamik weiter.

Sechs

Führung

Die Modelle im Überblick:

Die Literatur- und Ratgeberliste zu Führung und Management ist schier unendlich. Die theoretischen Hintergründe der Führungsforschung lassen sich bis in die 30er Jahre des letzten Jahrhunderts zurückverfolgen. Aber auch wenn die Moden und Management-Gurus beständig wechseln, so bleiben drei Forschungsansätze über die Jahre konstant: der Eigenschafts-, der Verhaltens- und der situative Ansatz.

Im Eigenschaftsansatz wird der Versuch unternommen, den Erfolg von Führung auf bestimmte Eigenschaften oder Charakterzüge einer Person zurückzuführen. Da es allerdings keine empirischen Befunde gibt, die die verschiedenen Thesen des Eigenschaftsansatzes eindeutig stützen können, haben wir auf eine ausführliche Darstellung verzichtet.

Im Feld der Verhaltensansätze, die das Verhalten der Führungskraft als einen direkten Einflussfaktor des Führungserfolges in den Mittelpunkt der Betrachtung stellen, konzentrieren wir uns auf die wichtigsten Vertreter Robert Blake und Jane Mouton mit ihrem „Managerial oder Leadership Grid".

Der so genannte situative Ansatz verfolgt die Ideen des Verhaltensansatzes weiter. Hierbei konzentriert sich die Forschung auf den Versuch, den optimalen Führungsstil zu finden, der in einer bestimmten Situation unter spezifischen Bedingungen den größtmöglichen Führungserfolg sichert. Hier stellen wir Ihnen das „Reifegradmodell" von Hersey und Blanchard als einen Hauptvertreter des situativen Ansatzes vor.

Moderne Organisationsmodelle bauen in der Mehrzahl auf dem Konzept des Teams auf. Es werden die Prinzipien des Netzwerks, der Selbstführung und Selbststeuerung von Teams gefördert, doch diese Strukturen stellen auch neue Anforderungen an die Führungskraft. Daher stellen wir Ihnen ein Modell vor, das vielen aus der Teamentwicklung bekannt sein könnte: die „Teamphasen" nach Tuckman. Sein Modell erweitert die Auseinandersetzung mit dem Thema Führung um den Aspekt des Teams und der Interaktion beider.

Darüber hinaus beschäftigen wir uns in diesem Kapitel mit der Priorisierung von Aufgaben, einem klassischen Bereich der Führung. Das individuelle Setzen von Prioritäten ermöglicht viele Ableitungen und Erkenntnisse für den Führungsalltag. So bereiten wir das Instrument des „Eisenhower-Prinzips" als Zeitmanagement – aber auch als Instrument der Führungsstilanalyse – auf.

Zitate

Zum Einstieg, zur Diskussion oder zur Auflockerung

Wer Menschen führen will, muss hinter ihnen gehen. (Laotse)

Man sollte Menschen nie sagen, wie sie etwas tun sollen, sondern nur, was sie tun sollen. Dann wird ihr Einfallsreichtum einen verblüffen. (George Patton)

Der Vater des britischen Premierministers John Major war Zirkus- und Trapezkünstler. Genau das ist es, was man im Blut haben muss, wenn man Führungsfunktionen ausüben will. (unbekannt)

Ich persönlich habe nichts erdacht und nichts erfunden. Ich habe nur Menschen gefunden und dafür gesorgt, dass sie zusammenfinden. (Philip Rosenthal)

Fähige Mitarbeiter brauchen fähige Vorgesetzte. (Marcus Buckingham)

Führen ist eine besondere Kategorie des Dienens. (Hans L. Merkle)

Führungsqualität = Erstens die Fähigkeit vorherzusagen, was morgen, nächsten Monat und nächstes Jahr geschehen wird. Und es ist zweitens die Fähigkeit, später zu erklären, warum alles ganz anders gekommen ist. (Winston Spencer Churchill)

So ist es oft im Leben: Es ist mehr ein Sowohl-als-auch als ein Entweder-oder. (Friedhelm Gieske)

Worin liegt die eigentliche Rolle des Managements? Im intelligenten Reagieren auf Veränderungen. (Jean-Jacques Servan-Schreiber)

Wer fragt, führt. (unbekannt)

Managerial Grid

Ziel

Das Modell des „Managerial Grid" bietet eine gute Plattform für den Einstieg ins Thema Führung. Es stellt verschiedene Stile nebeneinander und gibt so einen schnellen Überblick. Die Teilnehmer können eine erste Einordnung ihres eigenen Führungsstils oder des Führungsstils anderer Vorgesetzter vornehmen.

Kontext

- Change-Management
- Teamentwicklung
- Gesprächsführung
- Führungsstilanalyse
- Mitarbeitermotivation

Theorie

Das Modell des Managerial oder auch Leadership Grid[1] wurde von den US-amerikanischen Psychologen Robert Blake und Jane Mouton 1964 vorgestellt. In seiner Form und Aussage ist es den Verhaltensansätzen der Führungsforschung zuzuordnen. Diese fußen in der so genannten Human-Relations-Bewegung der 1930er und 1940er Jahre, die den Menschen bzw. den menschlichen Faktor stärker in den Fokus der Betrachtung von Produktionsabläufen rückte. Es war insbesondere Kurt Lewin[2], der mit einer ersten Führungsstil-Typologie die nachfolgende Forschung stark beeinflusste. Lewin unterteilte zunächst nach dem Kriterium der Einbindung der Mitarbeiter in Entscheidungsprozesse in

- autokratischen/autoritären Führungsstil und
- demokratischen Führungsstil.

---

[1] Managerial Grid (engl.) für „Führungsgitter"

[2] Zu Kurt Lewin s. Abschnitt Hintergrund im Kapitel Motivation, S. 162

Diese ersten Verhaltensansätze erfuhren Ende der 40er Jahre insbesondere durch die so genannten Ohio- und Michigan Studien eine entscheidende Vertiefung. In zwei unterschiedlichen Forschergruppen an Universitäten in Ohio und Michigan wurden zwei voneinander unabhängige Verhaltensdimensionen für Führung identifiziert: Mitarbeiter- und Aufgabenorientierung[3]. Auf dieser Grundlage stellten dann Blake und Mouton erstmals 1964 ihren „Managerial Grid" vor.

Die beiden Achsen des Modells von Blake und Mouton repräsentieren also die Orientierung der Führungskraft an der Aufgabe und/ oder an den Mitarbeitern. Eine starke Aufgabenorientierung zeigt sich zum Beispiel an der strikten Ausrichtung nach vorgegebenen Unternehmenszielen und dem Erreichen bestimmter Umsatzzahlen. Eine Orientierung an den Mitarbeitern lässt sich zum Beispiel an einer Aufgabenverteilung im Team nach spezifischen Fähigkeiten oder auch Interessen der einzelnen Mitarbeiter ablesen.

Die Herleitung eines Führungsstils ergibt sich aus der Kombination beider Dimensionen, die sich in eine 9er-Skala unterteilen.

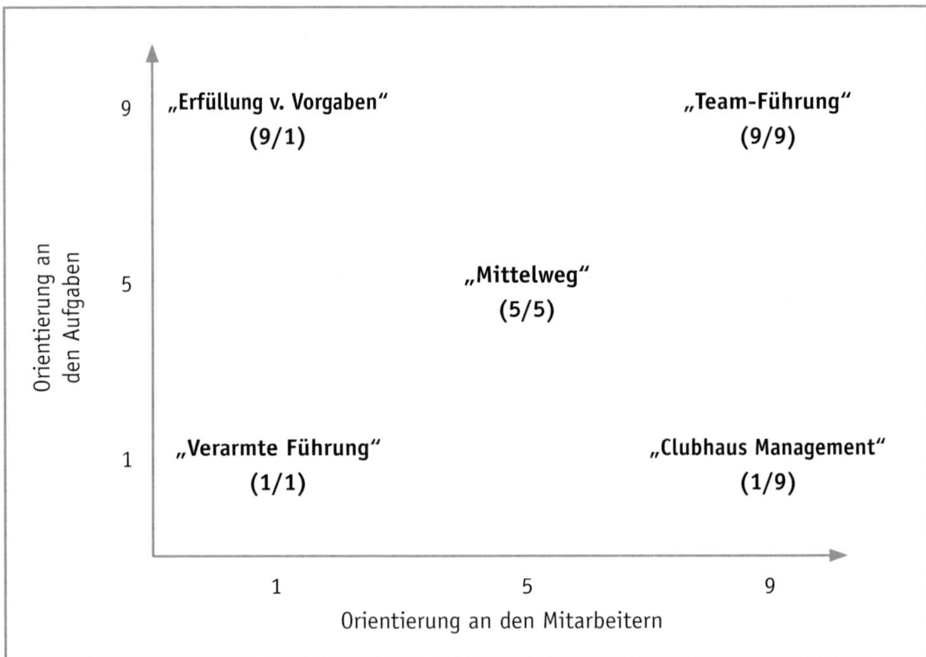

Managerial Grid

Die Führungsstile

- **1/1 Führungsstil** [Impoverished Management] „verarmte Führung“: insgesamt schwache Einflussnahme der Führungskraft.
Motto: Ausharren. Eine minimale Arbeitsleistung reicht aus, um die Zugehörigkeit zur Organisation zu sichern.

- **9/1 Führungsstil** [Authority-Compliance-Management] „Erfüllung von Vorgaben“: stark aufgabenorientierter, Struktur gebender Führungsstil.
Motto: Herrschen und Kontrollieren. Arbeitsleistungen werden durch die Schaffung von Bedingungen erreicht, die einen menschlichen bzw. sozialen Einfluss so weit wie möglich ausschalten. Es geht einzig und allein um das Erfüllen von durch den Vorgesetzten vorgegebenen Aufgaben. Persönliche Aspekte spielen bei der Erledigung der Aufgaben keine Rolle.

- **1/9 Führungsstil** [Country Club Management] „Clubhaus-Führung[4]“: betont die Bedürfnisse der Mitarbeiter, die Schaffung von guten Beziehungen und eines angenehmen Betriebsklimas.
Motto: Nach Zuneigung und Zustimmung suchen. Sorgfältige Beachtung der Bedürfnisse der Menschen nach befriedigenden Beziehungen führt zu einem bequemen und freundlichen Organisationsklima und entsprechendem Arbeitstempo.

- **5/5 Führungsstil** [Middle of the Road] „Mittelweg“: versucht beide Orientierungen auf einem zufriedenstellenden Niveau auszubalancieren.
Motto: Beliebt sein und dazugehören. Eine angemessene Organisationsleistung wird durch das Gleichgewicht zwischen zufriedenstellender Arbeitsleistung und befriedigendem Betriebsklima ermöglicht.

---

[3] Im Original des Ohio-Leadership-Quadranten lauten die Achsen „initiating“ und „production orientation“.

[4] Gemeint ist die entspannte und auf den Ausbau sozialer Beziehungen gerichtete Atmosphäre, zum Beispiel eines Sportclubs.

- **9/9 Führungsstil** [Team-Management] „Team-Führung[5]“: die Beziehungen sind durch Vertrauen und Respekt geprägt, wobei die Mitarbeiter motiviert und leistungsorientiert arbeiten. *Motto:* Bedeutsame Beiträge liefern. Die Arbeitsleistung wird von engagierten Mitarbeitern erbracht. Das gemeinsame Engagement für ein Organisationsziel führt zu Beziehungen, die sich durch Vertrauen und Respekt auszeichnen.

Zusätzlich benennen Blake und Mouton drei weitere Verhaltensmuster, die als Kombination der vorhandenen Stile auftreten können:

- Kombination aus 9/1 und 1/9 Führungsstil: „der wohlwollende Diktator“[6].
- Kombination mehrerer Stile: Opportunist, der verschiedene Stile je nach persönlichem Vorteil einsetzt.
- Fassaden-Stil, bei dem die Führungskraft zum Beispiel einen 9/9 Stil nach außen darstellt, intern aber andere Stile verwendet.

Aus der Argumentation von Blake und Mouton geht hervor, dass sie den 9/9 Führungsstil (Team-Management) favorisieren, wobei dieser auf Grund der vielfältigen Ansprüche an die Führungskraft der aus unserer Sicht herausfordernste ist. Das Team-Management zeichnet sich insbesondere aus durch:

- eine Orientierung an übergeordneten Zielen
- eine offene Kommunikation und Verantwortung
- Vertrauen in die Mitarbeiter
- die Delegation von Macht
- direkte Konfliktlösungen
- eine gemeinsame Problemlösung und Entscheidungsfindung
- eine leistungsorientierte Einkommensgestaltung und Beförderung
- Kritik, die lernfördernd gestaltet wird
- eine Unternehmenskultur, die die laterale Kommunikation und Kooperation begünstigt

---

[5] Gemeint ist sowohl eine starke Einbeziehung des Teams in alle Führungsbereiche wie auch die Konzentration auf die Bedürfnisse des Teams. Die Führungskraft ist hier eher „primus inter pares“.

[6] Im engl. Original „benovelent dictator“

Im selben Jahr ihrer Veröffentlichung des „Managerial Grid" publizierten Blake und Mouton noch zu einem anderen Thema: gemeinsam mit Herbert Shepard zu „intergroup conflict"[7]; die beiden Veröffentlichungen werden in der Literatur häufig verwechselt. Sie stehen dennoch in einem gewissen Zusammenhang, denn Shepard war als Co-Autor Mitarbeiter der Exxon Corporation in Texas, die Blake und Mouton über 10 Jahre in Fragen der Personal- und Organisationsentwicklung berieten. Hier überprüften und verfeinerten sie neben anderen Modellen eben auch den „Managerial Grid".

Einführung

Anwendung

Führung ist ein sensibles Thema. Eine Führungskraft steht an exponierter Stelle, und je nach Unternehmen(-skultur) so manches Mal allein. Die meisten Teilnehmer haben selber einen Vorgesetzten, über den sie sich schon häufig Gedanken gemacht haben, so dass zum Thema Führung per se viele Meinungen und Erfahrungen bestehen. Auch Emotionen, verbunden mit dem eigenen Selbstwert, sind mit dem Thema Führung verwoben; das eigene Selbstbild teilnehmender Führungskräfte kann „auf dem Spiel" stehen. Bei dieser möglichen Gemengelage im Gefühls- und Gedankenleben der Teilnehmer empfehlen wir einen behutsamen Einstieg, der der besondern Ausgangslage entgegenkommt. Unserer Erfahrung nach empfiehlt es sich daher, nicht gleich zu Beginn den „Managerial Grid" als intellektuelles Führungsmodell in den Raum zu stellen, sondern den Einstieg über die persönliche Erfahrungswelt der Teilnehmer zu suchen. Gute Erfahrungen haben wir mit einer einfachen Zuruf-Frage gemacht, bei der jeder zu Wort kommt. Notieren Sie hierzu alle Meldungen frei am Flip-Chart.

„Die Führungskraft in Gestalt, Form und Verhalten"

(Plenumsarbeit)

Stellen Sie folgende – möglichst wertfrei geäußerte – Frage an das Plenum: *„Woran erkenne ich eine Führungskraft?"* und notieren Sie alle Antworten der Teilnehmer auf Zuruf am vorbereiteten Flip-Chart.

---

[7] Siehe weiterführende Literaturhinweise am Ende dieses Abschnitts, S. 295

Woran erkenne ich eine Führungskraft?

Beispielantworten:
- Umgang der Mitarbeiter mit der Führungskraft ist verhalten, eher distanziert, erwartungsvoll
- Kontrollfunktion
- Fähigkeit, konsenzfähige Ergebnisse zu erzielen
- Fähigkeit, nicht konsensfähige Situationen auszuhalten
- Fachkompetenz
- Soziale Kompetenz
- Delegation
- Vorbildfunktion
- Koordination
- Motivation
- Durchsetzungsvermögen
- Konfrontativ sein

Mögliche Flip-Chart-Antworten

Besteht die Teilnehmergruppe allein aus Führungskräften, kann es interessant sein, wenn Sie nach Abschluss der Zuruf-Frage noch einige Reflexionsfragen zum Ergebnis stellen:
- „Welche der hier genannten Aspekte sind auf Erwartungen von außen zurückzuführen?"
- „Welche der hier genannten Aspekte sind auf Erwartungen an sich (an Sie) selbst zurückzuführen?"

Die so erarbeiteten Ergebnisse der Einstiegssequenz können in einem späteren Arbeitsschritt nach Einführung des „Managerial Grid" mit dessen Aussagen verglichen werden. Mögliche erkenntnisleitende Fragen lauten dann:
- „Welche von Ihnen genannten Aspekte einer Führungskraft lassen sich dem 1/1-, dem 1/9-, dem 5/5-, dem 9/1- und dem 9/9-Stil (jeweils eine Frage) zuordnen?"
- „Welches Muster ergibt sich für Ihre Aussagen? Wurde von Ihnen ein bestimmter Stil beschrieben?"
- „Wie erklären Sie sich dieses Ergebnis? (Ist zum Beispiel der Einfluss einer bestimmten Unternehmenskultur erkennbar?)"

Vertiefende Übung

„Führung im Raum“ (Zweierübung mit anschließender Kleingruppenarbeit)[8]

Legen Sie auf dem Boden des Seminarraumes die Skalen des „Managerial Grid“ aus, also die beiden Achsen „Mitarbeiterorientierung“ und „Aufgabenorientierung“ (man kann sie zum Beispiel als Kreppbandstreifen gut am Boden festkleben und später leicht wieder abbekommen). Danach bitten Sie die Teilnehmer, sich einer Führungssituation zu erinnern, die der Teilnehmer selbst (als Führungskraft) erlebt hat. Wie ging diese Situation aus (zum Beispiel ein Mitarbeitergespräch, ein Kritikgespräch oder eine Teamsituation, in der die Führungskraft eine Entscheidung treffen musste)? Orientierte sich die Lösung (eher) an den Mitarbeitern oder (eher) an den Aufgaben des Mitarbeiters/des Teams?

Die Teilnehmer werden gebeten, diese Situation in Zweiergruppen auszuwerten, zum Beispiel mit ihrem Sitznachbarn, und eine Zuordnung auf den ausgelegten Achsen zu versuchen.

Dann bitten Sie die Teilnehmer sich im Raum/im Gitternetz je nach Ergebnis der Führungssituation aufzustellen. Nehmen Sie vorbereitete Moderationskarten, auf denen die Führungsstile namentlich genannt werden und übergeben Sie sie den Teilnehmern, die sich in Gruppen an den verschiedenen Standorten im Gitternetz zusammengefunden haben. Die so gebildeten Kleingruppen erhalten nun die Aufgabe, die Vor- und Nachteile ihres jeweiligen Führungsstils auf weiteren Moderationskarten festzuhalten.

Die Trainerfragen können lauten:

- „Welche Vorteile bietet der von mir gewählte Führungsstil in der Ausgangssituation?“
- „Welche Nachteile besitzt der Führungsstil?“
- „Welche Ressourcen oder Möglichkeiten standen mir bei der Lösungsfindung in der Führungssituation noch zur Verfügung?“

---

[8] Diese Übung gleicht im Aufbau der Übung „Konflikt im Raum“ im Kapitel „Konflikt“, Abschnitt „Konfliktstile nach Thomas“, S. 90.

Während der Gruppenarbeit haben Sie das „Managerial Grid" auf einer Moderationswand visualisiert, so dass die Teilnehmer ihre Ergebnisse gruppenweise in Clustern an der Wand präsentieren können. Ziel der Auswertung ist die vertiefende Auseinandersetzung mit den einzelnen Führungsstilen und ihren Vor- und Nachteilen, so dass die Teilnehmer ihr neu erworbenes Wissen besser in ihren Alltag, aber auch zur Selbstreflexion nutzen können.

Technische Hinweise

- „Führung im Raum": Kreppband zum Markieren des Gitternetzes am Fußboden des Seminarraums, Moderationskarten mit der Beschriftung der Führungsstile. Zur Auswertung der Ergebnisse eine mit dem Gitternetz vorbereitete Moderationswand, auf der die Ergebniskarten der Teilnehmer aufgehängt werden können.

Kommentar

Da das Thema „Führung" von Führungskräften als Seminar- oder Trainingsteilnehmern ein hohes Maß an Selbstreflexion und Selbststeuerung fordert, empfehlen wir einen langsamen Einstieg ins Thema, insbesondere bevor das Modell des Managerial oder Leadership Grids vorgestellt wird. Der Hintergrund dieses Vorschlages ist unsere Beobachtung, dass Teilnehmer während der Präsentation schnell überfordert sind. Sie beginnen früh, sich mit der vorgestellten Theorie zu vergleichen und geben so oftmals zu schnell ihre notwendige kritische Distanz zum Modell auf. Ein Nachteil des Modells wird bei der Einführung schnell deutlich: die positive Heraushebung des so anspruchsvollen 9/9-Führungsstils, der in der Realität des Führungsalltags der Teilnehmer in seiner Reinform schwer durchführbar sein kann. Dies ist zum Beispiel dann der Fall, wenn die Unternehmenskultur – vorgelebt durch einen 9/1-„Erfüllung von Vorgaben" [Authority Compliance]-Stil oder einen 1/9-„Clubhaus" [Country Club]-Stil des Vorstandes – stark abweichende Akzente setzt oder aber die Mitarbeiter des Teilnehmers nur eine geringe Motivation zu selbstverantwortlichem Handeln zeigen.

Teilnehmer können in diesen Fällen bei der Präsentation des Modells Reaktanzen[9] ausbilden, denen Sie nach unserer Erfahrung nur

---

[9] Reaktanz = abwehrendes Verhalten eines Gesprächspartners in einer Kommunikationssituation, meist ausgelöst durch ein Gefühl der Unterlegenheit

mit viel Wertschätzung und vielen guten Argumenten für die Mitarbeiterorientierung entgegenwirken können. Zur Argumentation für eine stärkere Mitarbeiterorientierung können hier sehr gut die Theorien und Ergebnisse der Motivationsforschung herangezogen werden wie die Erkenntnisse aus Herzbergs „Zwei-Faktoren-Modell" (S. 144) und Czikczentmihalyis „Flow-Konzept" (S. 157). Beide haben eine auch an den Fähigkeiten und Interessen des Mitarbeiters orientierte Führung als leistungsmotivierend herausgearbeitet.

Querverweise

Zwei-Faktoren-Modell (S. 144)

Herzbergs Ergebnisse seiner Mitarbeiterbefragungen zur Arbeitszufriedenheit förderten zu Tage, dass die Erhöhung der Selbstverantwortung und die Erweiterung der Kompetenzen des Mitarbeiters zu größerer Zufriedenheit am Arbeitsplatz führt. Ein gelebter 9/9-Führungsstil würde diese Möglichkeiten für den Mitarbeiter erhöhen.

Flow-Konzept (S. 157)

Czikscentmihalyis Ergebnisse aus der Flow Forschung stützen die These, das der 9/9-Führungsstil zwar sehr hohe Ansprüche an die Führungskraft und das Team stellt, durch die starke Einbeziehung der Mitarbeiter aber auch – bezogen auf die Motivation und Leistung des Einzelnen – gute Ergebnisse erwarten lässt.

Reifegradmodell (S. 261)

Das „Reifegradmodell" von Hersey und Blanchard wird des Öfteren mit dem „Managerial Grid" von Blake und Mouton verwechselt. Die Kernaussagen von Hersey und Blanchard gehen aber weit über jene des „Managerial Grids" hinaus. Die Einbeziehung des Reifegrades ermöglicht Hersey und Blanchard, Empfehlungen für die Wahl eines Führungsstiles auszusprechen, während Blake und Mouton im Wesentlichen statische Aussagen zum Führungsstil an sich treffen. Auch sind die Stile beider Modelle trotz ähnlicher Achsenbezeichnungen nicht identisch, so dass man auf eine genaue Unterscheidung in der Darstellung achten sollte.

Weiterführende Literatur

- WILDENMANN, B. (2000). Anforderungen und Handlungsstrategien des Managers in herausfordernden Veränderungssituationen. Referat anlässlich einer MAO Konferenz in Bad Boll vom 5.-7. April 2000.
- BLAKE, R. (1986). Besser führen mit Grid. 2. Auflage. Berlin: ECON Verlag.
- BLAKE, R. R.; SHEPARD, H.; MOUTON, J. S. (1964). Managing Intergroup Conflict in Industry. Houston: Gulf Publishing Company.
- BLAKE, R. R. ; MOUTON, J. S. (1964). The Managerial Grid. Houston: Gulf Publishing Company.
- JUMPERTZ, S. (2003). In turbulenten Zeiten führen. managerSeminare, Heft 71, November/Dezember 2003.
- LEWIN, K. (1981-82). Werkausgabe, Bd. 1,2,4,6. Stuttgart: Klett-Cotta.
- MÜHLBACHER, J. (2003). Rollenmodelle der Führung. Führungskräfte aus der Sicht der Mitarbeiter. Wiesbaden: Deutscher Universitäts-Verlag.
- STEINMANN, H. (2005). Management. 5. Auflage. Wiesbaden: Dr. Th. Gabler Verlag.

Reifegradmodell

Ziel

Das „Reifegradmodell" nach Hersey und Blanchard berücksichtigt das Verhalten von Mitarbeitern in seinen Aussagen über Führung. Die Teilnehmer lernen Führung als interaktiven Prozess wahrzunehmen, der im Verlauf der Handlungen, je nach Mitarbeiter, unterschiedliche Führungsstile erfordert. So können Teilnehmer Ableitungen für den eigenen Führungsalltag zur Verfeinerung des eigenen Vorgehens erarbeiten und ihr Handlungsspektrum erweitern.

Kontext

- Führungsstilanalyse
- Change-Management
- Motivation
- Mitarbeitercoaching
- Gesprächsführung

Theorie

Paul Hersey und Kenneth Blanchard veröffentlichten ihr „Reifegradmodell" erstmals 1977[10]. Es repräsentiert in seiner Form und Aussage den situativen Ansatz in der Führungsforschung. Anders als Blake und Mouton im „Managerial Grid" unterscheiden Hersey und Blanchard vier Führungsstile, die sie den Achsen „Beziehungsorientierung" und „Aufgabenorientierung" zuordnen. Sie erweitern ihr Modell um die Dimension des Reifegrades des einzelnen Mitarbeiters.

[10] Der Originaltitel lautet „Situational Leadership".

Das Grundprinzip des Modells beruht auf der Annahme, dass jeder Mitarbeiter nach seinem Reifegrad geführt werden sollte, um seine Potenziale für das Unternehmen optimal einsetzen zu können. Anders als Blake und Mouton führt die Führungskraft nicht mit dem ihr eigenen Stil, sondern sie passt ihren Führungsstil an den Bedarf des Mitarbeiters an.

Der Reifegrad eines Mitarbeiters ergibt sich aus einer Kombination der Dimensionen „Fähigkeit" und „Bereitschaft". Die Situationsvariable „Fähigkeit" des Mitarbeiters bezieht sich auf die zu realisierende Aufgabe, d.h. das Maß an Fachwissen, Fertigkeiten und Erfahrung. Die zweite Variable „Bereitschaft" steht für das erforderliche Selbstvertrauen und die Hingabe des Mitarbeiters zur Tätigkeit. Durch die Ausprägung von niedrig bis sehr hoch ergeben sich nach Hersey und Blanchard vier Grundformen der Reife eines Mitarbeiters.

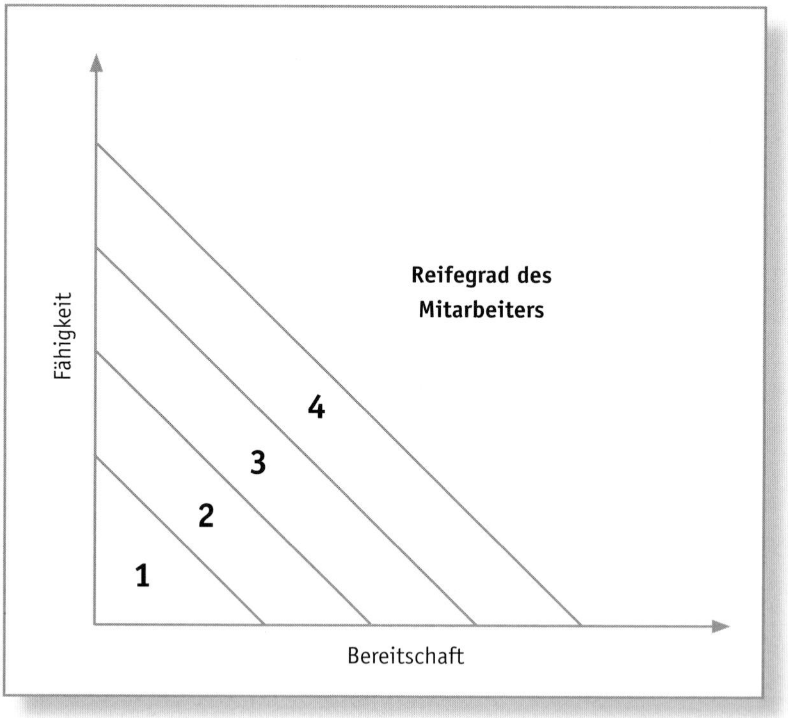

Vier Grundformen der Reife eines Mitarbeiters

- **Reifegrad 1**: geringe Kompetenz, seltene Bereitschaft.
  Dem Mitarbeiter fehlen im Allgemeinen die Fachkenntnisse wie auch die Motivation, die Aufgabe richtig auszuführen.
  Beispiel: fachfremder Mitarbeiter, der unfreiwillig auf eine neue Position versetzt wurde.

- **Reifegrad 2**: mäßige Fähigkeit, gelegentliche Bereitschaft.
  Der Mitarbeiter besitzt bereits einige Fähigkeiten, braucht aber bei der Umsetzung von Aufgaben Unterstützung. Seine Bereitschaft ist nicht durchgängig erkennbar.
  Beispiel: Nicht voll motivierter Auszubildender im ersten Lehrjahr.

- **Reifegrad 3**: hohe Fähigkeit, häufige (aber nicht konstante) Bereitschaft.
  Der Mitarbeiter besitzt gute Fachkenntnisse und ausreichende Erfahrung, ist aber entweder nicht stetig motiviert oder es mangelt ihm (noch) an Selbstvertrauen.
  Beispiel: Fachlich guter Mitarbeiter, dem auf Grund seines jungen Alters noch das Selbstvertrauen fehlt oder auf Grund anderer Umstände wie Unzufriedenheit oder Wechselgedanken die Motivation fehlt.

- **Reifegrad 4**: sehr hohe Fähigkeit, meistens hohe Bereitschaft.
  Der Mitarbeiter weist sehr hohe und gute Fähigkeiten auf und ist in der Regel sehr motiviert. Sein Selbstbewusstsein ist entsprechend hoch.
  Beispiel: Mitarbeiter, der selbstständig arbeitet und nur in Form kurzer strategischer Rücksprachen mit dem Vorgesetzten kommuniziert, das Tagesgeschäft aber erfolgreich selbstverantwortlich bewältigt.

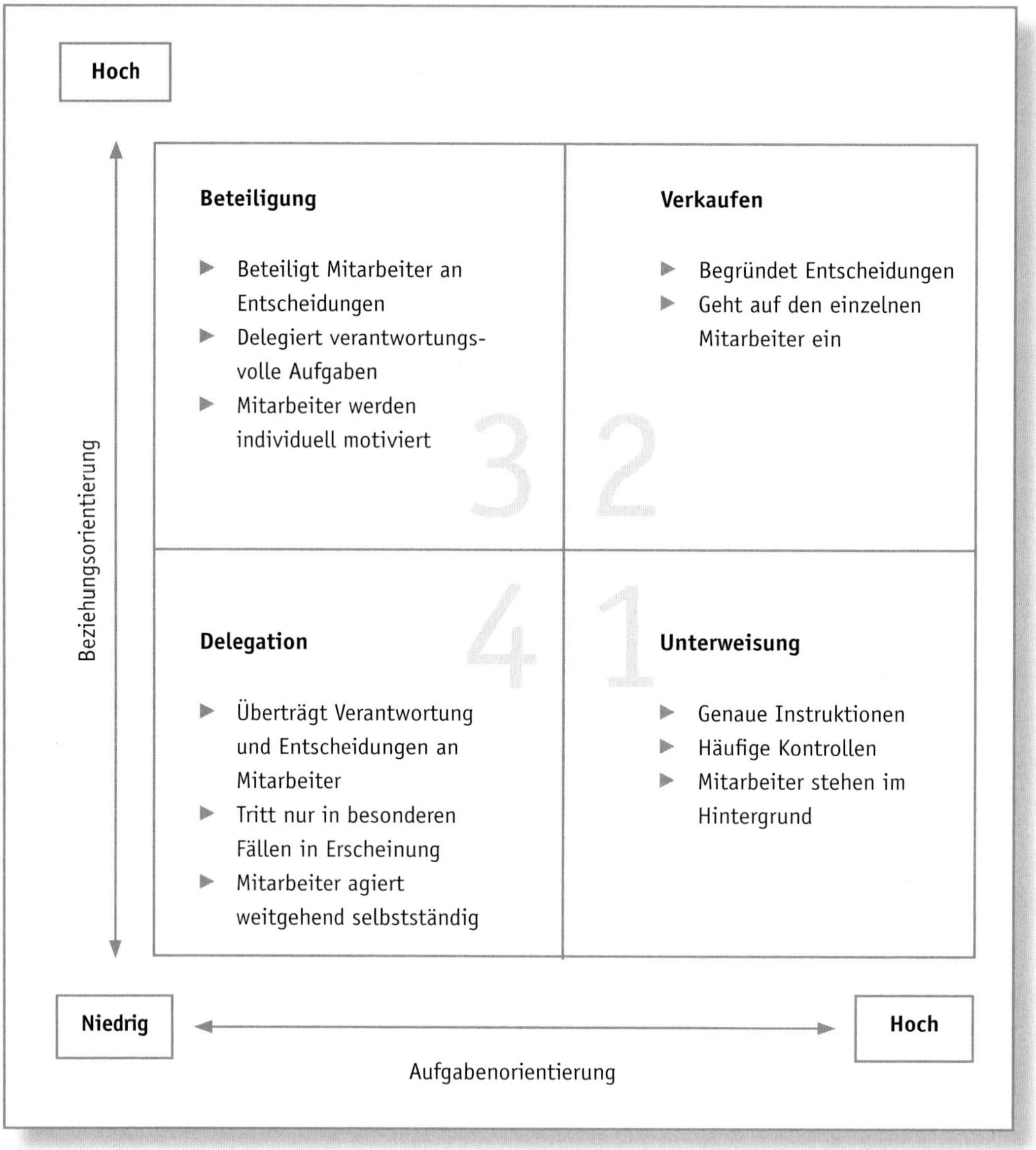

Das Reifegradmodell nach Hersey und Blanchard

Die zentrale Aufgabe der Führungskraft besteht darin, den passenden Führungsstil für den Mitarbeiter entsprechend dessen Reifegrad zu erkennen und anzuwenden. Aus den Reifegraden resultieren vier unterschiedliche Führungsstile:

- Für den Reifegrad 1 (Telling) **„Unterweisung"**

Die Führungskraft gibt genaue Anweisungen und überwacht die Leistung des Mitarbeiters eng. Die Entscheidungen der Führungskraft werden verkündet, so dass die Kommunikation recht einseitig verläuft.

- Für den Reifegrad 2 (Selling) **„Verkaufen"**

Die Führungskraft erklärt ihre Entscheidungen und gibt Gelegenheit für Klärungsfragen, so dass der Mitarbeiter eine stärkere Einbeziehung erfährt. Die Führungskraft geht stärker auf die Persönlichkeit des Mitarbeiters ein und lobt gute Arbeit, um die Motivation des Mitarbeiters zu stärken.

- Für den Reifegrad 3 (Participating) **„Beteiligung"**

Die Führungskraft teilt und entwickelt Ideen mit dem Mitarbeiter und ermutigt ihn, Entscheidungen selbst zu treffen. Die Führungskraft übergibt fachliche Aufgaben und konzentriert sich auf die Ermutigung bzw. Motivation des Mitarbeiters.

- Für den Reifegrad 4 (Delegating) **„Delegation"**

Die Führungskraft übergibt die Verantwortung zur Entscheidungsfindung und Durchführung dem Mitarbeiter, dem auch die Kontrollfunktion obliegt. Die Führungskraft hält sich insgesamt im Hintergrund und wird nur bei speziellen Fragen zu Rate gezogen.

Generell gilt für die geringe Fähigkeit und Motivation des Mitarbeiters des Reifegrades 1 nach Hersey und Blanchard die Wahl eines direktiven Unterweisungsstils, während zum Beispiel bei großer Kompetenz der Mitarbeiter und entsprechender Motivation ab Reifegrad 3 die Wahl eines delegierenden Führungsstils als effizient empfohlen wird. Die Führungskräfte sollen durch Training in die Lage versetzt werden, die Situation und den Reifegrad des Mitarbeiters einzuschätzen und so den geeigneten Stil auszuwählen. Das Ergebnis soll entsprechend ausgewertet werden und gegebenenfalls zu Modifikationen im Verhalten führen: Wird die Aufgabe über die Erwartungen hinaus gut bewältigt, so soll bei einer ähnlichen Aufgabe künftig ein Stil gewählt werden, der den Mitarbeitern mehr Partizipation und Freiräume ermöglicht; bei Misserfolgen oder unzureichenden Ergebnissen wird eine Rücknahme der Partizipation und eine stärkere Kontrolle und gegebenenfalls Unterweisung für sinnvoll erachtet.

Aus diesem Modell leiteten Hersey und Blanchard später ein Inventar zur Messung von Führungsstilen nach ihrem „Reifegradmodell" ab. Es ist auch in Deutschland unter dem Titel „LEAD-Analyse" bekannt geworden. Der LEAD-Fragebogen beschreibt 12 Situationen und gibt jeweils vier mögliche Antworten vor, die den vier Führungsstilen des „Reifegradmodells" entsprechen. Der Fragebogen existiert in den zwei Versionen „Selbsttest" und „Fremdeinschätzungsbogen". Um Ihnen einen tieferen Einblick in die LEAD-Analyse bieten zu können, haben wir auf der Internetseite der amerikanischen Unternehmensberatung getfeedback weiterführende Informationen vorgefunden, da das Unternehmen den Test auch als Online-Instrument anbietet. Wir verweisen daher auf die Seite: http://www.getfeedback.net/sitlead.php .[11]

Anwendung

Einführung

Stellen Sie das Modell an einem vorbereiteten Flip-Chart oder einer Folie vor. Die Herausforderung besteht darin, die Komplexität des Modells wiederzugeben, ohne die Teilnehmer mit Details zu überfrachten. Wir schlagen daher eine zweigeteilte Präsentation in der Abfolge Reifegrad des Mitarbeiters und daraus resultierender Führungsstil vor.

Schritt 1: „Reifegrade der Mitarbeiter erklären" (Kleingruppen- und Plenumsarbeit)

Die Teilnehmer finden sich zu zweit zusammen. Bitten Sie nun die Teilnehmer, für jeden Reifegrad einen Mitarbeiter aus eigener Anschauung zu finden, der diesem Reifegrad entspricht. Als Beispiel kann man auch Mitarbeiter anderer Führungskräfte oder Kollegen aus früheren Firmen wählen (falls die Aufgabe zum Beispiel bei einem Inhouse-Seminar ansonsten zu heikel würde).

Wichtig ist der Trainerhinweis, dass es sich nicht um charakterliche Einordnungen handeln soll, sondern lediglich um die Beschreibung von Verhalten im Arbeitsalltag. Die Mitarbeiter sollen auch keineswegs namentlich genannt werden, nur ihr Verhalten soll

[11] Im deutschsprachigen Raum sind wir leider nicht fündig geworden, obwohl der Test in deutscher Übersetzung vorliegt.

als Beispiel für die Reifegrade 1-4 herangezogen werden, um das Modell eingängiger für die Teilnehmer zu gestalten und den Transfer zu fördern. Die Arbeit in der Zweiergruppe soll hierbei auch die Perspektive für einen erweiterten oder neuen Blick auf Mitarbeiter öffnen helfen.

Passt diese Vorgehensweise nicht in den Seminarkontext (zum Beispiel bei Inhouse-Seminaren), bietet sich die Vorgabe von Fallbeispielen an, in denen Mitarbeiter in ihrem Alltagsverhalten beschrieben werden. Die Aufgabe an die Teilnehmer lautet dann, den Mitarbeitern die Reifegrade 1-4 zuzuordnen.

▶ Fallbeispiel Herr Müller:
„Herr Müller leitet die Unterabteilung X in Ihrem Unternehmen seit drei Monaten. Zuvor war er als Berufsanfänger in Ihr Unternehmen eingestiegen und hat sich fachlich sehr gut weitergebildet, so dass man ihm bereits nach drei Jahren die Leitung der Unterabteilung X übertragen hat. Im wöchentlichen Führungskreis bemerken Sie allerdings, dass sich Herr Müller seit seiner Ernennung mit Wortmeldungen sehr zurückhält und insgesamt eher einen introvertierten Eindruck macht."

(Lösung: Herr Müller würde dieser Beschreibung nach in die Kategorie des Reifegrades 3 fallen: fachlich gut, aber Bereitschaft noch zögerlich: in diesem Fall Unsicherheit auf Grund der neuen Position.)

Schritt 2: „Führungsstil ableiten" (Kleingruppen- und Plenumsarbeit)

Je nach den unter Schritt 1 erarbeiteten Reifegradprofilen der Mitarbeiter, bitten Sie Ihre Teilnehmer, im zweiten Schritt den passenden Führungsstil nach den Empfehlungen Herseys und Blanchards für den jeweiligen Mitarbeiter alltagsnah zu beschreiben, also für den Alltagskontext, in dem sich der Mitarbeiter befindet. Haben Sie lieber auf die oben genannten Fallbeispiele zurückgegriffen, bietet sich an, geeignete Interventionen für die jeweilige Situation zu erarbeiten, unter Bezugnahme des entsprechenden Führungsstils nach Hersey und Blanchard.

Lösungsvorschlag Fallbeispiel Herr Müller: Herr Müller wurde seinem Verhalten nach in die Kategorie Reifegrad 3 eingeordnet. Hersey und Blanchard empfehlen für den Reifegrad 3 des Mitarbeiters den Führungsstil Participating (Beteiligung): *„Die Führungskraft teilt und entwickelt Ideen mit dem Mitarbeiter und ermutigt ihn, Entscheidungen selbst zu treffen. Die Führungskraft übergibt fachliche Aufgaben und konzentriert sich auf die Ermutigung bzw. Motivation des Mitarbeiters.“*

Für den Alltag bedeutet dies, dass die Führungskraft Herrn Müller häufig positives Feedback geben sollte (wenn berechtigt), zum Beispiel in Form von regelmäßigen Gesprächen, in denen Herr Müller Fragen zur Überwindung erster Anfangsschwierigkeiten mit seinem Vorgesetzten auf dem kurzen Dienstweg klären kann. So kann der Vorgesetzte angemessenes positives Feedback geben. Es wird Herrn Müllers Selbstbewusstsein in der neuen Situation mittelfristig stärken.

„Arbeitsblatt Reifegradmodell“ (Einzelarbeit)

Befinden Sie sich in einem Seminarkontext, in dem Gruppenarbeit weniger erwünscht oder möglich ist, können die beiden oben genannten Übungen auch in einem Schritt in Form einer Einzelarbeit durchgeführt werden. Das Arbeitsblatt hätte dann folgende Fragen, die in Einzelarbeit von der Führungskraft ausgearbeitet würden:

Arbeitsblatt Reifegradmodell

1. Bilden Sie eine Übersicht der Aufgaben des Mitarbeiters.
2. Orden Sie den Mitarbeiter in das 1-4-Schema für jede dieser Aufgaben ein.
3. Leiten Sie den entsprechenden Führungsstil für jede Aufgabe des Mitarbeiters ab.
4. Entwerfen Sie einen „Führungsplan“ für den Mitarbeiter.

Die Ergebnisse können von den Teilnehmern nach Bedarf und Kontext einzeln im Plenum vorgestellt und im Plenum oder der Kleingruppe durchgesprochen werden. Sie sollten dabei auf jeden Fall die Möglichkeit zu fachlich-inhaltlichen Ergänzungen nutzen.

Vertiefende Übung

„Erfolg in der Veränderung" (Gruppenübung)

Um die Erkenntnisse aus Herseys und Blanchards Arbeit noch zu vertiefen, kann die Auseinandersetzung mit dem heutzutage häufiger auftretenden Aspekt von „Führung in Veränderungsprozessen" lohnend sein. Hierzu haben wir gute Erfahrungen mit einer Studie von Bernd Weidenmann aus dem Jahr 2000 gemacht, die zehn Anforderungen an Führungskräfte in Veränderungsprozessen beschreibt (siehe Kasten unten). Wir haben insbesondere diese Studie ins Auge gefasst, weil sie sich kurz zusammenfassen lässt und gute Möglichkeiten für die Ableitung einer Gruppenarbeit bietet. Je nach Seminarkontext sind aber sicherlich auch andere Studien/Ergebnisse einsetzbar. Stellen Sie die zehn Anforderungen nur kurz vor und bitten Sie die Teilnehmer im Anschluss, sich je nach Teilnehmerzahl in Kleingruppen zusammenzufinden. Die Teilnehmer erhalten die zehn Anforderungen als Handout und lösen nun die Aufgabe, die zehn Anforderungen in Einklang mit ihrem Unternehmens- und Führungsalltag zu bringen.

Was bedeutet zum Beispiel „in fachlicher Hinsicht kompetent sein" für den Führungsalltag? Täglich im Büro bestimmte Fachzeitschriften zu lesen, regelmäßig auf Kongresse zu gehen, an einem Inter-

Die zehn von Vorgesetzten am häufigsten genannten Anforderungen an Führungskräfte in Veränderungsprozessen[12]

1 In fachlicher Hinsicht kompetent sein
2 Informiert sein und Informationen bereitwillig weitergeben
3 Von sich aus Initiative ergreifen
4 Wissen, wie das Rad sich dreht
5 Mitarbeiter an der Verantwortung beteiligen
6 Offen und gesprächsbereit sein
7 Glaubwürdig sein
8 Strategisch denken und handeln
9 Stets Lösungen sehen; lösungsorientiert handeln
10 Innovativ sein und verändern

[12] Nach B. WEIDENMANN (2000), s. Weiterführende Literaturhinweise

netforum zu einem bestimmten Spezialgebiet teilzunehmen oder regelmäßige Fachrunden mit den Mitarbeitern zu halten?

Die Trainerfragen lauten:
- „Was genau bedeuten die zehn Anforderungen für Ihren Alltag?"
- „Was genau könnten Sie tun, um diesen Anforderungen gerecht zu werden?"

Die Arbeitsgruppen können sich je nach Teilnehmerzahl auf einzelne Anforderungen konzentrieren, so dass zum Beispiel Gruppe A die Anforderungen 1-3 bearbeitet, Gruppe B die Anforderungen 4-7 und Gruppe C die Anforderungen 8-10. Die Ergebnisse können im Anschluss im Plenum präsentiert und diskutiert werden.

Um abschließend den Bogen zurück zu Hersey und Blanchard zu schlagen, können Sie folgende erkenntnisleitende Fragen stellen:
- „Welchen Reifegrad weisen Mitarbeiter in Veränderungsprozessen auf?"
- „Bleibt der Reifegrad konstant oder wird er sich ändern?"
- „Welche Auswirkungen hat dies auf den angemessenen Führungsstil der Führungskraft?"
- „Welche Änderungen des Führungsstils werden nach Hersey und Blanchard im Veränderungsprozess notwendig?"

Kommentar

Bei übersichtlicher Aufbereitung wird das „Reifegradmodell" von den Teilnehmern in der Regel gut angenommen. Unserer Erfahrung nach ist bei der einführenden Darstellung des Modells eine Reihenfolge, nach der zuerst die Reifegrade der Mitarbeiter und dann die sich ableitenden Führungsstile vorgestellt werden, für Teilnehmer besonders einprägsam und nachvollziehbar.

Technische Hinweise

- „Arbeitsblatt Reifegradmodell": Vorbereitetes Arbeitsblatt mit ausreichend Platz für die Antworten der Teilnehmer, pro Teilnehmer ein Blatt.
- „Erfolg in der Veränderung": Vorbereitetes Arbeitsblatt mit den zehn Anforderungen an Führungskräfte im Veränderungsprozess für jeden Teilnehmer.

Querverweis

JoHari-Fenster (S. 204)

Das Modell des „JoHari-Fensters“ gibt Aufschluss über die Wirkung und letztendlich auch über die Notwendigkeit von Selbstreflexionsprozessen als Voraussetzung für Veränderungsprozesse. Zur Konkretisierung eines solchen Veränderungsprozesses kann das „Reifegradmodell“ in seiner Testform der LEAD-Analyse (s. Seite 266) zum Abgleich des Selbst- und Fremdbildes herangezogen werden. Erkenntnisleitende Fragen sind hierbei:

- Welchen Stil habe ich meiner eigenen Einschätzung nach im ‚Reifegradmodell'?
- Welchen Stil ordnet mir meine Umwelt zu?

Weiterführende Literatur

- BRUCH, H.; KRUMMAKER, S.; VOGEL, B. (2006). Leadership – Best Practices and Trends. Wiesbaden: Gabler.
- EMMERICH, A. (2001). Führung von unten. Konzept, Kontext und Prozess. Wiesbaden: Deutscher Universitätsverlag.
- HERSEY , P.; BLANCHARD, K. (1976). Leadership Effectiveness and Adaptability Description (LEAD). In: PFEIFFER, J. W.; JONES, J. E. (Hrsg.). The 1976 Annual Handbook for Group Facilitators. La Jolla, CA: University Associates.
- HERSEY, P.; BLANCHARD, K. (1977). Management of Organizational Behavior: Utilizing Human Resources. Prentice Hall.
- HERSEY, P.; BLANCHARD, K. (1984) The Situational Leader. Escondido, CA: Center for Leadership Studies.
- JOHANSEN, B. P. (1990). Situational Leadership: A Review of the Research. In: Human Resource Development Quarterly (1), S. 73-85.
- MACHARZINA, K. (2005). Unternehmensführung. 5., grundl. überarb. Aufl. Wiesbaden: Gabler.

- WEIDENMANN, B. (2000). Anforderungen und Handlungsstrategien des Managers in herausfordernden Veränderungssituationen. Referat anlässlich der MAO[13] Konferenz in Bad Boll vom 5.-7. April 2000.

- WÜBBELMANN, K. (2001). Management Audit. Unternehmenskontext, Teams und Managerleistung systematisch analysieren. Wiesbaden: Gabler.

---

[13] MAO steht für „Management Andragogik", einer ihrer wichtigsten Vertreter ist der Berater Rolf Th. Stiefel. Er ist unter anderem Herausgeber des MAO-Informationsbriefes.

Teamphasen nach Tuckman

Ziel

Die „Teamphasen" geben einen schnellen Überblick über einige Grundsätze gruppendynamischer Prozesse. Besonders aufschlussreich ist die Auseinandersetzung mit den „Teamphasen" unter Berücksichtigung der Aufgaben und der Rolle der Führungskraft im Teamentwicklungsprozess. Die Teilnehmer erkennen den spezifischen Bedarf an Gestaltung für Führungskräfte in Teambildungsprozessen.

Kontext

- Teamentwicklung
- Führungsstilanalyse
- Motivation
- Gesprächsführung
- Change-Management
- Konflikt

Theorie

Das Modell der „Teamphasen" nach Tuckman ist im deutschsprachigen Raum auch unter den Begriffen „Teamuhr" oder „Teamentwicklungsuhr" bekannt. Entwickelt wurde das Modell 1965 von Bruce W. Tuckman, einem US-amerikanischen Psychologen, der an seiner ersten Arbeitsstelle, einem Forschungsinstitut der US Navy, die aktuelle Literatur zu Kleingruppenverhalten zusammenstellen sollte. In der Zusammenschau einzelner Experimente und Feldforschungen erkannte er ein übergeordnetes Muster, das sich in der Mehrzahl der von ihm durchgearbeiteten Studien wiederfand. So entwickelte Tuckman das Modell der „4 Teamphasen", die den idealtypischen Verlauf eines Gruppenprozesses vom ersten Kennenlernen bis zum gemeinsamen Arbeiten abbilden.

Um unserer Darstellung Einheitlichkeit zu verleihen, stellen wir Tuckmans Modell eine Teamdefinition zur Seite, die wir Pesch/Sommerfeld entnehmen.

„Teams haben eine gemeinsame Aufgabe und ein gemeinsames Ziel. Die Aufgabe ist komplex und erfordert vielseitige Kompetenzen. Sie wird arbeitsteilig, aber vernetzt von den Mitgliedern gelöst. Zur Arbeitsteilung gehören unterschiedliche Funktionen und Rollen. Es gibt wechselseitige Abhängigkeiten und gegenseitige Verantwortung. Das Ziel kann nur gemeinsam erreicht werden. Ein Team hat keine oder nur eine flache Hierarchie."[14]

4 Teamphasen

1. Forming
2. Storming
3. Norming
4. Performing

Die 4 Phasen des Teambildungsprozesses treten grundsätzlich immer auf, wobei ihr zeitlicher Verlauf jedoch unterschiedlich sein kann. Ihre genaue inhaltliche Bedeutung wird in der nachfolgenden Tabelle auf der Seite 277 erläutert.

Von grundlegender Bedeutung ist die Erkenntnis, dass einzelne Phasen nicht übersprungen werden können, da sie für den Gesamtprozess der Teambildung eine wichtige Funktion übernehmen. Auch wenn nach dem ersten Kennen lernen in der Forming-Phase in der 2. Phase (Storming) bereits Turbulenzen zu erwarten sind, übernehmen diese eine konstruktive Funktion. Versucht ein Team, diese Phase „glatt zu bügeln" oder zu ignorieren, besteht die Gefahr, über die zweite Phase nicht hinauszuwachsen. Denn erst in der 3. Phase (Norming) entscheidet sich, ob ein Team langfristig

[14] PESCH/SOMMERFELD, 2002, S. 5

gut und erfolgreich miteinander arbeiten kann; hier werden die Spielregeln der Zusammenarbeit verhandelt. Auf dieser Grundlage nimmt das Team in der vierten Phase (Performing) die eigentliche Arbeit auf. In der Regel beginnt die Arbeit natürlich vordergründig beispielsweise zu Anfang eines Projektes, aber eine effektive Zusammenarbeit gründet im konstruktiven Durchleben der ersten drei Teamphasen.

In der Betrachtung und Auseinandersetzung mit Tuckmans „Teamphasen" stellt sich nun die Frage nach der Bedeutung, der Rolle und den spezifischen Aufgaben einer Führungskraft innerhalb des Teamentwicklungsprozesses. Tuckman selbst gibt in seinem Modell keine Antworten auf diese Frage. Bereits 1958 haben aber Tannenbaum/Schmidt in ihrem „Führungskontinuum" eine erste Aussage hierzu getroffen. Ihr Kriterium ist die Höhe der Beteiligungsmöglichkeit des Teams an Entscheidungsprozessen.

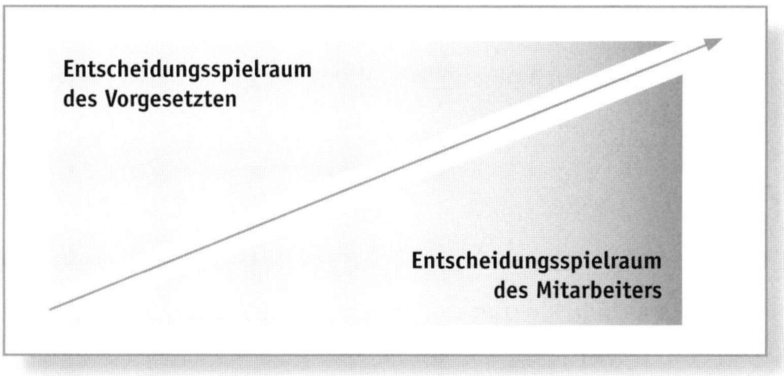

Tannenbaum/Schmidt „Führungskontinuum": Wie stark wird das Team an Entscheidungsprozessen beteiligt?

Ihre These lautet: je größer der Entscheidungsspielraum des Vorgesetzten, desto kleiner jener des Teams. Sie bevorzugen hierbei über die Zeit eine kontinuierliche Vergrößerung des Spielraums für das Team.

Auf dieser Grundlage erstellten Tannenbaum/Schmidt nachfolgend eine Führungstheorie, die sich als eine siebenstufige Typologie alternativer Führungsstile darstellt. Die beiden Forscher betrachten dabei die zuerst von Kurt Lewin beschriebenen Führungsstile „autorität“ und „demokratisch“[15] als die zwei Pole eines Spektrums und fügen zwischen diesen Extrempunkten fünf Abstufungen zwischen autoritärem und delegativem Stil ein.

Entscheidungsspielraum: Vorgesetzter versus Mitarbeiter

- *Autoritär:* Vorgesetzter entscheidet allein und ordnet an
- *Patriarchalisch:* Vorgesetzter ordnet an und begründet seine Entscheidung
- *Informierend:* Vorgesetzter schlägt Ideen vor und gestattet Fragen
- *Beratend:* Vorgesetzter entscheidet vorläufig, holt Meinungen ein und entscheidet endgültig
- *Kooperativ:* Vorgesetzter zeigt das Problem auf, die Gruppe schlägt Lösungen vor, Vorgesetzter entscheidet
- *Partizipativ:* Vorgesetzter zeigt das Problem auf und legt den Entscheidungsspielraum fest, Gruppe entscheidet
- *Demokratisch/delegativ:* Gruppe entscheidet autonom, Vorgesetzter ist Koordinator

Tannenbaum/Schmidt bieten also eine verknüpfende Darstellung von Führungsstil und Team. So lassen auch sie sich dem situativen Ansatz in der Führungsforschung zuordnen. Um aber zu Tuckman zurückzukehren, haben wir einen Überblick zusammengestellt, in dem wir Tuckmans „Teamphasen“ – auch unter Berücksichtigung von Tannenbaum/Schmidt – bestimmten Führungsaufgaben zuordnen. Auch zwischen Herseys und Blanchards „Reifegradmodell“ und Tuckman lassen sich Verbindungen herstellen, die Aufschluss über das Verhältnis von Führung und Team geben. Die Grundidee der sich anschließenden Übersicht lässt sich zu folgender Aussage zusammenfassen:

Eine Führungskraft ist in der Führung eines Teams dann besonders erfolgreich, wenn es ihr gelingt, die Phase, in der sich das Team zur Zeit befindet, realistisch einzuschätzen und wenn sie ihr Führungsverhalten entsprechend darauf einstellt.

[15] Siehe zu Kurt Lewin auch den Abschnitt „Managerial Grid“ in diesem Kapitel, S. 251

	Phase 1 Forming	**Phase 2 Storming**	**Phase 3 Norming**	**Phase 4 Performing**
Inhaltsebene	Kennen lernen der Aufgaben	Schwierigkeiten mit der Aufgabe; Widerstand gegen die Aufgabe	Austausch von Informationen und Interpretationen zur Aufgabenstellung	Arbeiten an der Aufgabe, Erarbeiten von Lösungen
Beziehungsebene innerhalb des Teams	Einschätzen der Situation und Abhängigkeiten, Kennen lernen und Abtasten der MA; Suche nach erstem Anhaltspunkten und Hilfen	Es entstehen Konflikte innerhalb der Gruppe, Feindseligkeiten und Spannungen treten auf, Positionskämpfe brechen auf, Untergruppenbildung ist möglich	Harmonisierung der Beziehungen, Regeln werden aufgestellt, Rollendifferenzierung, Teilnahme am Gruppengeschehen, Entwicklung des Gruppenzusammenhalts	Funktionelle Rollenbezogenheit ist abgeschlossen, die Gruppe ist strukturiert und gefestigt, Konflikte werden gelöst, Kooperation wird möglich, informelle Kontaktaufnahme untereinander
Rolle der Führungskraft	Abhängigkeit von der Führungskraft, Wunsch nach Richtung und Strukturvorgaben	Zielvorgaben der Führungskraft klären Zwistigkeiten, Schlichterfunktion, auch: Antreiber	Erste Delegation kleinerer Aufgaben möglich, Rolle wechselt zum „Moderator“, stärkerer Einbezug des Teams in Entscheidungen	Delegation an das Team möglich und oft auch vom Team erwünscht, Rolle des Überblickenden, Tagesgeschäft rückt in den Hintergrund, Weiterentwicklung der MA rückt in den Vordergrund
Entsprechung im Reifegradmodell	Telling-Modus „Unterweisung“	Selling-Modus „Verkaufen“	Participating-Modus „Beteiligung“	Delegating-Modus „Delegation“

Bruce Tuckman hat sein Modell der „Teamphasen" 1975 noch einmal überarbeitet und um eine fünfte Phase ergänzt: „Adjourning" (engl. für „(die Sitzung) schließen"). Hiermit ist die Phase nach Beendigung der eigentlichen Zusammenarbeit im Team gemeint. Die Arbeit ist getan, das Ziel des Teams erreicht. Diese Phase wird im englischen Original auch „Deforming" (engl. für „ent-formen") oder sogar „Mourning" (engl. trauern) genannt. In dieser Phase soll nach Tuckman idealtypischerweise am Ende einer Teamarbeit eine Nachbetrachtung und Wertschätzung gegenüber dem Erreichten stattfinden. Diese Phase stellt eher eine Empfehlung als eine empirische Feststellung oder Beobachtung dar, so dass sie nur selten in der Literatur Erwähnung findet.

Anwendung

Einführung

„Vor- und Nachteile von Teamarbeit" (Plenumsarbeit)

„Teamwork" ist ein viel genutztes Schlagwort, „Teamfähigkeit" ein häufig auftretender Begriff in Stellenausschreibungen, doch im Arbeitsalltag ist der Begriff durchaus nicht nur positiv besetzt. Daher schlagen wir einen Einstieg in das Thema vor, bei dem auch die kritischen Stimmen der Teilnehmer zu Wort kommen können.

Sammeln Sie zunächst mit der Gruppe am Flip-Chart oder einer Folie Vor- und Nachteile der Teamarbeit.

Vorteile der Teamarbeit	Nachteile der Teamarbeit
▶ Wir-Gefühl	▶ Entscheidungslosigkeit
▶ Effektivität	▶ Mitläufer
▶ Arbeitserleichterung durch Arbeitsteilung	▶ Entscheidungsfindung ist langsam
▶ Toleranz	▶ Verantwortungslosigkeit
▶ Flexibilität	▶ Konkurrenz
▶ Horizonterweiterung	▶ Hoher zeitlicher Aufwand
▶ Informationsaustausch	▶ …
▶ …	

Die so zusammengestellten Vor- und Nachteile bilden eine hervorragende Grundlage für einen der nachfolgenden Schritte, in denen die Rolle der Führungskraft im Teamprozess diskutiert wird. Sie können dann auf die hier herausgearbeiteten Nachteile noch mal eingehen und mit den Teilnehmern besprechen, inwiefern diese durch das Führungsverhalten konstruktiv beeinflusst bzw. gestaltet werden können. Zum Thema „Verantwortungslosigkeit" könnte die Herangehensweise so aussehen:

Trainerfragen:
- „In welcher Teamphase befindet sich ein Team, bei dem „Verantwortungslosigkeit" festzustellen ist?"
- „Was kann die Führungskraft? Was genau können Sie als Führungskraft tun, damit ‚Verantwortungslosigkeit' nicht die Teamarbeit behindert?"

Lösungsvorschlag:
- Das Team befindet sich in einer der Phasen 1-3, Spielregeln und Rollen sind offensichtlich nicht ausreichend verhandelt.
- Die Führungskraft kann Verantwortungen an einzelne Teammitglieder übertragen, die Zuordnung sollte allerdings konkret und genau geschehen, ansonsten bleibt das Phänomen der „Verantwortungsdiffusion"[16] bestehen.

Zunächst sollten Sie nach dem „sanften" Einstieg ins Thema „Team" die vier Teamphasen nach Tuckman am Flip-Chart oder einer vorbereiteten Folie vorstellen. Im Zusammenhang mit dem Thema „Führung" ergibt sich gleich eine erste anregende Diskussionsmöglichkeit mit den Teilnehmern: Welche Position soll die Führungskraft gegenüber dem Team einnehmen? Bildlich gesprochen: Ist sie Teil des Teams oder steht sie außerhalb (daneben, darunter oder darüber)?

Danach können Sie die Teilnehmer bitten, sich in Kleingruppen zusammenzufinden und sich der Frage zu widmen, wie eine Führungskraft die ersten drei Teamphasen so (mit-)gestalten kann, dass sie tatsächlich in der vierten Phase, dem Performing, münden.

---

[16] „Verantwortungsdiffusion" beschreibt den Zustand eines Teams oder einer Gruppe, in dem/der sich niemand verantwortlich fühlt.

„Führung durch die Teamphasen" (Kleingruppenarbeit mit Führungskräften)

Für diese Aufgabe bestehen unterschiedliche Durchführungsszenarien, je nach Seminarkontext und Teilnehmerbedürfnis.

Variante 1

Die Teilnehmer bilden drei Kleingruppen, wobei sich jede Gruppe einer einzelnen Teamphase widmet. Die Aufgabe lautet:

- „Welche Handlungsmöglichkeiten bieten sich mir in der Teamphase 1 (oder 2, oder 3) als Führungskraft?"
- „Was sollte ich mindestens tun, um den Teamprozess konstruktiv zu gestalten?"
- „Wo sehe ich bereits im Vorfeld Stolpersteine und wie kann ich diese ausräumen?"
- „Was könnte ich maximal leisten?"

Die Gruppen präsentieren ihre Ergebnisse anschließend im Plenum und tauschen sich aus.

Variante 2

Die Teilnehmer bilden drei Kleingruppen, wobei sich jede Gruppe mit den ersten drei Teamphasen auseinander setzt, aber unterschiedliche Ausgangssituationen bearbeitet.

Situation A: Die Führungskraft ist neu (im Unternehmen) und das Team ist in der Zusammensetzung ebenfalls neu.

Situation B: Die Führungskraft ist ein ehemaliges Teammitglied (Variation: die ehemalige Führungskraft ist jetzt auch ein Teammitglied, oder aber ein Mitbewerber um die Führungsposition ist Teammitglied), das Team arbeitet bereits seit längerem zusammen.

Situation C: Die Führungskraft und das Team arbeiten bereits zusammen, aber das Team erhält ein oder zwei neue Mitarbeiter.

Die Aufgabe an die Teilnehmer besteht darin, sich in die Situation der jeweiligen Führungskraft zu versetzen:

- „Welche Handlungsmöglichkeiten bieten sich mir in den Teamphasen 1, 2 und 3 als Führungskraft?"

- „Was sollte ich mindestens tun, um den Teamprozess konstruktiv zu gestalten?“
- „Wo sehe ich bereits im Vorfeld Stolpersteine und wie kann ich diese ausräumen?“
- „Was könnte ich maximal leisten?“

Die Gruppen präsentieren ihre Ergebnisse anschließend im Plenum und tauschen sich aus.

Vertiefende Übung

„Turmbauübung“ (Kleingruppenarbeit)

Bitten Sie die Teilnehmer, sich je nach Gruppengröße in 2-3 Kleingruppen zusammenzufinden. Jede Gruppe erhält einen gleich großen Stapel Papier und einen Klebestift. Der Raum sollte so vorbereitet worden sein, dass sich die einzelnen Kleingruppen nicht untereinander sehen können (zum Beispiel durch Moderationswände, die die Gruppen voneinander trennen) und jede Gruppe an einem Arbeitsplatz/Tisch sitzen kann, an dem alle Teammitglieder gleich gut auf das zur Verfügung stehende Material zugreifen können. Erteilen Sie nun die Aufgabe an die Teams, in 20 Minuten (je nach Unternehmenskultur schätzen Teams auch einen erhöhten Druck, hier bietet sich eine Zeitvorgabe von nur 15 Minuten an) aus dem vorliegenden Material (Papier und Klebstoff) einen möglichst hohen und stabilen Turm zu bauen. Während der Übung dürfen die Teilnehmer nicht miteinander sprechen. Sie dürfen auch nicht schriftlich miteinander kommunizieren (natürlich dürfen sie sich durch Gesten und Mimik innerhalb der Gruppe austauschen).

Nach gebührender Ehrung der „Gewinner“ bietet sich eine Auswertungsrunde an, die im Plenum durchgeführt werden sollte. Je größer die Unterschiede in den Ergebnisqualitäten der erbauten Türme, desto höher ist auch oftmals die emotionale Beteiligung der Teilnehmer am Gesamtgeschehen. Daher empfehlen wir zur Auswertung besonders darauf zu achten, dass auch wirklich alle Teilnehmer zu Wort kommen. Wir schlagen daher vor, die folgenden Fragen an jeden Teilnehmer zu richten:

- „Wie zufrieden sind Sie mit dem Ergebnis?“
- „Wie ist es Ihnen damit ergangen, nicht sprechen zu dürfen?“

- „Welche Phasen haben Sie in Ihrer Teamarbeit erkannt? Welche waren besonders deutlich?"

Technische Hinweise

- „Führung durch die Teamphasen, Variante 1.": Arbeitsblätter für jede Kleingruppe mit einer Abbildung der Teamphasen sowie der Benennung der Teamphase, zu der gearbeitet werden soll und der genauen Aufgabenstellung.
- „Führung durch die Teamphasen, Variante 2.": Arbeitsblätter für jede Kleingruppe mit einer Abbildung der Teamphasen sowie der Beschreibung der Ausgangssituation A, B oder C und der genauen Aufgabenstellung.
- „Turmbauübung": DIN-A4-Papier (zum Beispiel Kopierpapier) in ausreichender Menge, ein Klebestift pro Gruppe, mehrere Moderationswände zur Raumteilung, ein Seminarraum, der ausreichend Platz zur Raumteilung bietet und umstellbare/verstellbare Tische für die Gruppenarbeit.

Kommentar

Auch wenn das Modell der „Teamphasen" im ersten Moment auf Teilnehmer statisch und sehr theoretisch wirkt, lässt es sich, je nach Seminarkontext, sehr gut mit Leben füllen. Wir haben bisher nur sehr lebendige Seminarsequenzen während der Auseinandersetzung mit Tuckman erlebt. Besonders der Transfer und die Verknüpfung mit dem Thema „Führung" lassen die Teilnehmer einen alltagsnahen Bezug finden. Dies gilt insbesondere für die Variante 2. der Übung „Führung durch die Teamphasen". Denn hier werden Ausgangssituationen beschrieben, die jede der anwesenden Führungskräfte auf die eine oder andere Art bereits erlebt hat. Durch diese Verknüpfung wird der Transfer besonders leicht.

Querverweis

Reifegradmodell (S. 261)

Die vier Führungsstile, die sich aus Hersey und Blanchards „Reifegradmodell" ergeben, lassen sich besonders gut auf die „Teamphasen" nach Tuckman übertragen. Da beide Modelle dem situativen Ansatz in der Führungsforschung zuzurechnen sind, halten wir diese Verknüpfung im Seminarkontext für durchaus zulässig.

Weiterführende Literatur

- GLOGER, A. (2000). Teammanagement: Knock-out für Teamarbeit. In: managerSeminare, Heft 41.
- HURTZ, A.; FLICK, D. (2002). Verbesserungsmanagement. Was gute Unternehmen erfolgreich macht. Wiesbaden: Gabler.
- LUBERS, B.-W. (2005). TeamIntelligenz: Ein intelligentes Team ist mehr als die Summe seiner Kompetenzen. Wiesbaden: Gabler.
- PESCH, L.; SOMMERFELD, V. (2002). Teamentwicklung. Wie Kindergärten TOP werden. 2. durchges. Auflage. Weinheim: Beltz.
- TANNENBAUM, R.; SCHMIDT, W.H. (1958): How to choose a leadership pattern. In: Harvard Business Review, 36/1958, S. 95-102.
- TUCKMAN, B. W. (1965). Developmental Sequence in Small Groups. Psychological Bulletin, vol. 63, S. 384-399.
  Der Text ist im Internet auch als Word Dokument herunterzuladen unter: http://dennislearningcenter.osu.edu/references/GROUP%20DEV%20ARTICLE.doc
- VON ROSENSTIEL, L.; MOLT, W.; RÜTTINGER, B. (2005). Organisationspsychologie. 9. Neuaufl. Stuttgart: Kohlhammer.
- WAGNER, K. (2003). Praktische Personalführung. Eine moderne Einführung. Mit Fallstudien. 3. überarb. Auflage. Wiesbaden: Gabler.
- WITT, M. (2000). Teamentwicklung im Projektmanagement. Konventionelle und erlebnisorientierte Programme im Vergleich. Wiesbaden: Deutscher Universitätsverlag.

Eisenhower-Prinzip

Ziel

Das „Eisenhower-Prinzip“ stellt zunächst eine populäre Methode aus dem Zeit- und Selbstmanagement dar. Führungskräfte erhalten in der Auseinandersetzung Hinweise zur Strukturierung des eigenen Tagesablaufs. Darüber hinaus liefert das Prinzip Führungskräften interessante Aussagemöglichkeiten über den eigenen Führungsstil, der sich aus dem individuellen Schwerpunkt der Priorisierung der täglichen Aufgaben ableiten lässt.

Kontext

- Zeitmanagement
- Selbstorganisation
- Führungsstilanalyse
- Motivation
- Selbstcoaching
- Selbststeuerung

Theorie

Dwight D. Eisenhower wird eine Arbeitsmethode der Priorisierung zugeschrieben, die sich nach ihm das „Eisenhower-Prinzip“ nennt[17]. Eisenhower war im Zweiten Weltkrieg General der US-Armee und Oberbefehlshaber der Alliierten. In den 50er Jahren stieg er zum 34. Präsidenten der Vereinigten Staaten auf. Während der Ausübung dieses Amtes soll er seine täglichen Aufgaben nach einem bestimmten Schema oder auch Prinzip geordnet und abgearbeitet haben. Dieses Prinzip organisiert sich um die beiden Dimensionen „wichtig“ und „dringlich“:

[17] Wir konnten leider nicht die Ursprungsquelle ermitteln.

- Wichtige Aufgaben sind von ihren inhaltlichen Konsequenzen her bedeutend. Eine Zuordnung in der Dimension „wichtig" setzt eine eigene Zielsetzung voraus, denn nach Eisenhower sind wichtige Tätigkeiten jene, die insbesondere der Erreichung eigener Ziele dienen.

- Dringende Aufgaben haben einen zeitlich nahen Erfüllungstermin. Als „dringend" sind alle Aufgaben zu interpretieren, die eine unmittelbare Aufmerksamkeit fordern und nicht verschoben werden können.

Trägt man die Dimensionen „wichtig" und „dringlich" in einem Diagramm auf, ergeben sich die vier Aufgabentypen: A, B, C und D.

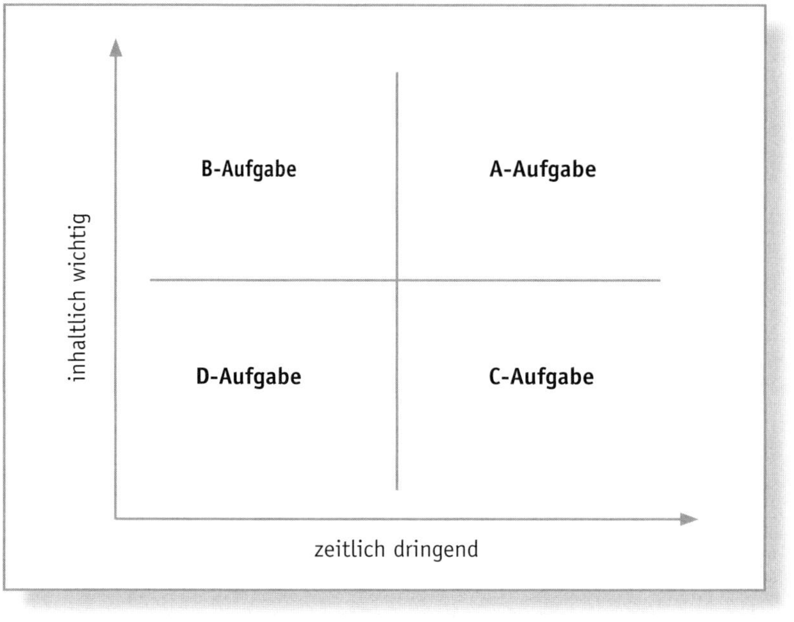

Vier Aufgabentypen

Aufgabentyp A

A-Aufgaben sind wichtig und dringend. Diese Aufgaben fordern die ganze Aufmerksamkeit. Sie müssen von einem selbst und sofort erledigt werden. Hierzu gehören alle Tätigkeiten, die wichtig für die (eigene!) Zielerreichung sind und nicht weiter aufgeschoben werden können.

Beispiele:
- Kurzfristige Präsentation für einen wichtigen Kunden
- Lösung eines Problems, ohne dessen Behebung ein Team nicht weiterarbeiten kann
- Entscheidung über eine Projektvergabe, wenn der Starttermin für das Projekt näher rückt
- Kundenansprache, wenn der Kunde vor mir steht
- Generell: Krisenmanagement

Aufgabentyp B

B-Aufgaben sind Aufgaben, die momentan nicht dringend, aber wichtig sind. Diese Aufgaben können (später) selbst erledigt oder delegiert werden, da man zu diesem Zeitpunkt noch verbleibenden Spielraum hat. Zum terminierten Zeitpunkt werden aus B-Aufgaben schließlich A-Aufgaben. B-Aufgaben sind eher strategischer Natur und tragen zur Erreichung eigener Ziele entscheidend bei.

Beispiele:
- Präsentation einer strategischen Neuausrichtung des Vertriebs für den Vorstand erstellen
- Vorverhandlungen mit dem Betriebsrat über die Einführung eines neuen Personalentwicklungsinstrumentes
- Datenanalyse des Umsatzes der letzten drei Monate
- Entwicklung einer neuen Geschäftsidee
- Einem Mitarbeiter die Recherche über ein neues Geschäftsfeld in Auftrag geben
- Generell: strategisch bedeutende Tätigkeiten

Aufgabentyp C

C-Aufgaben sind Aufgaben aus dem typischen Tagesgeschäft. Es sind Aufgaben, die (für die Erreichung eigener Ziele) langfristig nicht wichtig sind, aber sofort erledigt werden müssen, da sie dringend sind. C-Aufgaben sind in der Regel für die Zielerreichung anderer wichtig.

Beispiele:
- Tägliche Routinearbeiten wie das Telefon annehmen, Briefe beantworten, E-Mails lesen, Kopien erstellen
- Reisekosten abrechnen
- Regelmäßige Datenpflege, Statistiken für die Zentrale ausfüllen

- Teilnahme an einem Meeting, von dem keine neuen Erkenntnisse zu erwarten sind
- Generell: Aufgaben, die erledigt werden müssen

Aufgabentyp D

D-Aufgaben sind nicht dringend und nicht wichtig. Diese Aufgaben müssen gar nicht oder können irgendwann erledigt werden. D-Aufgaben dienen der Ablenkung und der Zerstreuung, sie erleichtern in keinem Fall eine Zielerreichung. Eine Besonderheit bei der Einschätzung von D-Aufgaben sollte beachtet werden: Es kann vorkommen, dass man eine Aufgabe aus eigener fachlicher Sicht vielleicht als D-Aufgabe einschätzt, wogegen der Vorgesetzte sie aber als A-Aufgabe einstuft. Welcher Kategorie gehört die Aufgabe nun an? Hier liegt es tatsächlich im Auge des Betrachters, aus der D-Aufgabe eine A-, B-, oder C-Aufgabe zu machen. Die D-Aufgabe kann zum Beispiel in dem Moment zu einer B- oder auch A-Aufgabe werden, wenn sich durch die Lösung der Aufgabe eine Möglichkeit ergibt, sich gegenüber dem Vorgesetzten und Auftraggeber zu profilieren.

Beispiele:
- Die zweite Tasse Kaffee aus der Kaffeeküche holen, obwohl man eigentlich gar keinen Kaffee mehr trinken möchte
- Werbung im Internet oder der Zeitung lesen, die in keiner Verbindung zum Beruf steht
- Ein neues Hintergrundbild auf dem PC einrichten
- Ein Meeting zu einem neuen Projekt einberufen, dessen Start noch unbekannt ist und dessen Projektdaten im Einzelnen noch von den Vorgesetzten oder Auftraggebern geklärt werden müssen
- Eine bereits sehr gute Präsentation überarbeiten
- Generell: Ablenkung ohne Zielanbindung

Wie hier dargestellt, ergeben sich aus der Anwendung der Dimensionen „wichtig“ und „dringlich“ nach dem „Eisenhower-Prinzip“ die Aufgabentypen A, B, C und D. Diese Aufgabentitel haben in der Trainingsliteratur zur Verwechslung mit der so genannten „ABC-Analyse“[18] geführt. Die ABC-Analyse ist ein Hilfsmittel der

[18] Die ABC-Analyse geht auf H. Ford Dickie, Mitarbeiter der General Electric Company, zurück, der sie 1951 erstmals veröffentlichte. Dickie stützt die Aussagen der ABC-Analyse auf Erkenntnisse des Pareto-Prinzips.

Kategorisierung in der Materialwirtschaft, um sich von der IST-Situation, zum Beispiel eines Lagers, ein Bild zu machen. Mit ihr wird das Verhältnis zwischen „Aufwand“ und „Ertrag“ abgebildet. Diese Dimensionen lassen dann weitere Schlüsse zu, etwa auf eine zukünftige Lagersystematik. Ein weiteres Anwendungsgebiet der ABC-Analyse ist die Kategorisierung nach A-, B- und C-Kunden, die einige Unternehmen vornehmen.

Der Unterschied zwischen „ABC-Analyse“ und „Eisenhower-Prinzip“ steckt im Detail. So sind B- Aufgaben nach dem „Eisenhower-Prinzip“ zwar nicht dringend, aber von ihrer inhaltlichen Bedeutung gewichtig, sie können sogar wichtiger als A-Aufgaben sein. In der ABC-Analyse wäre diese Aussage aber nicht möglich: B-Kunden sind grundsätzlich weniger wichtig als A-Kunden.

Unter Bezug auf einige Vorschläge aus der umfangreichen Zeitmanagement-Literatur Lothar J. Seiwerts und eigene Erfahrungen in der Führungskräfteentwicklung haben wir die Aussagen des „Eisenhower-Prinzips“ auf den Führungsalltag übertragen. Dieser Transfer bietet einen guten Blick auf Führungsstile, entsprechend der individuellen Bevorzugung von Aufgaben einer Führungskraft. Hierfür weisen wir den Aufgabentypen jeweils einen Führungsstil zu.

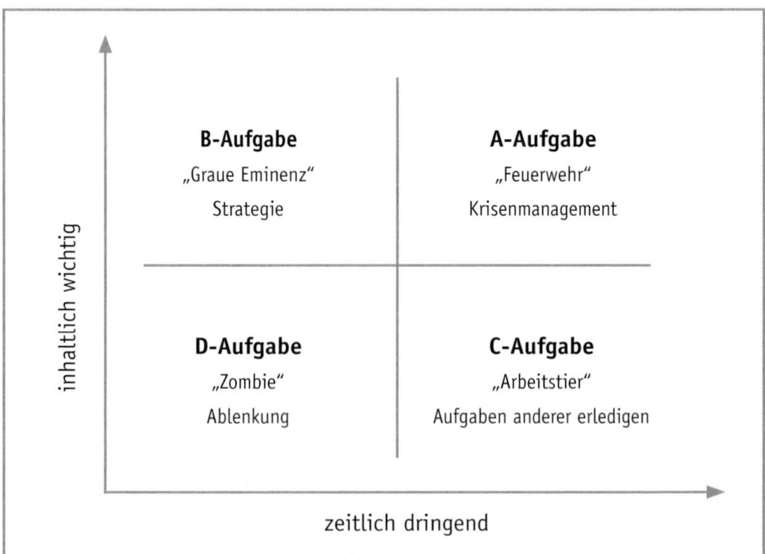

Führungsstile nach dem Eisenhower-Prinzip

Die Titel der Führungsstile sind bewusst in der Formulierung übersteigert gewählt, um die dahinter liegenden Prioritäten des Zeiteinsatzes in Verbindung mit der eigenen Zielsetzung deutlich herauszuarbeiten, vielleicht auch zu provozieren. Wertschätzendere Formulierungen (zum Beispiel „Zerstreuter Professor“ statt „Zombie“) sind je nach Seminarkontext sicherlich denkbar!

Führungskraft mit Hang zu A-Aufgaben, Typ Feuerwehr

A-Aufgaben müssen schnell erledigt werden, allerdings sollte man langfristig versuchen, Krisen gar nicht erst aufkommen zu lassen. Eine Führungskraft, die ihre Zeit hauptsächlich mit Krisenmanagement verbringt, leidet über kurz oder lang unter Stress, und ihre Leistungsfähigkeit nimmt ab[19]. Ihre Energie bezieht sie aus der Tatsache, unabkömmlich zu sein und gebraucht zu werden. Hier wäre eine Verschiebung des Stils in Richtung B-Aufgaben, Typ „Graue Eminenz“, sinnvoll, um stärker präventiv zu arbeiten. So kommen Krisen langfristig nicht mehr oder seltener auf. Auch die Frage nach der Mitarbeiterkompetenz bzw. eines stärkeren Aufbaus von Mitarbeitern, um an diese Aufgaben delegieren zu können, steht zur Diskussion. Der Begriff „Feuerwehr“ leitet sich aus den Anforderungen von Unmittelbarkeit und Unabkömmlichkeit der Führungskraft in einer Krisensituation ab.

Führungskraft mit Hang zu B-Aufgaben, Typ Graue Eminenz

Um (eigene) Ziele zu erreichen, sollte eine Führungskraft möglichst viel Zeit mit der Bearbeitung und Erledigung von B-Aufgaben verbringen; denn B-Aufgaben bringen langfristig die größten Erfolge. Die Aufgaben und Tätigkeiten tragen entscheidend zur Erreichung von Zielen bei und geben ausreichend Zeit, die Meinungen und Bedürfnisse anderer zu berücksichtigen und zum Beispiel in Pläne einzuarbeiten, wodurch diese nachhaltiger werden können. Auch „Beziehungsarbeit“ mit Mitarbeitern, Kunden oder Vorgesetzten gehört in diese Gruppe ebenso wie das Thema „Erholung“. So sind Erholungspausen wichtig, um auch langfristig leistungsfähig zu bleiben. Ihre Energie bezieht die Führungskraft aus der Tatsache, alles „im Griff“ zu haben und einen wesentlichen Beitrag zur Gestaltung von (langfristigen und) strategischen Prozessen zu leisten.

---

[19] Siehe zu diesem Themenkomplex auch ausführlich das Kapitel Stress in diesem Buch, S. 168

Der Begriff „Graue Eminenz" bezieht sich hierbei auf das Verhalten von Menschen mit langer Lebenserfahrung, die den Überblick über das Geschehen aus einer kritischen Distanz behalten und eher aus dem Hintergrund agieren. Wer viel Zeit für B-Aufgaben aufwendet, kann Krisen frühzeitig, zum Beispiel durch eine gründliche Analyse des IST-Zustandes, in ihrer Entwicklung erkennen und sie so langfristig vermeiden.

Führungskraft mit Hang zu C-Aufgaben, Typ Arbeitstier

Im Unterschied zu A- oder B-Aufgaben bringen C-Aufgaben die Führungskraft nicht ihren eigenen Zielen näher, dennoch müssen diese Aufgaben erledigt werden. In diesem Dilemma befinden sich Führungskräfte des Typs „Arbeitstier". Sie sind den ganzen Tag beschäftigt, fühlen sich aber am Ende des Tages so, als hätten sie nichts geschafft. Ihre Energie beziehen sie aus der Tatsache, nützlich zu sein und gebraucht zu werden. Hier zeigt sich der entscheidende Unterschied zwischen A- und C-Aufgaben. Während A-Aufgaben die eigene Karriere vorantreiben, sind C-Aufgaben in der Regel vor allem anderen Kollegen oder Vorgesetzten bei der Zielerreichung dienlich. Das Gefühl im „Hamsterrad" gefangen zu sein, entsteht in dieser Kategorie am häufigsten. Ein Gegenmittel ist die (wenn möglich) Delegation von C-Aufgaben an Mitarbeiter oder Kollegen und die stärkere Konzentration auf B-Aufgaben.

Führungskraft mit Hang zu D-Aufgaben, Typ Zombie

Auch Zerstreuungen oder eine Ablenkung gehören in den normalen Arbeitsalltag, wahrscheinlich sind sie sogar unvermeidlich. Nehmen diese Tätigkeiten aber Überhand, spricht man bei D-Aufgaben auch vom Führungsstil-Typ „Zombie". Da hier weder Aufgaben erfüllt werden, die den eigenen Zielen noch denen anderer dienen, ist der Bedarf nach einer unbedingten Neuorientierung angezeigt. Für den Typ Zombie ist es wichtig, eine bewusste Entscheidung darüber zu treffen, wie und worauf man seine Zeit verwenden will. Beachtenswert ist in diesem Zusammenhang, dass Erholung nicht zu dieser Aufgabengruppe gehört, sondern den B-Aufgaben zugerechnet wird. Der Titel „Zombie" leitet sich aus dem Umstand ab, dass Ablenkung oder Zerstreuung sozusagen eine Kategorie zwischen „Leben und Tod" bilden: Man ist für das Unternehmen zwar tätig, aber unproduktiv.

Einführung

Anwendung

„Ein Tag mit Eisenhower“ (Einzelübung mit anschl. Plenumsarbeit)

Zur allgemeinen Erklärung entwickeln Sie zunächst die Grundidee des „Eisenhower-Prinzips“ nach den Dimensionen „wichtig“ und „dringend“ am Flip-Chart oder einer Folie. Danach erklären Sie die Aufgabentypen, die sich aus dem Zusammenspiel der Dimensionen ergeben. Hierbei ist ein besonderes Augenmerk auf das Verständnis der Teilnehmer zu richten, erst wenn alle Teilnehmer A-, B-, C- und D-Aufgaben eigenständig definieren können, sollte die anschließende Einzelarbeit anmoderiert werden.

Hier stellen Sie am besten die Bitte an die Teilnehmer, sich in Einzelarbeit einen typischen Arbeitstag, zum Beispiel aus der letzten Woche, zu vergegenwärtigen. Diesen typischen Arbeitstag notieren die Teilnehmer dann im Rahmen einer Halbstundenskala (je nach Seminarkontext und zur Verfügung stehender Zeit kann man diesen Rahmen auch auf einen 10-Minuten-Takt oder aber eine 1-Stunden-Skala verändern) auf einem vorgefertigten Arbeitsblatt, unter Aufführung der einzelnen Tätigkeiten. Gleich im Anschluss bitten Sie die Teilnehmer, ihre so erfassten Tätigkeiten eines typischen Arbeitstages in A-, B-, C- und D-Aufgaben zu unterteilen. Die nachfolgenden Auswertungsfragen können Sie mit den Teilnehmern im Plenum besprechen oder aber auf einem zweiten Arbeitsblatt zur Einzelarbeit ausgeben. Je nach Teilnehmergruppe könnte die durch die Fragen initiierte Analysephase auch in Zweiergruppen durchgearbeitet werden, zum Beispiel mit dem Sitznachbarn in Form eines Partnerinterviews:

- „Wie viel Prozent Ihrer Zeit verbringen Sie mit A-Aufgaben?“
- „Wie viel Prozent Ihrer Zeit verbringen Sie mit B-Aufgaben?“
- „Wie viel Prozent Ihrer Zeit verbringen Sie mit C-Aufgaben?“
- „Wie viel Prozent Ihrer Zeit verbringen Sie mit D-Aufgaben?“
- „In welchem zeitlichen Verhältnis stehen die Aufgaben zueinander?“
- „Wie zufrieden sind Sie selbst mit der Verteilung?“
- „Wo sehen Sie Verbesserungsbedarf und wo sehen Sie Verbesserungsmöglichkeiten?“
- „Welche Hürden sehen Sie für eine Veränderung?“
- „Wer oder was könnte bei einer Verbesserung hilfreich sein?“
- „Formulieren Sie ein konkretes Ziel, das Sie der gewünschten Veränderung in Ihrer täglichen Priorisierung näher bringt!“

Vertiefende Übung

„Gang durch die Führungsstile“ (Einzelarbeit im Raum)

Diese sehr persönliche Arbeit bietet sich insbesondere für ein Seminar an, in dem alle Teilnehmer Führungskräfte sind, da hier der Transfer des „Eisenhower-Prinzips“ auf den eigenen Führungsstil persönlich herausgearbeitet werden kann.

Legen Sie auf dem Boden des Seminarraumes mit einem Klebeband die Achsen „Wichtig“ und „Dringlich“ aus und ordnen Sie den so entstehenden Quadranten die Führungsstile „Feuerwehr“ bis „Zombie“ zu. Besprechen Sie die Zuordnung ausführlich mit den Teilnehmern, so dass diese in der Zwischenzeit ein Gefühl für die Stile entwickeln können. Danach bitten Sie die Teilnehmer, sich frei im Raum zu bewegen und je nach Gusto auf jedem Quadranten für einige Zeit zu verweilen. Die Frage oder Aufgabe an die Teilnehmer lautet: *„Wie ‚fühlt' sich der jeweilige Führungsstil an? Welche Gedanken gehen Ihnen in diesem Quadranten durch den Kopf?“*

Zur Auswertung dieser sehr persönlichen Arbeit bieten sich folgende Fragen an:

- „Welche Erfahrungen haben Sie beim Gehen in den einzelnen Quadranten gemacht?“
- „Wie fühlt sich Führung in diesem Quadranten an?“
- „Wie bekannt kommt Ihnen dieses Gefühl vor?“
- „Was gefällt Ihnen an diesem Stil?“
- „Was gefällt Ihnen nicht an diesem Stil?“
- „Welche Ableitungen können Sie aus dieser Erfahrung für Ihren Führungsalltag herleiten?“

Technische Hinweise

- „Ein Tag mit Eisenhower“: 2 Arbeitsblätter, hiervon eines mit einer Zeitunterteilung zur Erfassung eines typischen Arbeitstages und ein weiteres mit den oben genannten Auswertungsfragen, entsprechend der Anzahl der Teilnehmer.
- „Gang durch die Führungsstile“: Kreppband für die Darstellung der Achsen auf dem Boden und Moderationskarten zur Bezeichnung der vier Führungsstile. Es sollte im Seminarraum ausreichend Platz vorhanden sein, um, je nach Gruppengröße, ein entsprechend großes Quadrantensystem auf dem Boden auslegen zu können.

Kommentar

Das „Eisenhower-Prinzip" ist nur ein Prinzip und kein empirisch überprüftes Modell. Auch die Ursprungsquelle konnten wir nicht ermitteln. Wir haben das Prinzip dennoch in unser Kompendium aufgenommen, da es in unterschiedlichen Seminarkontexten generell häufig Einsatz findet und es aus unserer Erfahrung sehr interessante Anregungen für den Transfer in den Führungsalltag bieten kann. Der von uns vorgeschlagene Transfer ist sicherlich ungewöhnlich. Da wir aber im Seminarkontext „Führungskräfteentwicklung" so außerordentlich konstruktive Erfahrungen mit dem „Eisenhower-Prinzip" gemacht haben, wollten wir es Ihnen, zumindest als Anregung, nicht vorenthalten. Auch wenn ein Begriff wie „Arbeitstier" oder „Zombie" zunächst nicht wertschätzend klingt, so ist der dahinter liegende inhaltliche Gehalt für Führungskräfte nach unserer Erfahrung sehr eingängig und gut nachvollziehbar.

Bei der Einführung des „Eisenhower-Prinzips" ist eine klare Abgrenzung zur ABC-Analyse wünschenswert, da Teilnehmer mit betriebswirtschaftlichem oder Logistik-Hintergrund mit der Letzteren oftmals vertraut sind. Wie weiter oben bereits ausgeführt, liegt der wesentliche Unterschied aber im Detail und hätte im Falle einer Verwechslung Auswirkungen auf die Umsetzung des Modells im Alltag.

Querverweis

Stress (ab S. 168)

Bei der Analyse des Führungsstils „Feuerwehr" mit beständigen A-Aufgaben entsteht eine Querverbindung zum Thema „Stress" bzw. den in diesem Buch erwähnten Stresstheorien. Hier könnte eine Auseinandersetzung mit unseren Hinweisen aus dem Abschnitt „Stressbewältigung" für die Teilnehmer mit „Feuerwehr"-Stil hilfreich sein. Denn Dauerstress, auch wenn er zwischenzeitlich als positiv interpretiert wird, führt langfristig zu gesundheitlichen Schäden.

Weiterführende Literatur

- JÄGER, R. (2004). Kompetent führen in Zeiten des Wandels. Führungsinstrumente für die tägliche Praxis. Weinheim: Beltz.
- KOENIG, D.; ROTH, S.; SEIWERT, L. J. (2001). 30 Minuten für optimale Selbstorganisation. Offenbach: Gabal.

- MAIWALD, J. (2004). Zeit-Gewinn. Der Weg zur besseren Selbstorganisation. Books on Demand GmbH.
- SEIWERT, L. J. (2004). Balance your life. Die Kunst, sich selbst zu führen. München: Piper.
- SEIWERT, L. J. (2005). Die Bären-Strategie: in der Ruhe liegt die Kraft. München: Ariston.
- SIMON, W. (2005). GABALs großer Methodenkoffer. Managementtechniken. Offenbach: Gabal.
- STEIGER, T. (2002). Handbuch angewandte Psychologie für Führungskräfte. Führungskompetenz und Führungswissen. 2. Auflage. Berlin: Springer.

Hintergrund

Zum Abschluss einige Hintergrundinformationen zu den wichtigsten Urhebern der Theorien

▶ Robert R. Blake (1918 – 2004) und Jane S. Mouton (1930 – 1978)

Die beiden Forscher lernten sich an der Universität von Austin, Texas, kennen, an der beide in Psychologie promovierten. Dies war in den 50er Jahren in den USA die Zeit des so genannten „Human Resource Development Movement", man wollte die menschliche Seite des Geschäftslebens in den Fokus rücken.

Mit Jane Mouton gründete Robert Blake 1961 Scientific Methods Inc. in Austin. Mit dem Unternehmen vermarkteten sie ihre Ideen aus dem „Managerial Grid". Die Firma heißt heute Grid International Inc. In Zusammenarbeit mit Herbert Shepard, ebenfalls Psychologe und Mitarbeiter der Exxon Corporation in Texas, überprüften sie ihre Annahmen in einem zehnjährigen Forschungsprojekt an Mitarbeitern der Exxon Corporation. Die Ergebnisse veröffentlichten sie gemeinsam.

▶ Paul Hersey (1926) und Kenneth H. Blanchard (1939)

Kenneth Blanchard bezeichnet sich selbst als „educator" und graduierte vom Educational Institution der Cornell University. Er ist heute Vorsitzender der Ken Blanchard Companies, eine internationale Management Training und Beratungsgesellschaft, die er 1979 in Kalifornien gründete. Er hält eine Dozentur an der Cornell University.

Paul Hersey ist nach eigenen Angaben „behavioral scientist". Er graduierte von der School of Business der University of Chicago und war von 1966-1975 Professor am Management Department der Ohio University. Hersey gründete 1975 seine eigene Management und Trainingsgesellschaft namens Center for Leadership Studies und hält heute Dozenturen an verschiedenen amerikanischen Universitäten im Bereich Management.

▶ Dwight D. Eisenhower (1890 – 1969)

Dwight Eisenhower war von 1953-1961 der 34. Präsident der USA. Während des Zweiten Weltkriegs war er bereits Oberbefehlshaber der alliierten Streitkräfte in Europa und ist unter anderem dafür bekannt, den Befehl zur Landung der alliierten Truppen in der Normandie gegeben zu haben, die die endgültige Wende des Kriegsverlaufs einläutete. Das „Eisenhower-Prinzip" wird auf ihn zurückgeführt; Eisenhower soll seinen Arbeitstag nach diesem Prinzip gestaltet haben. Wir haben allerdings keine Quelle gefunden, die ihn verlässlich als Autoren des Prinzips ausweist.

▶ Bruce W. Tuckman (1938)

US-amerikanischer Professor für Psychologie. Sein Modell der „Teamphasen" erstellte Tuckman während seiner Anstellung als Forschungspsychologe am Naval Medical Research Institute, Bethesda in Maryland von 1963 bis 1965. Diese Forschungseinrichtung der Navy interessierte sich zu diesem Zeitpunkt insbesondere für das Verhalten von Kleingruppen. Tuckman forscht heute an der Ohio State University zu Lernmotivation und dem Lernverhalten Studierender.

Tuckmans Modell der „Teamphasen" lässt sich im Sinne einer Dynamisierung des Modells auch in Kreisform darstellen. Diese Visua-

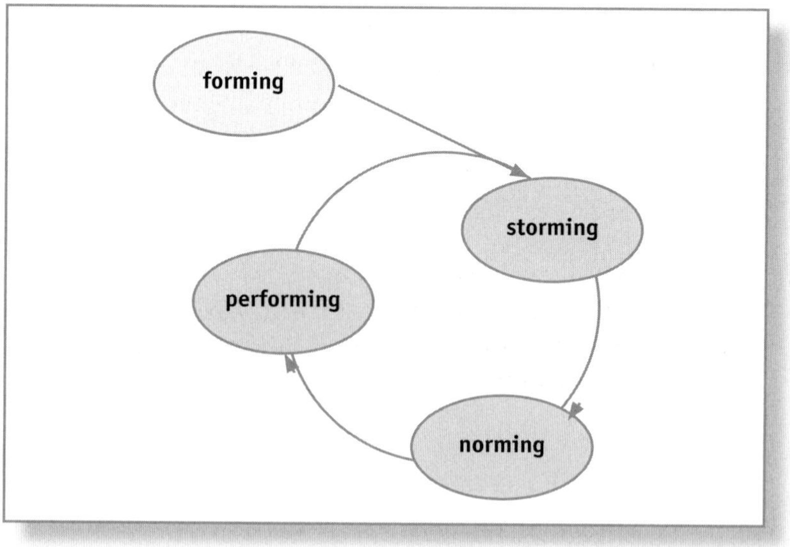

Die Teamphasen als dynamisches Modell

lisierung eröffnet den Blick auf wiederkehrende Prozesse nach der Initiierung oder Neuzusammensetzung (Forming-Phase) von Teams.

Das Kontingenzmodell nach Fiedler

Der 1922 in Wien geborene Fred E. Fiedler lehrte Psychologie und Management an der University of Washington in Seattle. Die von Fiedler entwickelte Kontingenztheorie datiert auf die Jahre 1964-1967 und stellt ein Modell dar, mit dem die Effizienz von Führungsstilen in Abhängigkeit von der jeweiligen Führungssituation ermittelt werden sollte. Der Führungsstil wurde von Fiedler als eindimensionales Konzept der Distanzwahrnehmung entwickelt: zwischen Distanz (aufgabenorientiert) und Nähe (beziehungsorientiert) zu den Mitarbeitern. Die Messung erfolgt über den so genannten LPC Score (least preferred co-worker score), bei dem die Führungskraft den am wenigsten geliebten Mitarbeiter anhand von Eigenschaftsprofilen beschreibt.

Eine kritischere Haltung spricht nach Fiedler für Distanz, eine wohlwollendere Beschreibung für Nähe zum Mitarbeiter. Als Situationsfaktoren verwendete Fiedler die Führer-Mitarbeiter-Beziehung, die Positionsmacht und die Ausprägung der Aufgabenstruktur. In ihrer Kombination klassifizierte Fiedler acht Situationen mit für eine Führungskraft unterschiedlicher Günstigkeit.

Die zentrale Hypothese der Theorie Fiedlers lautet: In mäßig günstigen Situationen sind beziehungsorientierte Stile effizienter, in sehr ungünstigen Situationen ist ein aufgabenorientierter Stil erfolgreicher. Die Hypothese ist das Ergebnis einer Vielzahl empirischer Studien Fiedlers und seiner Mitarbeiter. Andere Autoren und Forscher konnten diese These allerdings empirisch nicht belegen.

Da Fiedlers Kontingenzmodell des Öfteren zitiert wird, haben wir es in den Hintergrund aufgenommen, für eine Verwendung im Seminarkontext halten wir es aus unserer Erfahrung aber für zu überladen, weswegen wir auf eine ausführlichere Darstellung verzichteten.

Stichwortverzeichnis

J

K

L

M

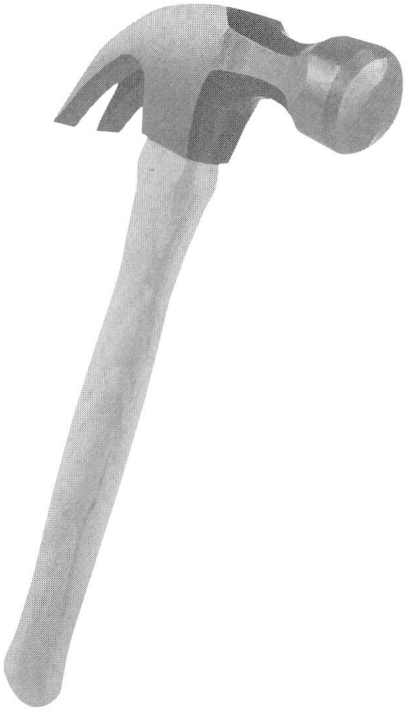

Diese Bücher könnten Sie vielleicht auch interessieren:

Für Rollenspieler

Eva Neumann, Sabine Heß: Mit Rollen spielen
40 Rollenspielbeschreibungen
ISBN 978-3-936075-35-9
2. Aufl. 2007, 368 S., 49,90 EUR

Für Visualisierungen im Training

Axel Rachow: Sichtbar
Die besten Visualisierungs-Tipps
für Präsentation und Training
ISBN 978-3-936075-13-7
2. Aufl. 2007, ca. 254 S., 49,90 EUR

Für Kommunikationsprofis

Thomas Schmidt: Kommunikationstrainings
erfolgreich leiten
Der Seminarfahrplan
ISBN 978-3-936075-40-3
3. Aufl. 2007, 336 S., 49,90 EUR